會計學原理

周軼英 主編

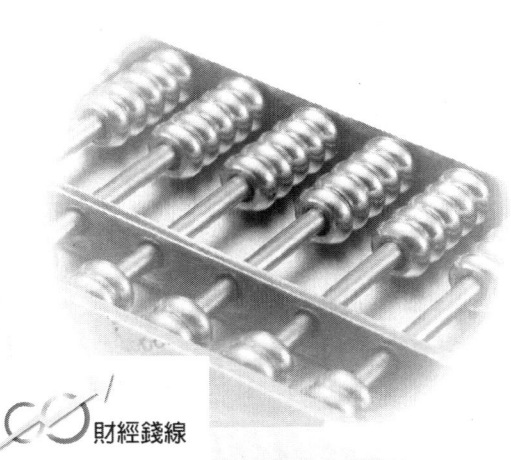

財經錢線

前　言

　　會計學是研究會計信息的收集、記錄、報告、解釋和驗證，並有效地管理經濟的一門管理科學。「經濟越發展，會計越重要」，經濟越發展，會計越需要改革。21世紀初，人類社會步入知識經濟時代，經濟發展日益呈現出市場化、知識化、信息化和全球化的趨勢。

　　不論是國內還是國外，不設置會計類專業、不開設「會計學原理」課程的大學已經寥寥無幾，這是經濟發展對會計人才的迫切需要所導致的結果，也促進了「會計學原理」（包括同類不同名稱）的教材建設的繁榮。本教材的編寫是以《會計法》和最新《企業會計準則》為依據，基於一線教師幾十年會計教學成果的總結，反應了他們在長期會計教學和實踐中的心得體會與經驗，體現了「會計學原理」課程的教學特色。

　　為了使教材精益求精，我們在編寫中積極吸取並借鑑當代會計理論研究、會計實務中的最新科研成果和實踐經驗，除傳承傳統教材的精華內容外，也力圖在教材的結構和內容上有所創新。其目的在於提高會計教學的效果，讓學生在有限的學習時間中盡快理解和掌握相關的會計理論、會計實務操作技能以及會計組織管理知識。

　　本教材結構清晰，共分為上、中、下三篇，分別介紹「會計基本理論」「會計基本方法」「會計工作組織管理」。其中：「會計基本理論」部分主要是對會計概念框架的界定，是進一步學習和領會會計基本方法的前提。這部分的編寫力求深入淺出、通俗易懂並貫穿全書，與後續的會計基本方法和技術有機結合。「會計基本方法」部分則主要側重介紹會計核算的具體方法。這部分內容並不像有些教材那樣只是對於各種方法進行簡單羅列，而是結合會計具體工作程序將各種應掌握的方法融入其中進行具體介紹。「會計工作組織管理」部分則是對會計工作中應瞭解和掌握的基本知識與具體規定做了較為全面具體的介紹，旨在讓學生步入工作崗位後能夠更快更好地適應具體的會計工作，成為一名合格的會計人。

　　為了讓學生更好地理解和掌握上述內容，我們在各章節前均寫明了「學習目標」，對各項學習內容均有不同的要求，為學生學習指明了方向、明確了重點。在各章後均配有相應的思考題、練習題、案例分析題以及一些相關的閱讀資料，以檢驗學生的知識掌握情況、培養學生獨立思考能力並進一步拓展學生的知識面，為以後學習其他相關課程奠定基礎。

本教材作為高等院校經濟類、管理類學生的會計入門教材，不僅適合經濟類、管理類學生會計學原理課程的學習，而且有利於學生通過會計從業資格證書的考試。本教材也可以作為從事會計、審計、財務管理、企業管理、金融投資等實際工作者的自學培訓參考資料。

　　本教材由周軼英主編，負責全書總纂、修改和定稿。全教材各章分工如下：周軼英執筆第一章、第二章、第三章、第四章和第五章；牛菊芳執筆第六章、第七章；劉秀蘭執筆第八章；劉浩執筆第九章；袁蘊執筆第十章；胡文君執筆第十一章；趙正強執筆第十二章、第十三章。本教材的撰寫還得到了張為波教授、仁孜澤仁老師、劉曉紅教授、劉毅教授和徐雪紅老師提出的寶貴意見，使教材在編寫過程中日臻完善。在此，對他們表示誠摯的謝意。

　　本教材在編寫過程中參考了國內外有關專家、教授編著的會計學教材和專著，在此表示衷心的感謝。鑒於編者學識有限而會計領域的發展日新月異，如有不當之處，敬請各位讀者批評指正。

編者

目 錄

上篇　會計總論

第一章　會計概述 …………………………………………………（3）
　　第一節　會計發展歷程 ……………………………………（3）
　　第二節　會計的基本概念 …………………………………（6）

第二章　會計目標和會計信息質量特徵 …………………………（17）
　　第一節　會計目標 …………………………………………（17）
　　第二節　會計信息質量特徵 ………………………………（19）

第三章　會計對象和會計要素 ……………………………………（26）
　　第一節　會計對象 …………………………………………（26）
　　第二節　會計要素 …………………………………………（28）

第四章　會計假設和會計基礎 ……………………………………（39）
　　第一節　會計假設 …………………………………………（39）
　　第二節　會計基礎 …………………………………………（42）

第五章　會計程序和會計方法 ……………………………………（46）
　　第一節　會計程序 …………………………………………（46）
　　第二節　會計方法 …………………………………………（52）

中篇　會計核算方法及應用

第六章　會計建帳 …………………………………………………… (59)
第一節　會計等式 ………………………………………………… (59)
第二節　會計科目 ………………………………………………… (64)
第三節　會計帳戶 ………………………………………………… (69)

第七章　會計記帳方法 ……………………………………………… (75)
第一節　會計記帳方法概述 ……………………………………… (75)
第二節　借貸記帳法 ……………………………………………… (76)
第三節　總分類帳與明細分類帳的平行登記 …………………… (91)

第八章　借貸記帳法的具體應用 …………………………………… (100)
第一節　資金籌集業務的帳務處理 ……………………………… (100)
第二節　供應過程業務的帳務處理 ……………………………… (105)
第三節　產品生產業務的帳務處理 ……………………………… (112)
第四節　產品銷售業務的帳務處理 ……………………………… (120)
第五節　財產清查結果的帳務處理 ……………………………… (126)
第六節　財務成果形成及分配業務的帳務處理 ………………… (131)

第九章　會計記帳載體 ……………………………………………… (144)
第一節　會計憑證 ………………………………………………… (144)
第二節　會計帳簿 ………………………………………………… (160)

第十章　財務會計報告 ……………………………………………… (197)
第一節　財務會計報告概述 ……………………………………… (197)
第二節　資產負債表 ……………………………………………… (201)

第三節 利潤表 ··· （206）
第四節 現金流量表 ··· （210）
第五節 所有者權益變動表 ··· （213）
第六節 會計報表附註與披露 ·· （216）

下篇 會計工作組織管理

第十一章 帳務處理程序 ··· （223）
第一節 帳務處理程序概述 ··· （223）
第二節 記帳憑證帳務處理程序 ··· （224）
第三節 科目匯總表帳務處理程序 ·· （240）
第四節 匯總憑證帳務處理程序 ··· （243）
第五節 其他帳務處理程序 ··· （248）

第十二章 會計規範 ··· （259）
第一節 會計規範概述 ··· （259）
第二節 會計法規 ··· （262）
第三節 會計制度 ··· （264）
第四節 會計準則 ··· （268）

第十三章 會計工作組織 ··· （274）
第一節 會計工作組織概述 ··· （274）
第二節 會計機構 ··· （277）
第三節 會計人員 ··· （280）

附　錄 ··· （295）

3

上 篇
會計總論

　　會計學，是所有經濟管理類專業學生必須掌握的一門應用型學科。對於初學者而言，首先要明確的是，會計（職業）到底是幹什麼的？它有什麼作用？然後再進一步瞭解會計這門學科的主要內容是什麼？怎樣才能更好地學好它？等等。總而言之，「會計總論」主要是為學生建立一個「會計概念框架」，它主要由「會計概述」「會計目標與會計信息質量要求」「會計對象和會計要素」「會計假設和會計記帳基礎」「會計程序和會計方法」五章構成。通過對本篇的學習，有利於學生更好地理解會計的本質和特點，為以後會計方法的掌握奠定基礎。

第一章　會計概述

學習目標

1. 瞭解會計發展歷程；
2. 掌握會計基本職能；
3. 掌握會計基本特點；
4. 掌握會計基本概念；
5. 瞭解會計學科體系以及核心課程。

第一節　會計發展歷程

一、會計的產生

　　會計的產生根源於人類的生產行為。物質資料的生產是人類生存和發展的基礎。在生產過程中，一方面會創造物質財富，取得一定的勞動成果；另一方面要投入和消耗一定的人力、物力和財力。在任何社會形態下，人們總是力求以最少的勞動耗費取得最大的勞動成果。要瞭解具體的勞動所得和勞動所耗，就有必要對生產經營活動進行觀察，運用數量單位對這些所得和所耗進行記錄、計算和分析，以不斷提高生產技術水平和經營管理水平，最終達到這一目的，會計工作也就應運而生了。

　　考古發現，人類最早的原始計量和記錄行為可以追溯到舊石器時代中、晚期。隨著當時勞動工具的改進、社會生產力的提升，開始出現了剩餘產品。由於原始社會的財產公有性，為了便於勞動產品的分配、交換等問題，人們就借助文字和數字將這些剩餘產品記錄在各種載體上，如「刻木記事」「結繩記事」等，由此產生了會計的萌芽。可以說，剩餘產品的出現決定了會計產生的可能性，而分配、交換等問題決定了會計產生的必要性，二者的有機結合決定了會計產生的必然性。

二、會計的發展

　　會計從產生發展至今，經歷了漫長的歷史過程，大致可以歸結為三個階段：古代會計、近代會計和現代會計。

（一）古代會計階段

　　從中國歷史發展時間上講，從舊石器時代的中晚期至封建社會末期的這段漫長的時期都屬於古代會計階段。在會計產生之初，其主要職能是進行簡單的記錄和計算。

「會計」一詞的出現是在中國西周時期。清代學者焦循在其《孟子正義》一書中對其做出了如下解釋，「零星算之為計，總和算之為會。」西周時期國家和皇室的宮廷經濟是當時規模最大的經濟體，會計的主要任務是保護官府的財產，使得官廳會計比民間會計發達得多。當時設有專門核算官方財賦收支的官職——司會對財物收支進行「月計歲會」。《周禮・天官》篇中指出：「會計，以參互考日成，以月要考月成，以歲會考歲成。」「參互、月要、歲會」相當於現代會計的旬報、月報和年報。從春秋戰國到秦代出現了「簿書」「計簿」等記帳工具，用「入」、「出」記錄各種經濟收付事項，創立了用於登記會計事項的帳簿雛形。西漢時採用的「上計簿」可視為「會計報告」的濫觴。

唐宋時期是中國封建社會的鼎盛時期，農業、手工業和商業（包括對外貿易）都空前繁榮，反應到會計的方法和技術上，突出的成就就是「四柱清冊法」的廣泛運用，通過「舊管（期初結存）＋新收（本期收入）－開除（本期支出）＝實在（期末結存）」的平衡公式進行結帳，結算本期財產物資增減變化及其結果，為中國現代收付記帳法奠定了理論基礎，把單式記帳法推到了一個較為科學的高度。這是中國會計學科發展過程中的一個重大成就。明末清初，隨著手工業和商業日益繁榮，商品貨幣經濟進一步發展，資本主義經濟關係逐漸萌芽，出現了把全部帳目劃分為「進」（各項收入）、「繳」（各項支出）、「存」（各項資產）、「該」（各項負債）四大類的「龍門帳」，運用「進－繳＝存－該」的平衡公式進行核算，並編製「進繳表」（即利潤表）和「存該表」（即資產負債表），實行雙軌計算盈虧，在兩表上計算得出的盈虧數應當相等，稱為「合龍門」，以此核對全部帳目的正誤。在此之後，又產生了「四腳帳」（也稱「天地合帳」），要求對每一筆帳項都要在帳簿上記錄兩筆，既登記「來帳」又登記「去帳」，以反應同一帳項的來龍去脈；帳簿採用垂直書寫，直行分上下兩格，上格記收，稱為天，下格記付，稱為地，上下兩格所記數額必須相符，即所謂天地合。「龍門帳」和「四腳帳」是中國傳統的復式記帳法。「四柱清冊」「龍門帳」「四腳帳」顯示了中國不同歷史時期核算收支方式的發展，體現了傳統嚴謹的中式特色。

會計在國外發展的歷史也較為悠久。在原始的印度公社時期，專職的記帳員已經出現，負責登記農業帳目。在奴隸社會和封建社會，也採用單式簿記記帳。只是由於當時西方的生產技術遠落後於東方，所以西方的單式簿記在技術上遠未達到中國水平。

(二) 近代會計階段

一般認為，從 15 世紀末西方復式記帳法的廣泛傳播到 20 世紀會計學的創立都屬於近代會計階段。在當時世界經濟、國際貿易較為發達的地中海沿岸義大利等地，商業和金融業特別繁榮，孕育並推動了記帳方法的革命。1494 年，義大利數學家盧卡・帕喬利（Luca Pacioli, 1445—1517）在認真研究威尼斯簿記的基礎上，發表了《算術、幾何和比例概要》（Summade Arithmetica Geometria, Proportioniet Proportionalita, 亦譯為《數學大全》）一書，在書中第一部分第九篇第十一論「計算與記錄要論」（Tractatus Party Cularis de Computiset Scripturis）中，對威尼斯簿記做了完善的說明，被公認為是世界上第一部系統闡述復式簿記原理與方法的經典著作，為復式記帳在全世界的廣泛

傳播以及為復式簿記為支柱的現代會計奠定了基礎。著名的德國詩人歌德曾讚美它是「人類智慧的絕妙創造，以至於每一個精明的商人都必須在自己的經營事業中利用它」。該書的出版標誌著近代會計的開始，盧卡·帕喬利也被稱為「近代會計之父」。

公元16世紀至17世紀，荷蘭、德國、法國、英國等先後引進並進一步發展了義大利的復式簿記理論與實務，在歐洲形成了「帕喬利時代」。從17世紀開始的產業革命推動了英國會計的發展。由於生產力的發展引起了生產組織和經營形式的重大變革，股份有限公司這種新的經濟組織形式應運而生。公司所有權和經營權的分離產生了審查經營管理人員的必要，於是以查帳為職業的特許會計師或註冊會計師出現了。1854年，英國蘇格蘭成立了第一個特許會計師協會——愛丁堡會計師協會。會計的職能從記錄、算帳、報帳進一步發展到查帳，其社會作用進一步發揮。同時，為了適應資本主義市場經濟發展的需要，成本會計在企業經營管理中的重要性越來越強，在這方面的理論和實務研究都取得了較大的發展。上述種種使英國在復式簿記、審計以及成本會計方面領先於世界其他國家，從而成為世界會計發展中心，此地位一直保持到19世紀。至20世紀初，隨著資本主義市場經濟發展中心的轉移，世界會計發展中心也從英國轉移到了美國。

(三) 現代會計階段

從20世紀初會計學創立開始，大約經歷了30年的時間實現了從簿記向會計的轉變。1916年，亨利·法約爾出版了名著《工業管理與一般管理》，書中明確指出了財務與會計在公司經營管理工作中的重要地位，據此確立了會計的管理職能。與此同時，以泰勒為代表的工程師與會計師們的密切結合，把會計的發展引向強化公司內部控制的管理會計方面，並初步形成了財務會計與管理會計並立的局面。其中，財務會計主要為企業外部利益相關者提供信息，而管理會計則主要服務於企業內部管理層的經營決策。

從20世紀30年代開始，在總結資本主義世界第一次經濟危機經驗教訓的過程中，為了規範會計工作，提高會計信息的真實可比性，西方各國先後研究和制定了會計原則（即會計準則），進一步推動了會計理論和方法的發展。1939年，第一份代表美國「公認會計原則」（GAAP）的《會計研究公報》（ARB）的出現，標誌著現代會計理論的形成，也標誌著會計的發展進入了成熟時期。

20世紀50年代以後，隨著信息論、控制論、系統論、現代數學、行為科學等現代管理方法融入會計學科，豐富了會計學科的內容，也促進了現代會計思想體系和理論體系的發展。隨著「國民經濟核算體系」「社會責任會計」「國際會計」等的先後建立、發展和逐步完善，現代會計開始從微觀經濟滲透到了宏觀經濟領域。另外，電子計算技術引進了會計領域，使原來的「手寫簿記系統」被「電子數據處理」所替代，會計信息的提供更加準確、及時。

三、新中國會計的發展

儘管中國會計產生和發展的歷史源遠流長，也曾出現過「四柱清冊法」「龍門帳」

等較為科學的會計方法，甚至形成了復式簿記的雛形，但在19世紀中葉前始終沒有完備的復式簿記。19世紀中後期，產生於歐洲的借貸記帳法經由日本傳入中國，1897年在中國通商銀行首次採用。1905年，蔡錫勇出版的《連環簿記》首先介紹了借貸記帳法。1925年3月，成立了中國歷史上第一家會計師工會——上海會計師工會。經過20世紀30年代的會計改良與改革，中國無論是政府會計還是公司會計都取得了一定的發展。但總體來講，由於新中國成立以前的政治動盪，經濟、管理、文化、科技等方面的落後，極大地阻礙了中國會計的發展。

新中國成立以後，經過20世紀五六十年代的經濟恢復與初步發展，新中國的會計事業逐步建立和發展起來。1985年中國頒布了《中華人民共和國會計法》，標誌著中國會計工作從此進入法制時代。20世紀90年代改革開放以後，為了規範會計行為以及解決中國會計與國際會計的協調、接軌問題，中國於1992年11月30日頒布了《企業會計準則》，此後又伴隨經濟發展的需要陸續發布了一系列具體準則。1997年5月28日中國頒布了《事業單位會計準則》，使中國會計進入了一個新的發展時期。

2000年6月21日，國務院頒發了《企業財務會計報告條例》；2000年12月29日，財政部發布了《企業會計制度》；2004年4月27日，財政部發布了《小企業會計制度》；2004年8月18日，財政部發布了《民間非營利組織會計制度》；2006年2月15日，財政部發布了由1項基本會計準則和38項具體會計準則組成的一套與國際財務會計報告（IFRS）趨同的的企業會計準則體系以及48項註冊會計師審計準則，標誌著中國與國際趨同的企業會計準則體系和註冊會計師審計準則體系的正式建立；2009年9月2日，財政部印發了《中國企業會計準則與國際財務報告準則持續全面趨同路線圖（徵求意見稿）》，提出了中國企業會計準則與國際財務報告準則持續全面趨同的背景、主要內容和時間安排。

2014年，財政部相繼對《企業會計準則——基本準則》《企業會計準則第2號——長期股權投資》《企業會計準則第9號——職工薪酬》《企業會計準則第30號——財務報表列報》《企業會計準則第33號——合併財務報表》和《企業會計準則第37號——金融工具列報》進行了修訂，並發布了《企業會計準則第39號——公允價值計量》《企業會計準則第40號——合營安排》和《企業會計準則第41號——在其他主體中權益的披露》三項具體準則。

從會計的中外發展史中可以看出，會計伴隨社會生產的發展和經濟管理的需要而產生和不斷發展完善，至今已成為一種重要的經濟管理活動。社會生產越發展，經濟管理要求越高，會計就越重要、越先進。

第二節　會計的基本概念

「概念」是反應對象的本質屬性的思維形式，是人類在認識過程中，從感性認識上升到理性認識，把所感知的事物的共同本質特點抽象出來，加以概括而成。它隨著客觀事物的發展而發展變化，在一定階段呈現相對穩定性。

對於會計的概念或定義，當今會計學界尚無一個完全公認的統一的理論概括。原因之一是不同的人在認知同一事物時具有的差異性所導致；原因之二則在於影響會計的社會政治、經濟、科技、教育、文化等環境的不斷變化，導致會計的內容日益豐富、技術和方法不斷改進、職能及作用日漸重要，從而加大了人們認識會計內涵和外延的難度。因此，要全面完整地把握會計的概念，首先應充分認識會計的職能和特點，從而進一步掌握會計的本質。

一、會計的職能

職能（functions）是客觀事物內在的固有功能。會計職能是會計在經濟管理中所具有的功能，即會計具備的客觀能力。馬克思認為會計是「對過程的控制和觀念總結」，理論界公認的會計的基本職能包括進行會計核算和實施會計監督兩個方面。會計的核算職能就是為經濟管理收集、處理、存儲和輸送各種會計信息。會計監督是指通過調節、指導、控制等方式，對客觀經濟活動的合理、合法、有效性進行考核與評價，並採取措施進行一定的影響，以實現預期的目標。

會計職能是一個發展變化的概念。隨著經濟的發展，會計越來越重要，會計職能也相應擴展。傳統的會計核算與監督主要是事後的核算與監督。隨著管理要求的提高，會計的核算與監督職能已經拓展到事中與事前領域。會計監督與會計核算是緊密聯繫的，既是對經濟活動進行會計核算的過程，也是實行會計監督的過程。

（一）會計核算職能

會計核算職能又稱為會計反應職能，是指主要運用貨幣計量形式，通過確認、計量、記錄和報告，從數量上連續、系統和完整地反應各個單位的經濟活動情況，為加強經濟管理和提高經濟效益提供會計信息。會計核算職能的特點有：

1. 會計核算具有全面性、連續性、系統性和綜合性

（1）全面性又稱為完整性，是指對會計主體發生的一切經濟業務都要進行記錄，予以反應。它既要求會計反應的會計事項不能遺漏或進行任何取捨，也要求經濟業務引起的資金運動的來龍去脈都能反應出來。

（2）連續性是指對每一項經濟業務的反應都應按其發生的時間順序自始至終進行不間斷的反應。

（3）系統性是指對各項經濟業務反應時應採取一套專門的方法，進行互相聯繫的記錄和科學正確的分類，以提供系統化的數據資料，便於信息使用者有效利用。

（4）綜合性是指必須運用統一的貨幣計量單位對經濟活動進行數量反應，以得出總括的價值指標。

2. 會計核算由確認、計量、記錄和報告四個環節構成

（1）確認是指通過一定的標準或方法來確定所發生的經濟活動是否應該或能夠進行會計處理；

（2）計量是指以貨幣為計量單位對已確定可以進行會計處理的經濟活動確定其應記錄的金額；

（3）記錄是指通過一定的會計專門方法按照上述確定的金額將發生的經濟活動在會計特有的載體上進行登記的工作；

（4）報告是指通過編製財務報告的形式向有關方面和人員提供會計信息。

3. 會計核算的內容包括會計主體生產經營過程中的各種經濟業務

（1）款項和有價證券的收付。款項是作為支付手段的貨幣資金，主要包括庫存現金、銀行存款、其他視同庫存現金和銀行存款使用的貨幣資金；有價證券是表示一定財產擁有權或支配權的證券，主要包括交易性金融資產、可供出售金融資產等。這兩種資產的流動性最強。

（2）財物的收發、增減和使用。財物是單位財產物資的簡稱，是反應一個單位進行和維持經營管理活動的具有實物形態的經濟資源。各單位必須加強對單位財物收發、增減和使用環節的管理，嚴格按照國家會計制度的規定進行核算，維護單位正常的生產經營秩序和會計核算程序。

（3）債權、債務的發生和結算。債權是企業收取款項的權利，一般包括各種應收和預付的款項等；債務是指由於過去的交易、事項形成的，企業需要以資產或勞務償付的形式承擔的現時業務，即負債。債權債務一般包括各項借款、應付和預收款項以及應交款項等。

（4）資本、基金的增減。資本是投資者為開展生產經營活動而投入的本錢，會計上的資本專指所有者權益中的投入資本；基金是各單位按照法律法規的規定而設置或籌集的具有某些特定用途的專項資金，如政府基金、社會保險基金、教育基金等。

（5）收入、支出、費用、成本的計算。收入是各單位在經濟活動中所取得的經濟資源的流入，企業必須如實進行反應；支出、費用、成本是各單位為取得收入所發生的各項消耗和代價。只有正確計算各項收入、支出、費用和成本，才能按照配比原則，準確計算出各單位最終的經營成果。

（6）財務成果的計算和處理。財務成果的計算和處理，包括利潤的計算、所得稅的計算以及利潤的分配（或虧損的彌補）等，這部分工作的好壞將影響到投資者和國家的利益。

（7）其他需要辦理會計手續，進行會計核算的事項。

4. 會計主要反應的是已經發生和完成的經濟業務

會計對於已經發生和完成的經濟業務進行反應，一方面有利於瞭解和考核經濟活動的過程和結果，另一方面有利於為正確地預測未來提供可靠依據。只有全面、正確地瞭解歷史情況，才能正確地分析和預測未來。

(二) 會計監督職能

會計監督職能又稱為會計控制職能，是指以一定的標準和要求，利用會計所提供的信息對特定主體經濟活動和相關會計核算的合法性、合理性進行審查，進而進行有效的指導、控制和調節，以達到預期的目的。會計監督是現代會計部門適應市場競爭環境變化，強化企業內部管理，增強企業競爭能力，以及參與企業經營決策的首要職能。會計監督的內容既包括監督經濟業務的真實性，又包括監督財務收支的合法性，

還包括監督公共財產的完整性。

會計監督職能具有以下特點：

1. 會計監督是對經濟活動的全過程進行監督

會計監督貫穿會計工作的全過程，包括事前監督、事中監督和事後監督。其中：事前監督是指參與企業計劃或預算的制定，針對存在的問題提出合理化建議，以最大化地提高企業的經濟效益和社會效益；事中監督則是指對正在發生的經濟業務進行分析檢查，及時發現問題，提出改進建議，控制經濟活動按預先制訂的計劃或預算進行，以保證預期目標的實現；事後監督是指對已經完成的經濟活動進行考核評價，總結經驗教訓，進行獎優罰劣，以指導和調整未來的經濟活動。

2. 會計監督是對經濟活動進行的全面監督

會計監督包括對經濟活動全過程的合法性、合理性以及有效性進行的全面監督。會計既要審查各項經濟活動是否符合國家的法律法規、規章制度，又要審核和檢查這些活動是不是應該發生的，是否符合經濟管理的原理和原則。除此以外，會計監督還要檢查和評價各項經濟活動是否能夠提高經濟效益，有無損失和浪費。

(三) 會計核算職能與會計監督職能的關係

1. 會計核算職能與會計監督職能的對象相同

會計核算和會計監督的對象都是社會再生產過程中主要以貨幣形式表現的經濟活動，即資金的運動過程。在會計實務中，將經濟主體日常活動或非日常活動中發生的，引起會計要素變化的經濟活動的具體內容稱為經濟業務，也稱為會計事項。經濟業務包括交易和事項兩類。交易是指經濟主體與其他主體之間發生的經濟往來，如購進材料、銷售商品、借入資金、對外投資等；事項是指經濟主體內部發生的經濟活動，如發放工資、計提折舊、車間領用材料、產品完工入庫等。凡不引起會計要素發生變化的活動都不能稱為會計上的經濟業務，如簽訂一份合同，雖然會影響企業未來的經濟活動，但由於合同在履行之前尚未引起會計要素數量上的變動，因此從會計角度不能將其作為經濟業務加以記錄。

2. 會計核算職能與會計監督職能的側重點不同

會計核算職能側重會計對象的核算，即對會計對象進行確認、計量、記錄和報告；會計監督職能側重對會計對象的管理，即對會計對象進行預測、決策、規劃、控制、分析、考評和監督的一系列管理。

3. 會計核算職能與會計監督職能是相輔相成、辯證統一的關係

會計核算和會計監督兩項基本職能是相輔相成的。會計核算是會計監督的基礎，會計核算為會計監督提供基本信息資料作為參考依據；會計監督是會計核算的繼續和發展，是會計核算的質量保證，只有會計核算沒有會計監督，就難於保證會計核算提供信息的真實性、可靠性。因此，只有二者有機結合起來，才能正確、及時、完整地反應經濟活動，有效地控制經濟過程，提高經濟效益。

二、會計的特點

（一）會計以貨幣作為主要計量單位

計量單位也叫計量尺度，是計算和衡量事物數量多少所採用的標準。當前經濟生活中主要採用的計量單位包括實物量度、勞務量度和貨幣量度三種。在經濟活動過程中的各種物化勞動和活勞動耗費以及取得的勞動成果均應採用一定的量度單位進行準確計量。但由於不同質的財產物資適用於不同的實物量度，而同一實物量度有時又適用於不同質的財產物資，因此難以採用一種統一的實物量度對經濟活動的各種不同的數量方面進行綜合計量。勞動量度也存在同樣的局限性。而貨幣作為固定地充當一般等價物的特殊商品，具有價值尺度的職能，可以用於衡量凝結在商品中的無差別勞動。因此，以貨幣量度作為主要計量單位，輔之以實物量度和勞務量度，才能對經濟活動進行綜合反應和監督。

（二）會計要運用一套專門的方法

會計在對特定組織的經濟活動進行反應和監督時，採用了一套專門的方法，有別於統計以及其他業務工作，其中最基本的方法包括設置會計科目和帳戶、復式記帳、填製憑證、登記帳簿、成本計算、財產清查和編製財務報告等。這些方法之間相互聯繫、密切結合，構成一個完整的方法體系。

（三）會計要以真實、合法的會計憑證為依據

要證明所發生經濟業務的真實性、合法性以及數據的準確性，不僅要取得相應的證明資料──會計憑證，而且還要對會計憑證的真實性、合法性進行審核。只有審核無誤的會計憑證，才能作為登記帳簿的依據。即使是實行了會計電算化的組織，也必須以合法憑證作為帳務處理的依據。

（四）會計工作具有連續性、系統性、完整性和綜合性

所謂連續性，是指會計對於特定組織經濟活動的反應是按照時間發生的先後順序，自始至終不間斷地進行；所謂系統性，是指會計對特定組織經濟活動進行反應時，是科學分類並相互聯繫的；所謂完整性，又稱全面性，是指會計對特定組織所發生的一切經濟活動都應無一遺漏地進行反應；所謂綜合性，是指會計對特定組織經濟活動的反應應運用貨幣作為統一的計量標準進行數量反應，以得出各種總括的價值指標。會計通過連續、系統、完整、綜合地反應特定組織的經濟活動，以得出連續、系統、完整、綜合的會計信息，從而滿足信息用戶對不同會計信息的需要。

三、會計的概念

清代學者焦循在《孟子正義》一書中，對會計的解釋為「零星算為之計，總和算為之會」，這反應了當時人們對會計的認識。會計經歷漫長的歷史進程發展至今，其內容越來越完善，功能和作用越來越強大，採用的方法和技術也越來越先進。對於會計的概念，國內外研究者從不同角度有不同的理解。總體而言，大概有以下兩種觀點。

(一) 信息系統論

從會計為有關方面提供決策有用信息的角度而言，會計是一個信息系統。企業的信息用戶既包括企業外部的投資者、債權人以及政府管理部門等，也包括企業內部管理層、職工等。企業投資者把錢投入企業、債權人把錢借給企業，但他們自身並不參與企業的經營管理，為了保護自身權益就必須通過會計提供的信息瞭解企業，以做出正確的投資決策和信貸決策；同樣，政府相關管理部門，如工商、財稅機關等，也只能通過企業會計提供的財務報告瞭解企業行為是否違規違法；企業內部管理層也只能通過會計提供的信息以瞭解企業經營管理活動所存在的問題從而做出正確的管理決策。總而言之，會計這門「商業語言」就是通過特定的方法，將零散的經濟業務資料進行加工以向相關信息用戶提供所需信息，這一信息加工過程就是一個信息系統。

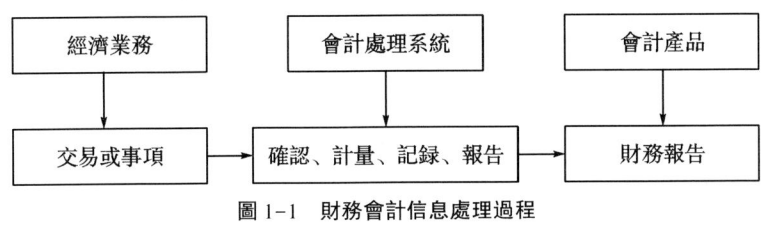

圖 1-1　財務會計信息處理過程

(二) 管理活動論

從會計對經濟組織的經濟活動進行反應和監督而言，會計是一種管理活動，它貫穿在企業整個管理過程中。在企業計劃階段，會計人員通過提供的會計信息參與企業預算、計劃的制定過程中；在企業組織和實施階段，會計會將各項計劃和預算細化為各類定額、指標以指導和控制各職能部門與相關人員按預算和計劃完成相應的工作；在企業檢查階段，會計人員通過匯總編製的財務報告及其具體的分析報告，發現企業經營中存在的問題並明確責任，以便於有針對性地提出解決措施，保證企業經營目標的實現。可以說，會計是企業經營管理不可缺少的構成部分。

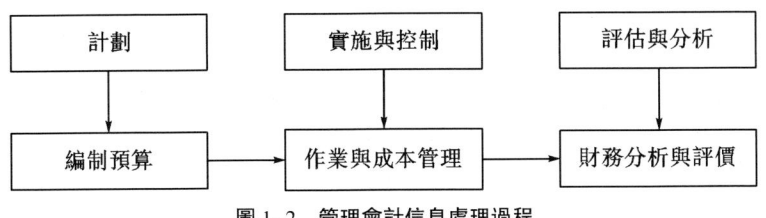

圖 1-2　管理會計信息處理過程

綜合上述兩種觀點，我們傾向於對當前會計的概念做如下表述：會計是以貨幣為主要計量單位，以會計憑證為主要依據，運用專門的方法，對特定組織的經濟活動進行連續、系統、全面、綜合的核算和監督，為有關各方提供有用會計信息，旨在提高經濟效益的一種經濟管理活動。

四、會計學科體系

會計學是人們對會計工作規律認識的知識體系，是完整、準確地解決如何認識會計工作和如何做好會計工作等問題的科學。它是由相互聯繫的許多學科組成的有機整體。

按會計服務主體的經營性質可以把會計分為營利組織會計（企業會計）和非營利組織會計（行政、事業單位會計）。

按會計按報告對象的不同，把會計分為財務會計和管理會計。其中：財務會計又稱為對外報告會計，主要側重對特定組織過去已經發生和完成事項的反應，並向組織外部信息用戶提供有關組織財務狀況、經營成果和現金流量等方面的信息；管理會計又稱為對內報告會計，主要向特定組織內部經營管理層提供有利於組織進行規劃、管理、決策等所需的相關信息，側重未來數據。

在中國高等院校會計專業所設置的課程中，通常按研究內容結合研究層次，將會計學專業的主幹課程分為會計學原理（基礎會計學或初級會計學）、中級財務會計、高級財務會計、成本會計、管理會計、會計信息系統、財務管理、統計學、審計學等。其中，會計學原理是學習其他課程的基礎，它主要介紹會計學的基本理論、基本方法、基本技能以及會計工作組織和法規制度等。除此以外，經濟學、管理學、法學等相關課程也是會計專業學生不可缺少的課程。

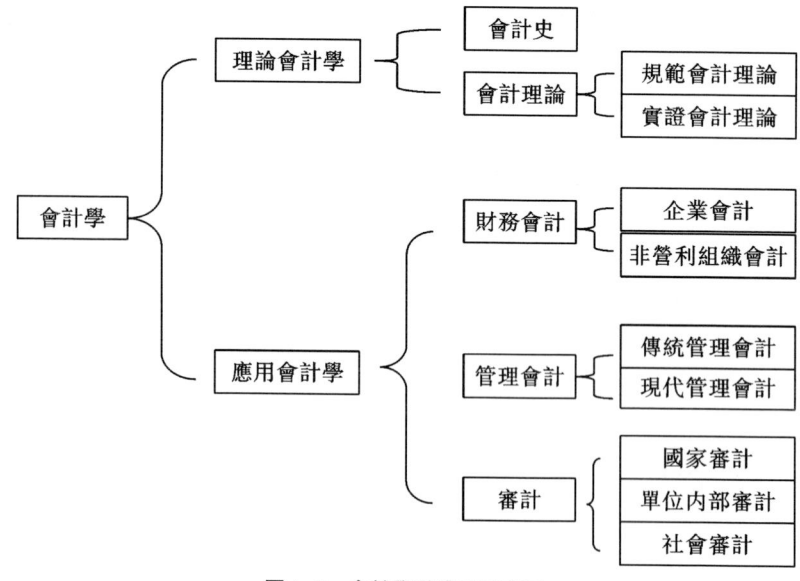

圖 1-3　會計學科體系示意圖

本章小結

會計是隨著社會生產發展和加強經濟管理、提高經濟效益的要求而產生，並隨著社會經濟特別是市場經濟的發展和科學技術的進步而不斷完善、提高和發展的。會計產生於原始社會末期，其發展大致經過了古代會計、近代會計和現代會計三個階段，形成了財務會計和管理會計兩大分支。

會計的職能是指會計在經濟管理工作中所具有的功能，包括進行會計核算和實施會計監督兩個方面，二者相輔相成、辯證統一。會計核算是會計監督的基礎，會計監督是會計核算的質量保障。

會計是以貨幣為主要計量單位，以會計憑證為主要依據，運用專門的方法，對特定組織的經濟活動進行連續、系統、全面、綜合的核算和監督，為有關各方提供有用會計信息，旨在提高經濟效益的一種經濟管理活動。

會計學是人們對會計工作規律認識的知識體系，是完整、準確地解決如何認識會計工作和如何做好會計工作等問題的科學。它是由相互聯繫的許多學科組成的有機整體。其主幹課程包括會計學原理（基礎會計學或初級會計學）、中級財務會計、高級財務會計、成本會計、管理會計、會計信息系統、財務管理、統計學、審計學等。

重要名詞

會計（accounting）　　　　　　會計職能（accounting function）
會計核算（accounting calculation）　會計監督（accounting control）
財務會計（financial accounting）　　管理會計（management accounting）

拓展閱讀

閱讀資料（一）

帕喬利——復式簿記的奠基人

西方資本主義萌芽源於 14 世紀的義大利威尼斯、佛羅倫薩等地，復式簿記也在這些地區產生。著名經濟學家桑巴特曾指出：「離開了復式簿記，我們將不能設想有資本主義。」[1] 復式簿記誕生於資本主義的發祥地，並不是一種偶然，而是一種歷史的契合。

復式簿記的奠基人盧卡·帕喬利（Luca Pacioli, 1445—1515）生於離佛羅倫薩東南約 80 英里（1 英里＝1.609,3 千米）的小鎮聖賽波爾克羅一個中下層家庭，早年在教會學校接受教育，16 歲去當地一位大商人的家庭作坊當學徒，之後，跟隨著名藝術

---

[1]【美】R. G. 布朗，K. S. 約翰斯頓. 巴其阿勒會計論 [M]. 林志軍，等，譯. 上海：上海立信會計圖書用品社，1988.

家（同時數學造詣很高）的弗朗斯科學習。他做過許多達官和富商的家庭教師，也先後在佛羅倫薩、米蘭、羅馬等五所大學任教。

帕喬利的一生適逢文藝復興的黃金時期，他是一位出色的著作家、演講者和教師，對數學、神學、建築學、軍事戰術學、商業等都有淵博的知識，一生著述甚豐，包括《算數、幾何和比例概要》《成功的經商之道》《智慧之道》《數的奧妙》《神妙的比例》等。

1494 年出版的《算數、幾何和比例概要》分為五部分：①算術與代數；②算術與代數在貿易和計算中的應用；③簿記；④貨幣與兌換；⑤理論幾何與應用幾何學。其中，第三部分奠定了現代會計的基石，其復式簿記的基本原理歷經 500 餘年沒有變化，對推動資本主義的發展起到了功不可沒的作用。

閱讀資料（二）

影響會計發展史的六大歷史事件

1. 義大利商業革命

義大利位於地中海沿岸，特殊的地理位置使其成為東西方文化的連接點。中世紀，義大利的地區貿易和國際貿易促使商品貨幣經濟關係迅速發展，隨著貿易的發展，義大利的商業和金融業獲得長足發展，居歐洲領先地位。此時，在佛羅倫薩、熱那亞、威尼斯等地出現了復式簿記的萌芽。

2. 東印度公司

1600 年成立的美國東印度公司壟斷著好望角以東各國的貿易權。由於東印度公司在每次航海後都沒有足夠的現金向股東支付股利，於是使用下次航海的股份來代替，這就是股票股利的前身。當最後清算股份時，需要極其複雜的會計核算。於是，1657 年 9 月，該公司發布新章程，允許簽發永久性的股份，作為未來所有航海冒險活動的一種聯合投資。將每次清算轉換為永久性股份，提出每年而不是每次冒險活動結束時結算利潤，從而形成了持續經營和會計分期的概念，同時也產生了股份公司。這些引起會計思想的巨大變化，對建立以年度為報告的劃分基礎、確定流動資產和流動負債、固定資產和固定負債的劃分界限，起到極大的推動作用。

3. 英國工業革命

隨著 1733 年飛梭的發明、1764 年珍妮紡紗機的出現、1769 年瓦特蒸汽機的試製成功，英國進行了開始於 18 世紀 60 年代、完成於 19 世紀三四十年代的工業革命。工業革命出現了工廠制度和批量生產，導致固定資產成本在生產中所佔比例的上升，使折舊概念變得越來越重要。企業規模的擴大導致經濟活動變得越來越複雜，對生產成本信息需求的增長，使成本會計應運而生。同時由於工廠制度的出現，大額資本的需要導致所有權與經營權分離，從而使向不參與經營的所有者提供財務狀況和經營情況成為會計目標之一。正是股份制公司和工業革命的完美結合，促使了成本會計的產生，使以商品買賣活動為主的傳統會計向以工業化生產為主的近代會計轉變。

4. 南海公司泡沫

1711 年，英國人羅伯特·哈利建立了南海公司，主要業務是發展南大西洋貿易，

開始時該公司保證6%的股息率,所以股票銷售一空。1718年,英王喬治一世任董事長,公司信譽大增,不久以後付出100%的股息。1720年1月,經議會同意,南海公司承諾接受全部國債,以國家公債約1,000萬英鎊換做公司股票,國家債權人換做公司股東,使股票行市大漲,股價漲至128.5%;同年8月突破1,000%。然而,1720年9月股票開始暴跌,12月跌至124%。無數債權人和投資者蒙受巨大損失,強烈要求嚴懲詐欺者並賠償損失。英國議會組織了特別委員會調查這一事件,發現公司會計記錄嚴重失實,存在明顯舞弊行為。為此,特別委員會聘請了精通會計實務的查爾斯·斯內爾對南海公司的會計帳目進行調查,並編製了一份審計報告書,指出企業存在的舞弊行為。南海公司泡沫事件促使1720年議會頒布了《泡沫公司取締法》,禁止成立有限責任公司,直至1825年廢除該法。1844年英國通過《股份公司法》,肯定了審計的法律地位。1855年的《有限責任法》允許股東承擔有限責任。至此符合現代意義的股份公司基本確立。南海公司泡沫事件揭開了民間審計走向現代的序幕。

5. 1929—1933年世界經濟危機

20世紀30年代,大多數發達國家尤其是美國爆發了經濟危機,大量公司股票和債券在證券市場上拋售,許多公司陷入了無力償債的窘迫局面,紛紛倒閉。政府和社會公眾認為,松散的會計實務是導致美國資本市場崩潰和蕭條的主要原因,強烈要求公司會計報表能夠真實反應其財務狀況和經營成果。為此,美國政府於1933年公布了《證券法》,1934年公布了《證券交易法》,要求股份公司在向公眾出售股票之前,必須向證券交易委員會登記,並通過證券交易委員會公布會計報表;授權SEC負責制定統一會計規則。但是SEC從未行使制定權,而是授權美國會計師協會(AIA,1957年改名為美國註冊會計師協會,AICPA)制定。公認會計原則的確立,標誌著傳統會計發展成為財務會計。其特徵是:會計信息的加工、處理和報告,是為了滿足各個利益關係人的需要;在加工過程中,必須遵守公認會計原則;財務報表完成後,必須由註冊會計師審計。此外,20世紀初,隨著泰勒制和科學管理理論的產生,管理會計從財務會計中脫穎而出。1952年在世界會計師聯合會上正式通過「管理會計」這個專門術語。從此,企業會計就正式分為財務會計和管理會計兩大領域。

6. 20世紀末的新經濟浪潮與安然醜聞

1991年,美國經濟走出低谷,此前持續穩定地增長了近10年。美國《商業周刊》在1996年12月30日發表了一篇文章,提出新經濟的概念。一般認為,新經濟的含義涵蓋三個方面:知識經濟是新的社會經濟形態;虛擬經濟是新的經濟活動模式;網絡經濟是新的經濟運行方式。新經濟的到來,給現行會計帶來全新挑戰,一個顯著特點是軟資產日益重要。軟資產是相對傳統的有形資產,主要包括專利權、商標權、工業產權、商譽等無形資產和人力資源、信息資源、組織資源。傳統的會計確認和計量理論是工業時代的產物,在知識經濟時代一籌莫展,安然公司的舞弊案就是很好地證明。安然公司舞弊固然有治理結構、獨立董事、證券分析師、註冊會計師、財務總監、股票期權等方面的問題。但更有會計規則無法滿足其「金融創新」「交易策劃」「組織設計」和「扁平化」管理的需要等原因,致使舞弊行為不斷。這對會計準則提出了全新的挑戰;會計準則應該使公司不易通過交易策劃所規避,使公司和註冊會計師職業判

斷得以充分發揮；會計師事務所的監管模式和經營方式應該有一個全新的變革。

思考題

1. 如何理解會計是一個發展的概念？請簡述會計的主要發展歷程。
2. 會計的職能有哪些？其具體內容是什麼？
3. 會計的特點是什麼？請簡要說明。
4. 請簡述有關會計概念的兩種主要觀點並總結會計的基本概念。
5. 會計學科體系包含哪些組成部分？會計學專業的主幹課程有哪些？它們之間的關係如何？
6. 以你自己的生活為例，舉出與會計相關的一些事情。

案例分析題

王敏是一位剛剛畢業的大學生，準備自主創業，在學校旁邊的小鎮上開個小店，賣自己家鄉的一些小特產。當前她已經租下了一間店鋪並進行了簡單的裝修，已預付了半年的租金6,000元，裝修費花了1,000元。在辦理了各種行政登記後就開始營業了，各種辦證費用等花了1,000元。本月，王敏通過老家的親戚購買了一些較為暢銷的特產，貨已運到，貨款10,000元，運費200元。然後請了兩位兼職學生在學校進行廣告宣傳，支付費用200元。現在，第一批貨已全部賣出，共收貨款13,000元，本月稅費共計200元。請問，王敏應該如何記帳？本月經營到底是賺是賠？王敏應該在以後的經營中做哪些改進才能保證小店持續穩定的發展？

第二章　會計目標和會計信息質量特徵

學習目標

1. 掌握會計目標的兩個層次；
2. 瞭解會計信息的需求者並掌握會計信息質量要求的具體內容。

第一節　會計目標

一、會計目標

(一) 會計目標的概念

會計目標亦稱會計目的，是指在一定的客觀經濟環境條件下，會計活動應達到的目的和標準。會計是一種主觀的、有目的的經濟管理活動，會計目標指引著會計活動的基本方向。會計目標屬於財務會計概念中的最高層次，是會計理論框架的起點。

(二) 會計目標的特點

1. 穩定性

會計雖然是隨著生產、管理的發展而不斷發展的，會計的目標也會隨著會計所處的社會政治、法律、經濟、科技等環境因素的改變而發生變化。但在一定時期內，會計目標應該是相對穩定的。因為只有相對穩定的會計目標才能具體指明會計活動的方向；如果目標不明確、朝令夕改、變化無常，會計活動就會發生混亂。

2. 多樣性

會計的產出物是會計信息，而會計信息的使用者是多方面的，他們對會計信息的需求也是多樣性的。這就決定了會計目標的多樣性特點。

3. 多層次性

會計目標不能是單一的，而應當是多樣的、多層次的一個有機整體，這樣才能滿足各方面不同層次對會計的需要。

二、會計目標的構成

會計的目標可以分為兩個層次：

(一) 基本目標

會計作為企業管理活動的重要組成部分，其基本目標（即最終目標）也將服務於

企業經營管理的目標，即不斷提高企業經濟效益和社會效益。而要達到這一基本目標，則需要會計在日常工作中準確、及時記錄和計量各種勞動成果與勞動耗費，然後通過分析比較，提出合理配置資源、提高經濟效益的方法和措施。

（二）具體目標

會計具體目標即會計的近期目標，它貫穿會計日常工作過程中，就是生成和提供會計信息以便於企業信息用戶做出正確決策。

至於會計應當提供什麼會計信息？企業會計信息用戶有哪些？這些用戶又需要哪些會計信息？這都是會計目標理論研究中應解決的具體問題。在20世紀七八十年代，西方會計界對於會計目標形成了兩大學派，即「受託責任說」和「決策有用說」。前者認為會計目標是向資源提供者報告資源受託管理情況，以提供客觀信息為主；後者則認為會計目標是向會計信息使用者提供決策有用信息。

中國現行會計目標也體現了上述兩種學說的基本思想。2006年2月15日頒布的《企業會計準則——基本準則》第四條指出：「企業應當編製財務會計報告。財務會計報告的目標是向財務會計報告使用者提供與企業財務狀況、經營成果和現金流量等有關的會計信息，反應企業管理層對受託責任的履行情況，有助於財務會計報告使用者做出經濟決策。」

三、會計目標中的核心內容

（一）會計信息的使用者

企業會計信息用戶包括企業外部信息使用者和內部信息使用者。其中，外部會計信息使用者主要有企業投資人和潛在投資人、債權人、證券經紀人、政府相關部門以及社會公眾等。企業投資人和潛在投資人具體包括國家、其他法人、社會個人以及外國投資者。企業的債權人包括向企業發放貸款的銀行和其他金融機構、向企業供貨的往來單位、企業債權的購買者等。企業內部會計信息使用者主要是指企業內部各級管理人員，包括企業負責人、各職能部門負責人、企業職工以及工會組織。

（二）會計信息的內容

會計提供的信息既要有利於投資者、債權人、管理層做出正確的投資決策、信貸決策、管理決策，也要有利於政府有關部門進行宏觀經濟調控和管理以及社會公眾瞭解企業。因此，會計提供的信息應當是能夠客觀、完整、及時反應企業一定日期財務狀況、一定時期經營成果和一定時期現金流量等情況的具體資料。

（三）會計信息的形式

會計信息的提供方式主要通過財務報告形式，包括表式報告文件（即會計報表）以及文字式報告（報表附註及財務情況說明書）提供不同信息用戶所需的決策有用信息。其具體內容將在本書第十章做詳細介紹。

第二節 會計信息質量特徵

　　會計的目標是向財務會計報告使用者提供與企業財務狀況、經營成果和現金流量等有關的會計信息，有助於財務會計報告使用者做出經濟決策。要達到這一目標，必然要求會計信息應具備一定的質量特徵。

　　會計信息質量要求是對企業財務報告中所提供會計信息質量的基本要求和標準，即會計應該提供什麽樣的會計信息。根據現行《企業會計準則——基本準則》的規定，會計信息應滿足以下八個質量特徵，具體包括可靠性、相關性、可理解性、可比性、實質重於形式、重要性、謹慎性和及時性。其中：可靠性、相關性、可理解性和可比性是會計信息的首要質量要求，是企業財務報告中所提供會計信息應具備的基本質量特徵；實質重於形式、重要性、謹慎性和及時性是會計信息的次級質量要求，是對可靠性、相關性、可理解性和可比性等首要質量要求的補充與完善。

一、可靠性

　　可靠性又稱為真實性或客觀性，它要求企業應當以實際發生的交易或者事項為依據進行確認、計量和報告，如實反應符合確認和計量要求的各項會計要素及其他相關信息，保證會計信息真實可靠、內容完整。如果財務報告所提供的會計信息是不可靠的，就會給投資者等使用者的決策產生誤導甚至損失。為了貫徹可靠性要求，企業應當做到：

　　（1）以實際發生的交易或者事項為依據進行確認、計量，將符合會計要素的定義及其確認條件的資產、負債、所有者權益、收入、費用和利潤等如實反應在財務報表中，不得根據虛構的、沒有發生的或者尚未發生的交易或者事項進行確認、計量和報告。

　　（2）在符合重要性和成本效益原則的前提下，保證會計信息的完整性，包括應當編報的報表及其附註內容等應當保持完整，不能隨意遺漏或者減少應予披露的信息，與使用者決策相關的有用信息都應當充分披露。

　　（3）包括在財務報告中的會計信息應當是中立的、無偏的。如果企業在財務報告中為了達到事先設定的結果或效果，通過選擇或列示有關會計信息以影響決策和判斷，這樣的財務報告信息就不是中立的。例如，在在產品盤存估價以及固定資產使用年限的確定方面，確實需要會計人員進行主觀判斷，會計人員應盡量取得客觀證據，減少估計誤差，保證信息準確性。

　　【案例】藍田股份曾經創造了中國股市長盛不衰的績優神話。這家以養殖、旅遊和飲料為主的上市公司，一亮相就顛覆了行業規律和市場法則，1996 年發行上市以後，在財務數字上一直保持著神奇的增長速度：總資產規模從上市前的 2.66 億元發展到 2000 年年末的 28.38 億元，增長了 9 倍，歷年年報的業績都在每股 0.6 元以上，最高達到 1.15 元。即使遭遇了 1998 年特大洪災以後，每股收益也達到了不可思議的 0.81

元，5 年間股本擴張了 360%，創造了中國農業企業罕見的「藍田神話」。當時最動聽的故事之一就是藍田的魚鴨養殖每畝產值高達 3 萬元。而同樣是在湖北養魚，武昌魚的招股說明書的數字顯示：每畝產值不足 1,000 元，稍有常識的人都能看出這個比同行養殖高出幾十倍的奇跡的破綻。

二、相關性

相關性又稱為有用性，要求企業提供的會計信息應當與財務報告使用者的經濟決策需要相關，從而有助於財務報告使用者對企業過去、現在或者未來的情況做出評價或者預測。而一項信息是否具有相關性取決於預測價值和反饋價值。

（一）預測價值

如果一項信息能幫助決策者對過去、現在和未來事項的可能結果進行預測，則該項信息具有預測價值。決策者可以根據預測的結果，做出其認為的最佳選擇。因此，預測價值是構成相關性的重要因素，具有影響決策者決策的作用。

（二）反饋價值

一項信息如果能有助於決策者驗證或修正過去的決策和實施方案，即具有反饋價值。把過去決策所產生的實際結果反饋給決策者，使其與當初的語氣結果相比較，驗證過去的決策是否正確，總結經驗以防今後再犯同樣的錯誤。反饋價值有助於未來決策。

會計信息質量的相關性要求，需要企業在確認、計量和報告會計信息的過程中，充分考慮使用者的決策模式和信息需要。但是，相關性是以可靠性為基礎的，兩者之間並不矛盾，不應將兩者對立起來。也就是說，會計信息在可靠性前提下，盡可能做到相關性，以滿足投資者等財務報告使用者的決策需要。

三、可理解性

可理解性要求企業提供的會計信息應當清晰明瞭，便於財務報告使用者理解和使用。

企業編製財務報告、提供會計信息的目的在於使用，而要使使用者有效使用會計信息，應當能讓其瞭解會計信息的內涵，弄懂會計信息的內容，這就要求財務報告所提供的會計信息應當清晰明瞭，易於理解。只有這樣，才能提高會計信息的有用性，實現財務報告的目標，滿足向投資者等財務報告使用者提供決策有用信息的要求。

會計信息畢竟是一種專業性較強的信息產品，在強調會計信息的可理解性要求的同時，還應假定使用者具有一定的有關企業經營活動和會計方面的知識，並且願意付出努力去研究這些信息。對於某些複雜的信息，如交易本身較為複雜或者會計處理較為複雜，但其對使用者的經濟決策相關的，企業就應當在財務報告中予以充分披露。

四、可比性

可比性要求企業提供的會計信息應當具有可比性。具體包括下列要求：

(一) 縱向可比

縱向可比是指同一企業對於不同時期發生的相同或者相似的交易或者事項，應當採用一致的會計政策，不得隨意變更。

為了便於投資者等財務報告使用者瞭解企業財務狀況、經營成果和現金流量的變化趨勢，比較企業在不同時期的財務報告信息，全面、客觀地評價過去、預測未來，從而做出決策。會計信息質量的可比性要求同一企業不同時期發生的相同或者相似的交易或者事項，應當採用一致的會計政策，不得隨意變更。但是，滿足會計信息可比性要求，並非表明企業不得變更會計政策。如果按照規定或者在會計政策變更後可以提供更可靠、更相關的會計信息，可以變更會計政策。有關會計政策變更的情況，應當在附註中予以說明。

(二) 橫向可比

橫向可比是指同一時期的不同企業發生的相同或者相似的交易或者事項，應當採用規定的會計政策，確保會計信息口徑一致、相互可比，即對於相同或者相似的交易或者事項，不同企業應當採用一致的會計政策，以使不同企業按照一致的確認、計量、記錄和報告基礎提供有關會計信息，以便於投資者等財務報告使用者評價不同企業的財務狀況、經營成果和現金流量及其變動情況。

五、實質重於形式

實質重於形式要求企業應當按照交易或者事項的經濟實質進行會計確認、計量和報告，不應僅以交易或者事項的法律形式為依據。如果企業僅僅以交易或者事項的法律形式為依據進行會計確認、計量、記錄和報告，那麼就容易導致會計信息失真，無法如實反應經濟現實和實際情況。

企業發生的交易或事項在多數情況下，其經濟實質和法律形式是一致的。但在有些情況下，會出現不一致。例如，以融資租賃方式租入的資產雖然從法律形式上講企業並不擁有其所有權，但是由於租賃合同中規定的租賃期相當長，接近於該資產的使用壽命；租賃期結束時承租企業有優先購買該資產的選擇權；在租賃期內承租企業有權支配資產並從中受益等。因此，從其經濟實質來看，企業能夠控制融資租入資產所創造的未來經濟利益，在會計確認、計量、記錄和報告上就應當將以融資租賃方式租入的資產視為企業的資產，列入企業的資產負債表。又如，企業按照銷售合同銷售商品但又簽訂了售後回購協議，雖然從法律形式上實現了收入，但如果企業沒有將商品所有權上的主要風險和報酬轉移給購貨方，沒有滿足收入確認的各項條件，即使簽訂了商品銷售合同或者已將商品交付給購貨方，也不應當確認銷售收入。

六、重要性

重要性要求企業提供的會計信息應當反應與企業財務狀況、經營成果和現金流量有關的所有重要交易或者事項。在實務中，如果會計信息的省略或者錯報會影響投資者等財務報告使用者據此做出決策的，該信息就具有重要性。重要性的應用需要依賴

職業判斷，企業應當根據其所處環境和實際情況，從項目的性質和金額大小兩個方面加以判斷。

例如，中國上市公司要求對外提供季度財務報告，考慮到季度財務報告披露的時間較短，從成本效益原則的考慮，季度財務報告沒有必要像年度財務報告那樣披露詳細的附註信息。因此，《中期財務報告準則》規定，公司季度財務報告附註應當以年初至本期末為基礎編製，披露自上年度資產負債表日之後發生的、有助於理解企業財務狀況、經營成果和現金流量變化情況的重要交易或者事項。這種附註披露，就體現了會計信息質量的重要性要求。

會計信息的提供強調重要性，一是基於成本效益原則，減少不必要的工作，有利於提高會計核算的經濟效益；二是為了保證會計信息提供的及時性，過於求全可能會延誤時間。除此以外，會計信息的主次不明也會影響信息使用者對信息的有效理解和使用。

七、謹慎性

謹慎性要求企業對交易或者事項進行會計確認、計量和報告時應當保持應有的謹慎，不應高估資產或者收益、低估負債或者費用。

在市場經濟環境下，企業的生產經營活動面臨著許多風險和不確定性，如應收款項的可收回性、固定資產的使用壽命、無形資產的使用壽命、售出存貨可能發生的退貨或者返修等。會計信息質量的謹慎性，要求企業在面臨不確定性因素的情況下做出職業判斷時，應當保持應有的謹慎，充分估計到各種風險和損失，既不高估資產或者收益，也不低估負債或者費用。例如，要求企業對可能發生的資產減值損失計提資產減值準備、對售出商品可能發生的保修義務等確認預計負債等，就體現了會計信息質量的謹慎性要求。

謹慎性的應用也不允許企業設置秘密準備，如果企業故意低估資產或者收益，或者故意高估負債或者費用，將不符合會計信息的可靠性和相關性要求，損害會計信息質量，扭曲企業實際的財務狀況和經營成果，從而對使用者的決策產生誤導，這是會計準則所不允許的。

八、及時性

及時性要求企業對於已經發生的交易或者事項，應當及時進行確認、計量和報告，不得提前或者延後。

會計信息的價值在於幫助所有者或者其他信息用戶做出經濟決策，具有時效性。即使是可靠、相關的會計信息，如果不及時提供，就失去了時效性，對於使用者的效用就大大降低甚至不再具有實際意義。在會計確認、計量、記錄和報告過程中貫徹及時性，一是要求及時收集會計信息，即在經濟交易或者事項發生後，及時收集整理各種原始單據或者憑證；二是要求及時處理會計信息，即按照《企業會計準則》的規定，及時對經濟交易或者事項進行確認、計量和記錄，並編製出財務報告；三是要求及時傳遞會計信息，即按照國家規定的有關時限，及時將編製的財務報告傳遞給財務報告

使用者，便於其及時使用和決策。

在實務中，為了及時提供會計信息，可能需要在有關交易或者事項的信息全部獲得之前即進行會計處理，這樣就滿足了會計信息的及時性要求，但可能會影響會計信息的可靠性；反之，如果企業等到與交易或者事項有關的全部信息獲得之後再進行會計處理，這樣的信息披露可能會由於時效性問題，對於投資者等財務報告使用者決策的有用性將大大降低。這就需要在及時性和可靠性之間做相應權衡，以最好地滿足投資者等財務報告使用者的經濟決策需要為判斷標準。

上述八項會計信息的質量要求是相互聯繫的，企業在對交易進行會計確認、計量和報告時應綜合運用，以確保會計信息的質量。

本章小結

會計目標亦稱會計目的，是在一定的客觀經濟環境條件下，會計活動應達到的目的和標準。中國會計的具體目標是向財務會計報告使用者提供與企業財務狀況、經營成果和現金流量等有關的會計信息，反應企業管理層對受託責任的履行情況，有助於財務會計報告使用者做出經濟決策。

會計信息質量要求是對企業財務報告中所提供會計信息質量的基本要求和標準，即會計應該提供什麼樣的會計信息。根據現行《企業會計準則——基本準則》的規定，會計信息應滿足八個質量特徵，包括可靠性、相關性、可理解性、可比性、實質重於形式、重要性、謹慎性和及時性。其中：可靠性、相關性、可理解性和可比性是會計信息的首要質量要求，是企業財務報告中所提供會計信息應具備的基本質量特徵；實質重於形式、重要性、謹慎性和及時性是會計信息的次級質量要求，是對可靠性、相關性、可理解性和可比性等首要質量要求的補充和完善。

重要名詞

會計目標（accounting objiective）　　　相關性（relevance）
可靠性（reliance）　　　　　　　　　　可比性（consistency）
謹慎性（conservatism）

閱讀資料

等待開盤計算損失　百名投資者欲起訴造假大戶皖江物流

根據中國證監會的查證，皖江物流 2012 年虛增收入約 45.5 億元，占 2012 年年報收入的 14.05%，虛增利潤約 2.56 億元，占 2012 年年報利潤總額的 51.36%；2013 年虛增收入約 46 億元，占 2013 年報收入的 13.48%，虛增利潤約 2.34 億元，占 2013 年年報利潤總額的 64.64%。

皖江物流的虛增收入及利潤，主要手法是虛構了貿易產業鏈條。例如，福鵬系公

司指定貿易品種，皖江物流子公司淮礦物流從福鵬系公司採購，然後銷售給福鵬系公司，淮礦物流與上下游福鵬系公司同時相互簽訂購銷合同、收付資金、開具增值稅發票，形成一個貿易循環，在這個過程中，完全不存在實物，淮礦物流銷售與採購金額的差額為淮礦物流向福鵬系公司收取的資金占用費。

此外，皖江物流未在 2011 年年報披露子公司淮礦物流為華中有色、上海中望、中西部鋼鐵、溧陽建新制鐵有限公司、溧陽昌興爐料有限公司等公司提供 16 億元的動產差額回購擔保業務。2014 年淮礦物流向中西部鋼鐵等公司提供共計 2.2 億元的最高額擔保，2013—2014 年淮礦物流為江蘇匡克等 8 家公司承擔最高額為 13.05 億餘元的動產差額回購擔保。皖江物流未按規定披露上述事項，其中 1.56 億元動產差額回購擔保事項也未在 2013 年年報中披露。而且，2013 年皖江物流未按規定披露淮礦物流與福鵬系公司 30 億元債務轉移情況。

鑒於公司的上述劣跡，中國證監會對皖江物流給予警告，並處以 50 萬元罰款；時任高管汪曉秀被給予警告，並處以 30 萬元罰款；時任高管孔祥喜被給予警告，並處以 10 萬元罰款；時任高管楊林、牛占奎、張孟鄰、李非文、賴勇波、陳穎洲、盧太平、陳大錚、張永泰、江文革、張偉、艾強、楊學偉、李健、陳家喜、彭廣月、程崢、於曉辰、鄭凱、呂覺人被給予警告，並分別處以 3 萬元罰款。

2013 年 7 月 28 日，皖江物流收到公司第五屆董事會董事長孔祥喜，董事楊林、李非文、賴勇波、張孟鄰、牛占奎，獨立董事陳穎洲的辭職函。由於即將受到中國證監會的行政處罰，為推動公司重大資產重組工作盡快、順利開展，促進和保障上市公司平穩、持續、健康發展，孔祥喜提出辭去在公司擔任的董事、董事長及董事會專業委員會委員職務；楊林、李非文、賴勇波、張孟鄰、牛占奎提出辭去在公司擔任的董事及董事會專業委員會委員職務；陳穎洲提出辭去在公司擔任的獨立董事及董事會專業委員會委員職務。

（資料來源：東方財富網網站，2015 年 7 月）

思考題

1. 會計目標是什麼？它包含哪兩個層次的具體內容？
2. 會計信息的使用者有哪些？他們需要會計信息的主要用途是什麼？
3. 會計信息質量應當具備哪些質量要求？這些質量要求的具體含義是什麼？

案例分析題

【背景資料】

李老師在本市某著名大學的經濟管理學院從事會計教學，其學生有本科生、研究生及 MBA 等不同層次。其中有 4 位得意門生，畢業多年後，分別從事不同的職業：

第一位是一名自由職業者，熱衷於股票投資；

第二位目前在一家證券公司就職，做股票買賣經紀人；

第三位受資產經營公司委託擔任某上市公司董事；

第四位是財經記者，擔任某證券報的股票投資專欄的撰稿工作。

在一次春節聚會上，李老師遇到了這4位學生，知道他們都以不同身分活躍在股票市場中，話題自然談到了股市。由於前一年中國股市出現了前所未有的火爆行情，他們每個人都以自己的方式獲得了很大的業績，收益可觀。當李老師基於職業習慣，問及他們在股市上如何操作，是否充分利用會計信息做投資決策時，他們的回答分別是：

個人投資者：炒股主要靠直覺，基本不看會計信息。

證券經紀人：主要根據股價漲跌的規律做技術分析來進行股票買賣操作，偶爾也看看上市公司披露的會計信息。

上市公司董事：關鍵是獲得公司的各種內部信息，至於財務報表披露的信息是否重要則很難說，僅作為參考而已。

投資專欄記者：上市公司的財務會計信息對股票投資非常重要，尤其是對長期投資者而言，公司的基本面是決定企業市場價值的主要因素。

【問題思考】
1. 你認為李老師的4位學生各自的觀點正確嗎？為什麼？
2. 你認為中國目前會計信息的可信度如何？請說明理由。

第三章　會計對象和會計要素

學習目標

1. 掌握會計對象的概念和具體內容；
2. 掌握會計要素的概念及分類；
3. 掌握各類會計要素的概念、特點和構成內容。

第一節　會計對象

一、會計對象的一般含義

會計的對象是指會計所核算和監督的內容，即會計工作的客體。總括而言，凡是特定主體能夠以貨幣表現的經濟活動（通常又稱為價值運動或資金運動），都是會計核算和會計監督的內容，也就是會計的對象。因為會計需要以貨幣為主要計量單位對一定會計主體的經濟活動進行核算和監督，所以會計並不能核算和監督社會再生產過程中的所有經濟活動。

由於會計服務的主體（如企業、事業、行政單位等）所進行的經濟活動的具體內容和性質不同，會計對象的具體內容往往有較大的差異。即使都是企業，工業、農業、商業、交通運輸業、建築業和金融業等不同行業的企業，其資金運動也均有各自的特點，會計對象的具體內容也不盡相同，其中最具代表性的是工業企業。下面以工業企業為例，說明企業會計的對象。

二、企業會計的對象

工業企業是從事工業產品生產和銷售的營利性經濟組織，其再生產過程是以生產過程為中心的供應、生產和銷售過程的統一。為了從事生產經營活動，企業必須擁有一定數量的資金，用於建造廠房、購買機器設備、購買原材料、支付職工工資、支付經營管理過程中各種必要的開支等，生產出的產品經過銷售後，收回的貨款還要補償生產經營過程中墊付的資金、償還有關債務、上繳稅金等。在生產經營過程中，資金的存在形態不斷地發生變化，構成了企業的資金運動。只要企業的生產經營活動不停止，生產經營過程不中斷，其資金就始終處於運動之中。

企業的資金運動隨著生產經營活動的進行貫穿企業再生產過程的各個方面。企業的資金運動包括資金的投入、資金的循環與週轉（即資金的運用）和資金的退出三個

基本環節，既有一定時期內的顯著運動狀態（表現為收入、費用、利潤等），又有一定日期的相對靜止狀態（表現為資產與負債及所有者權益的恒等關係），如圖3-1所示。

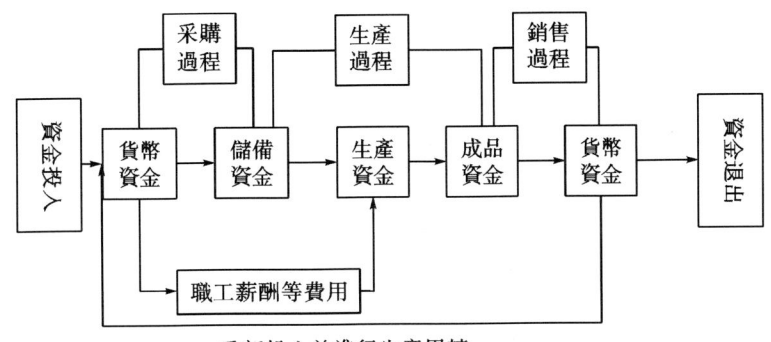

圖3-1 製造業企業資金運動圖

（一）資金的投入

資金的投入包括企業所有者投入的資金和債權人投入的資金兩部分，前者屬於企業所有者權益，後者屬於企業債權人權益（即企業的負債）。投入企業的資金一部分構成流動資產（如貨幣資金、原材料等），另一部分構成非流動資產（如廠房、機器設備等）。資金的投入是企業資金運動的起點。

（二）資金的循環與週轉

企業將資金運用於生產經營過程，就形成了資金的循環與週轉。它又分為供應過程、生產過程、銷售過程三個階段。

1. 供應過程

供應過程又稱為採購過程，它是生產的準備過程。在這個階段，為了保證生產的正常進行，企業需要用貨幣資金購買並儲備原材料等勞動對象以及機器設備等勞動工具，要發生買價、運輸費、裝卸費等材料或固定資產採購成本，與供應單位發生貨款的結算關係。同時，隨著採購活動的進行，企業的資金從貨幣資金形態轉化為儲備資金形態。

2. 生產過程

生產過程既是產品的製造過程，又是資產的耗費過程。在這個階段，勞動者借助於勞動手段將勞動對象加工成特定的產品，企業要發生原材料等勞動對象的消耗、勞動力的消耗和固定資產等勞動手段的消耗等，構成了產品的使用價值與價值的統一體。同時，隨著勞動對象的消耗，資金從儲備資金形態轉化為生產資金形態；隨著勞動力的消耗，企業向勞動者支付工資、獎金等勞動報酬，資金從貨幣資金形態轉化為生產資金形態；隨著固定資產等勞動手段的消耗，固定資產和其他勞動手段的價值通過折舊或攤銷的形式部分地轉化為生產資金形態。當產品制成後，資金又從生產資金形態轉化為成品資金形態。

3. 銷售過程

銷售過程是產品價值的實現過程。在這個階段，企業將生產的產品銷售出去，取得銷售收入，發生貨款結算等業務活動，資金從成品資金形態轉化為貨幣資金形態。

由此可見，隨著生產經營活動的進行，企業的資金從貨幣資金形態開始，依次經過供應過程、生產過程和銷售過程三個階段，分別表現為儲備資金、生產資金、成品資金等不同的存在形態，最後又回到貨幣資金形態，這種運動過程稱為資金的循環。資金周而復始地不斷循環，稱為資金週轉。

(三) 資金的退出

企業在生產經營過程中，為社會創造了一部分新價值，因此，企業收回的貨幣資金一般要大於投入的資金，這部分增加額就是企業的利潤。企業實現的利潤，按規定應以稅金的形式上交一部分給國家，還要按照有關合同或協議償還各項債務。另外，還要按照企業章程或董事會決議向投資者分配股利或利潤。這樣，在企業收回的貨幣資金中，用於繳納稅金、償還債務和向投資者分配股利或利潤的這部分資金就退出了企業的資金循環與週轉，剩餘的資金則留在企業，繼續用於企業的再生產過程。

上述資金運動的三部分內容，構成了開放式的運動形式，是相互支撐、相互制約的統一體。沒有資金的投入，就不會有資金的循環與週轉；沒有資金的循環與週轉，就不會有債務的償還、稅金的上交和利潤的分配等；沒有這類資金的退出，就不會有新一輪資金的投入，也就不會有企業的進一步發展。

第二節　會計要素

會計要素（accounting elements）是會計對象的具體內容按照經濟特徵所做的最基本分類，是會計核算對象的具體化，也是構成會計報表的基本要素。它是會計基本理論研究的基石，更是會計準則建設的核心。會計要素定義是否科學合理，直接影響著會計實踐質量的高低。合理劃分會計要素，有利於清晰地反應產權關係和其他經濟關係。

《企業會計準則》將會計要素分為資產、負債、所有者權益（股東權益）、收入、費用（成本）和利潤六個會計要素。其中：資產、負債和所有者權益三項會計要素側重反應企業的財務狀況，構成資產負債表要素；收入、費用和利潤三項會計要素側重反應企業的經營成果，構成利潤表要素。

一、資產

(一) 資產的定義

資產（assets）是指企業過去的交易或者事項形成的、由企業擁有或者控制的、預期會給企業帶來經濟利益的資源。它包括各種財產、債權和其他權利，是企業生產經營活動持續下去的基礎和保障。

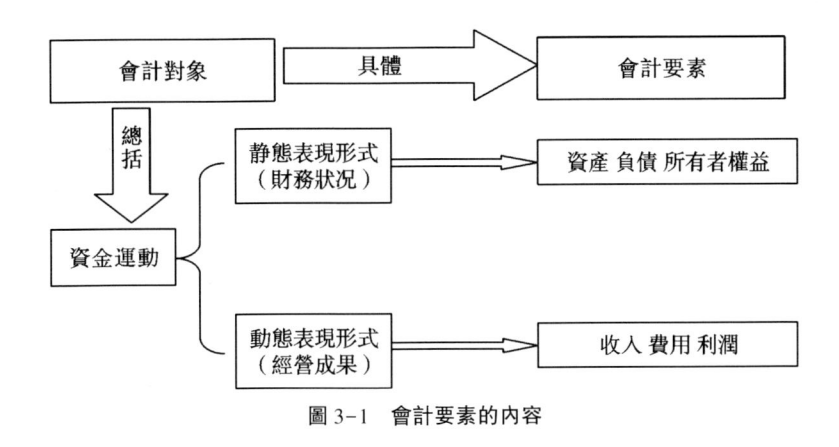

```
┌─────────┐    具體   ┌─────────┐
│ 會計對象 │ ────────> │ 會計要素 │
└─────────┘           └─────────┘
     │ 總括
     ▼
┌─────────┐    ┌──────────────┐    ┌─────────────────┐
│ 資金運動 │───>│ 靜態表現形式 │───>│ 資產 負債 所有者權益 │
└─────────┘    │ （財務狀況） │    └─────────────────┘
               └──────────────┘
               ┌──────────────┐    ┌─────────────┐
               │ 動態表現形式 │───>│ 收入 費用 利潤 │
               │ （經營成果） │    └─────────────┘
               └──────────────┘
```

圖 3-1　會計要素的內容

（二）資產的特徵

根據資產的定義，資產應具有以下基本特徵：

1. 資產應為企業擁有或者控制的資源

基於會計主體假設，會計計量的只是某一主體控制之下的資源。其中，擁有是指會計主體通過購買等方式對該項資產具有產權；而控制則是指會計主體目前雖然尚未取得該項資產的產權，但實質上已掌握了該項資產的未來收益和風險，如融資租入固定資產儘管企業並未取得其所有權，但由於其租賃期相當長，基本接近於該資產的整個使用壽命期，按照實質重於形式原則，可以認為企業控制了該資產的使用以及其所帶來的經濟利益，應作為本單位資產予以確認。

2. 資產預期會給企業帶來經濟利益

即該資源有極大的可能性能夠直接或間接給會計主體帶來現金或現金等價物的流入。如：產品直接銷售出去能實現價值的增值，為企業帶來收益；機器設備雖然不用於直接銷售，但能夠通過其正常運轉生產出產品，從而間接為企業帶來價值增值。因此，產品、設備等均屬於企業的資產。反之，一些已經報廢的機器設備或者已經過期的食品藥品，由於已經不能再使用給企業帶來經濟利益，因此就不應再作為資產在帳面列示。

3. 資產是由企業過去的交易或者事項形成的

也就是說，資產必須是現實存在的，至於未來的、尚未發生的交易或事項所可能產生的結果，則不屬於資產範疇，不能作為資產確認。如企業已經實現銷售但尚未收回的貨款可以作為應收帳款資產入帳，但企業計劃採購的物資由於尚未進行實際採購則不能作為企業資產入帳。

（三）資產的分類

資產按其流動性（即變現能力）的不同，可以分為流動資產和非流動資產。

1. 流動資產

流動資產是指預計在一個正常營業週期中變現、出售或耗用，或者主要為交易目

的而持有，或者預計在資產負債表日起一年內（含一年）變現的資產，以及自資產負債表日起一年內交換其他資產或清償負債的能力不受限制的現金或現金等價物，主要包括貨幣資金、交易性金融資產、應收票據、應收帳款、預付帳款、應收利息、應收股利、其他應收款、存貨等。

貨幣資金是指以貨幣形態存在的資產，包括庫存現金、銀行存款和其他貨幣資金。其他貨幣資金包括外埠存款、銀行匯票存款、銀行本票存款、信用卡存款、信用保證金存款等。

交易性金融資產是指企業持有的以公允價值計量且其變動計入當期損益的、以交易性為目的的持有債券投資、股票投資、基金投資、權證投資等金融資產。

應收票據是指企業因銷售商品、提供勞務等收到的商業匯票，包括商業承兌匯票和銀行承兌匯票。

應收帳款是指企業因銷售商品、提供勞務等經營活動而應向客戶收取（但暫未收到）的款項。

預付帳款是指企業按照購貨合同規定預付給供應商的款項。

存貨是指企業在日常活動中持有以備出售的產成品或商品、處於生產過程中的在產品、在生產過程和提供勞務過程中耗用的材料和物資等。工業企業的存貨主要包括原材料、燃料、輔助材料、週轉材料、在產品和產成品等。

2. 非流動資產

非流動資產又稱為長期資產，是指流動資產以外的資產，主要包括持有至到期投資、長期股權投資、固定資產、無形資產以及其他非流動資產等。

持有至到期投資是指企業購入的準備持有至到期收回的債券投資，以及企業委託銀行或金融機構向其他單位貸出的款項等。

長期股權投資是指企業以購買企業股票或其他直接方式（如直接投入現金、固定資產或無形資產等）取得被投資企業股權。長期股權投資的主要目的在於影響和控制被投資企業的經營決策以取得更大的利益。

固定資產是指企業為生產商品、提供勞務、出租或經營管理而持有的、使用壽命超過一個會計年度、單位價值較高的有形資產，包括房屋及建築物、機器設備、運輸工具以及其他與生產、經營有關的器具、工具等。

無形資產是指企業為生產商品、提供勞務、出租給他人或為管理目的而持有的、沒有實物形態的非貨幣性長期資產，包括專利權、非專利技術、商標權、著作權、土地使用權、特許經營權等。

其他非流動資產是指除了上述資產以外的其他資產，如長期待攤費用。長期待攤費用是指企業已經支出，但攤銷期在一年以上（不含一年）的各項費用，如租入固定資產的改良支出等。

二、負債

（一）負債的定義

負債（liabilities）是指企業過去的交易或者事項形成的、預期會導致經濟利益流出

企業的現時義務。

(二) 負債的特徵

1. 負債是企業承擔的現時義務

這是負債的基本特徵。「現時」體現了負債的時間概念，是指企業在現行條件下已經承擔的義務。與資產一樣，如果是未來交易或事項可能形成的義務則不屬於企業的負債。此外，現時義務還包括法定義務和推定義務。其中：法定義務是指法律規定的義務，受到法律的約束、強制執行。如購買材料必須按時支付貨款即是法定義務。推定義務是指根據習慣推定得到的義務，雖然沒有法律條文約束，但也形成了企業將履行義務的責任預期。如某些企業實行的「三包」協議，只有商品在企業的約定期內出了協議規定的問題均應得到企業的維修、退換貨等服務。

2. 義務的履行預期會導致經濟利益流出企業

這是負債的實質所在。如果企業在償還負債時沒有導致經濟利益流出，則不符合負債的定義。經濟利益流出的方式很多，可以用現金或實物資產償還，也可以以提供勞務方式償還，還可以將負債轉化為資本等形式償還。

3. 負債是由企業過去的交易或者事項形成的

與前述的現時義務相聯繫，只有過去的交易或事項才能形成負債，企業將在未來發生的承諾、簽訂的合同等交易或事項不能形成負債。

(三) 負債的分類

負債通常可以按其流動性（即償還時間）分為流動負債和非流動負債。

1. 流動負債

流動負債（current liabilities）是指預計在一個正常營業週期中清償，或者主要為交易目的而持有，或者預計在資產負債表日起一年內（含一年）到期應予以清償，或者企業無權自主地將清償推遲至資產負債表日後一年以上的負債。它主要包括短期借款、應付票據、應付帳款、預收帳款、應付職工薪酬、應交稅費、應付利息、應付股利其他應付款等。

2. 非流動負債

非流動負債（long-term liabilities）是指流動負債以外的負債，主要包括長期借款、應付債券、長期應付款等。

三、所有者權益

(一) 所有者權益的定義

所有者權益（equity）是指企業資產扣除負債後，由所有者享有的剩餘權益。上市公司的所有者權益又稱為股東權益。所有者權益就是所有者對企業資產的剩餘索取權，它是資產扣除債權人權益後由所有者享有的部分。這部分資產既反應了所有者投入資本的保值增值情況，也反應了對債權人權益的保護狀況。

(二) 所有者權益的特徵

所有者權益與負債（債權人權益）雖都是權益，均屬於企業的資金來源，表明企業資產歸誰所有，但二者又有著明顯的區別。主要表現在：①二者的性質和承擔的風險不同。負債是債權人對企業資產的索償權，所有者權益是投資者（所有者）對企業淨資產的所有權。債權人對企業資產的要求權優先於投資者。當企業進行清算時，資產在支付了破產清算費用後將優先償還負債，如有剩餘資產才能在投資者之間按出資比例等進行分配。從這個意義上講，債權人承擔的風險小於投資者。②二者享有的權利不同。債權人往往無法參與企業的經營管理和收益分配，但享有按規定條件收回本金和獲取利息的權利；投資者可以憑藉對企業的所有權參與企業的經營管理，並可以利潤或股利等形式參與企業的利潤分配。③二者償付期不同。負債一般都有規定的償付期限，必須於一定時日償還。而投資者在企業正常持續經營時一般不能隨意提前撤回投資。

(三) 所有者權益的來源構成

所有者權益所包括的內容可以分別從其來源和從其永久性方面進行考察（如圖3-2所示）。

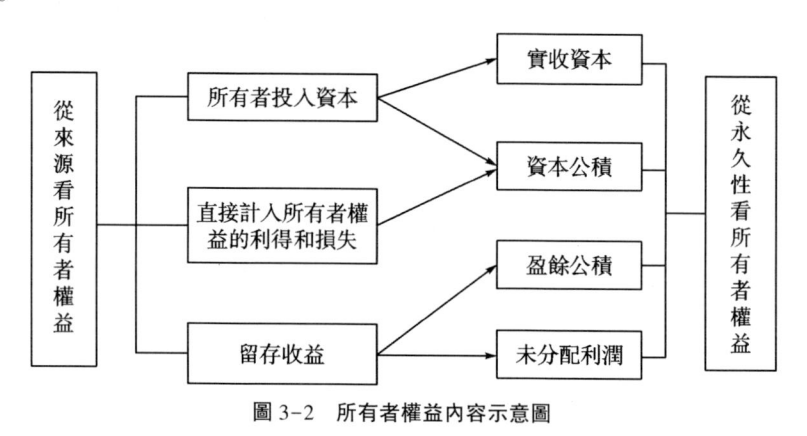

圖 3-2　所有者權益內容示意圖

1. 從來源看所有者權益的內容

所有者權益的來源包括所有者投入的資本、直接計入所有者權益的利得和損失、留存收益等。

（1）投入資本是投資者按照企業章程或者合同、協議的約定，實際投入企業的資本。它是企業註冊成立的基本條件之一，也是企業承擔民事責任的財力保證。它既包括構成企業註冊資本或者股本部分的金額，也包括投入資本超過註冊資本或股本部分的金額，即資本溢價或股本溢價，這部分溢價在《企業會計準則》中計入了資本公積。

（2）直接計入所有者權益的利得和損失是指不應計入當期損益、會導致所有者權益發生增減變動的，與所有者投入資本或者向所有者分配利潤無關的利得或損失。其中：利得是指在企業非日常活動中所形成的、會導致所有者權益增加的、與所有者投

入資本無關的經濟利益的流入，包括直接計入所有者權益的利得和直接計入當期利潤的利得；損失是指在企業非日常活動中所形成的、會導致所有者權益減少的、與向所有者分配利潤的經濟利益的流出，包括直接計入所有者權益的損失和直接計入當期利潤的損失。直接計入所有者權益的利得和損失主要包括可供出售金融資產的公允價值變動額、現金流量套期中套期工具公允價值變動額（有效套期部分）等。

（3）留存收益是企業歷年實現的淨利潤留存於企業的部分，主要包括累計計提的盈餘公積和未分配利潤。其中：盈餘公積包括法定盈餘公積（按法律規定的提取比例從淨利潤中提取的公積金）和任意盈餘公積（按企業最高權力機構——股東大會確定的提取比例從淨利潤中提取的公積金），盈餘公積主要用於彌補未來有可能出現的經營損失或者在滿足一定條件後轉化為實收資本；未分配利潤是企業未確定用途的、留待以後年度分配的結存利潤。

2. 從永久性看所有者權益的內容

在企業會計核算中，通常由將所有者權益按其永久性遞減順序依次分為實收資本（或股本）、資本公積（含股本溢價或資本溢價、其他資本公積）、盈餘公積和未分配利潤構成。其中：實收資本由投資者投入；資本公積一部分來源於投資者投入金額超過法定資本部分的資本，另一部分則來源於直接計入所有者權益的利得和損失；盈餘公積和未分配利潤均來源於企業實現的收益中留存在企業用於未來發展的部分。

四、收入

（一）收入的定義

收入（revenue）是指企業在日常活動中形成的、會導致所有者權益增加的、與所有者投入資本無關的經濟利益的總流入。

（二）收入的特徵

1. 收入產生於企業的日常活動

企業日常活動是指企業為完成其經營目標所從事的經營性活動以及與之相關的活動。如工業企業製造並銷售產品、商業企業銷售商品、餐飲企業提供餐飲服務、建築公司提供建築安裝服務等。而企業非日常活動所形成的經濟利益的流入則不能計入收入，只能作為利得入帳。

例如：某企業調整生產計劃，銷售剩餘的原材料。雖然這項業務並非經常發生，但由於原材料是為企業日常生產活動而儲備的，因此屬於收入；反之，企業銷售固定資產或無形資產就屬於偶發性收入，不屬於日常經營活動，因此不應確認為收入。而出租固定資產和無形資產取得的收入，屬於讓渡資產使用權的收入，應確認為企業收入。

2. 收入會導致所有者權益的增加

與收入相關的經濟利益的流入應當導致所有者權益的增加，反之，不能導致所有者權益增加的經濟利益流入就不能作為收入。如企業向銀行借款，儘管也導致了企業經濟利益的流入，但沒有導致所有者權益的增加，反而使企業承擔了一項現時義務，

因此該借款不能作為企業收入，只能作為負債。

3. 收入是與所有者投入資本無關的經濟利益的總流入

能夠導致所有者權益增加的經濟利益的總流入既可以來自於所有者投入資本，也可以來自於企業在日常經營活動中所實現的增值。而所有者投入資本的增加不應確認為收入的實現。

(三) 收入的分類

企業的收入來源較為廣泛，形成了各種各樣的收入構成。按照收入的來源不同，可以把收入分為銷售商品收入、提供勞務收入、讓渡資產使用權收入、建造合同收入等；按照收入的重要性，可以把收入分成主營業務收入和其他業務收入兩大類。

1. 主營業務收入

主營業務收入是指企業主要經營業務所取得的收入，它的發生額一般在企業總收入中占比較大，發生的頻率較高，對企業經濟效益產生較為重要的影響。

2. 其他業務收入

其他業務收入是指企業次要經營業務所取得的收入，它的發生額一般在企業總收入中的占比較小，發生頻率較低，對企業經濟效益的影響也不大。

除此以外，企業在對外投資活動中所取得的利潤、股利和債券利息收入等也屬於企業收入範疇。

上述的收入屬於《企業會計準則》中界定的狹義的收入。廣義的收入還包括直接計入當期損益的利得，即營業外收入。它是指企業發生的與生產經營無直接關係的各項收入，包括處置固定資產或無形資產淨收益、罰款收入等。

五、費用

(一) 費用的定義

費用（expense）是指企業在日常活動中形成的，會導致所有者權益減少的，與向所有者分配利潤無關的經濟利益的總流出。費用是企業為獲得收入而付出的相應代價，可以說費用是消耗掉或者轉移出去的資產。如要銷售產品，必須先生產出產品。為此，要消耗各種材料，支付工人工資，生產車間為組織管理生產也要發生各項製造費用；行政管理部門要支付各種管理費用；為銷售產品要支付銷售費用；籌集生產經營資金要支付財務費用；還會發生與生產經營沒有直接關係的營業外支出。此外，企業應繳納的所得稅也是一項費用。總之，費用的種類多種多樣。

(二) 費用的特徵

1. 費用是企業在日常活動中形成的

與收入的界定一樣，費用也必須是企業在其日常活動中形成的，如果產生於非日常經營活動的經濟利益流出則應確認為損失。

2. 費用會導致所有者權益的減少

不能導致所有者權益減少的經濟利益流出不能確認為費用。如歸還借款，雖然也

導致企業經濟利益流出，但沒有導致企業所有者權益減少（只是負債減少），因此還債業務不能作為費用入帳。

3. 費用是與向所有者分配利潤無關的經濟利益的總流出

費用的發生與向所有者分配利潤一樣都會導致經濟利益流出，但向所有者分配利潤是所有者權益的抵減項，不能確認為費用。

(三) 費用的分類

從本質上看，費用包括企業在經營活動中基於獲利目的而發生的全部資產的消耗。這種消耗會導致兩種結果：一種是為獲得收入而使含有經濟利益的資產流出企業，由於它與當期收入的取得具有相關性，因此應按配比原則計入當期損益，稱為「損益性費用」；第二種消耗則是為了在未來期間獲得收入而形成另一種資產，它構成了相關資產的成本，不應直接計入當期損益，稱為「成本性費用」。

1. 成本性費用

成本性費用發生的主要目的並非為了即刻取得收入，而是為了形成新的資產（包括存貨、固定資產等）。成本性費用包括體現在不同對象上的材料（或商品）採購成本、產品生產成本、長期工程成本等。

材料採購成本是指企業從外部購入原材料等實際發生的全部支出，包括購入材料支付的買價和採購費用（如購入過程中的運輸費、裝卸費、保險費、運輸途中的合理損耗，入庫前的挑選整理費等）。

產品生產成本是指產品生產過程直至產品完工所發生的各種費用，按其能否直接計入產品成本又劃分為直接費用和間接費用。其中，直接費用是指在發生時即能直接計入產品成本的各項費用，包括直接材料、直接人工、其他直接費用；間接費用是指應由產品成本負擔，不能直接計入各產品成本的有關費用，需要在月末按照一定的標準分配計入不同產品成本的各項費用，如企業生產車間為組織和管理生產而發生的各種製造費用，該費用的受益對象僅僅是企業某一生產部門，而非全部企業。

長期工程成本是指企業建造一項固定資產或無形資產所發生的全部支出，包括該項工程耗用的各種物資、工程施工人員的工資以及工程管理費用等。

成本性費用往往並不是企業實際的費用，它只是轉化為另一種資產而已。

2. 損益性費用

不應計入產品生產成本或勞務成本的費用又稱為損益性費用，包括營業成本、營業稅金以及管理費用、財務費用、銷售費用等。這些費用只能在會計期末歸集，用於抵減本期收入。

營業成本是指已銷售商品（或提供勞務）的生產成本，它根據當期銷售商品（或提供勞務）的數量與其單位生產成本計算確定。其中，屬於主要經營活動形成的「營業成本」被稱為「主營業務成本」，如工業或商業企業銷售產品的實際成本；而企業對外銷售材料所耗用的材料實際成本則屬於次要經營活動中形成的「營業成本」，被稱為「其他業務成本」。

營業稅金是指企業日常活動應負擔並根據銷售額確定的各種稅金，包括營業稅、

消費稅、資源稅等。

　　管理費用是指組織和管理整個企業的生產經營活動所發生的費用，如企業董事會和行政管理部門發生的工資、修理費、辦公費、差旅費等公司經費，以及聘請仲介機構費、業務招待費等，管理費用的受益對象是整個企業而非某一部門；財務費用是指企業為籌集生產經營所需資金而發生的費用，如短期借款的利息支出、支付給銀行的手續費以及匯兌損益等；銷售費用是指在銷售商品和材料、提供勞務的過程中發生的各種費用，如在產品銷售過程中發生的運輸費、裝卸費、包裝費、保險費、展覽費和廣告費等。

　　管理費用、財務費用、銷售費用合稱為「期間費用」，應直接計入當期損益，從當期收入中得到補償。

　　上述定義的費用亦屬於狹義的費用概念。廣義的費用還包括計入直接計入當期利潤的損失和所得稅費用。直接計入當期利潤的損失，即營業外支出，是指企業發生的與生產經營無關的各項支出，包括固定資產盤虧、處置固定資產及無形資產淨損失、罰沒支出、捐贈支出、非常損失等；所得稅費用是指企業按照國家所得稅法規定應向國家繳納的所得稅。

六、利潤

（一）利潤的定義

　　利潤（income）是指企業在一定會計期間的經營成果，包括收入減去費用後的餘額、直接計入當期利潤的利得和損失等。其中，收入減去費用後的淨額反應的是企業日常活動的經營業績，直接計入當期利潤的利得和損失反應的是企業非日常活動的業績。利潤是評價企業管理層業績的一項重要指標，也是投資者等財務報告使用者進行決策時的重要參考。

（二）利潤的特徵

　　1. 利潤是一定會計期間的經營成果

　　如果企業實現了利潤，表明企業的所有者權益將增加，業績得到了提升；反之，如果企業發生了虧損（即利潤為負數），表明企業的所有者權益將減少，業績下滑了。

　　2. 利潤還包括了日常經營活動以外的事項

　　收入和費用是企業日常經營活動中經濟利益的流入和流出。但企業日常經營活動以外的經濟利益的流入（利得）和流出（損失）也應直接計入利潤。

（三）利潤的三個層次

　　利潤按收入與費用的構成和配比，分為營業利潤、利潤總額、淨利潤三個層次。其中，營業利潤是企業日常經營活動的成果。其計算公式為：

　　營業利潤＝主營業務收入＋其他業務收入－主營業務成本－其他業務成本－營業稅金及附加－銷售費用－管理費用－財務費用－資產減值損失＋公允價值變動淨收益＋投資淨收益

利潤總額是營業利潤與直接計入當期損益的利得和損失之和，代表企業一定期間全部經營成果。其計算公式為：

利潤總額＝營業利潤＋營業外收入－營業外支出

淨利潤是企業實現的利潤扣除按稅法規定應繳納的所得稅費用後的結餘額，又稱為稅後利潤。其計算公式為：

淨利潤＝利潤總額－所得稅費用

本章小結

會計的對象是指會計核算和監督的內容，即會計工作的客體。總括而言，凡是特定主體能夠以貨幣表現的經濟活動（通常又稱為價值運動或資金運動），都是會計核算和會計監督的內容，也就是會計的對象。

製造業企業的資金運動隨著生產經營活動的進行貫穿企業再生產過程的各個方面，具體包括資金的投入、資金的循環與週轉（即資金的運用）和資金的退出三個基本環節，既有一定時期內的顯著運動狀態（表現為收入、費用、利潤等），又有一定日期的相對靜止狀態（表現為資產與負債及所有者權益的恒等關係）。

會計要素是會計對象的具體內容按照經濟特徵所做的最基本分類，是會計核算對象的具體化，也是構成會計報表的基本要素。會計要素定義是否科學合理，直接影響著會計實踐質量的高低。《企業會計準則》將會計要素分為資產、負債、所有者權益（股東權益）、收入、費用（成本）和利潤六個會計要素。其中，資產、負債和所有者權益三項會計要素側重反應企業的財務狀況，構成資產負債表要素；收入、費用和利潤三項會計要素側重反應企業的經營成果，構成利潤表要素。

重要名詞

會計對象（object of accounting）　　資產（asset）
會計要素（accounting element）　　負債（liability）
所有者權益（equity）　　收入（revenue）
費用（expense）　　利潤（profit）
利得（gain）　　損失（loss）

拓展閱讀

「貝克漢姆」要不要入帳？

就讀於某財經大學會計專業的 F 同學是一位足球迷，對歐洲五大聯賽各豪門球隊的情況非常熟悉。有一天，聽到同班兩位女生在談論貝克漢姆：

A：維多利亞實在是太幸福了，有這樣一位帥氣、時尚又能賺錢的老公。

B：也沒那麼好啊，小貝只不過是皇馬的一項「資產」而已，連穿什麼衣服，買什

麼用品都是由皇馬控制的，維多利亞至多只能算與皇馬共享這一「資產」的權益罷了。

A：你別這樣說好不好，小貝被你說成一件商品似的。

B：本來就是這樣啊，小貝的確是被皇馬的會計師作為「固定資產」入帳的，這個資產的帳面原值就是把他賣給皇馬的價格 3,500 萬歐元。

F 同學早對一些迷人不迷球的「偽球迷」有看法，於是也加入到討論中。他說，在某種意義上，現代球員的交易市場類似於美國內戰前莊園主對農奴的買賣，都是明碼標價的賣身契。皇馬通過人口買賣控制了小貝這個資源（通過 5 年期不可更改的複雜合約），並且預期小貝可以帶來極大的經濟價值，所以小貝這個生物意義的人，在會計意義上就是「資產」了。

A 同學有點傷感，她突然想到了專業見習時在某動物園會計帳上赫然在列的「固定資產——黑熊 1 號」。

B：還是曼聯溫情一點，在賣掉小貝前的 14 年，曼聯的資產清單上沒有出現過小貝的名字。

F：那是因為，小貝在很小的時候就進入了曼聯的訓練營，雖然 14 年曼聯為他投入了大把的銀子：訓練費、宣傳費、差旅費、理髮費（考慮到他複雜的髮型）。但出於謹慎考慮，曼聯會計師並沒有把這些費用資本化。誰敢在 14 年前就擔保小貝一定能被培養成巨星呢？足球俱樂部每年都會招收很多小孩子進來培訓，但最後能成才的有幾個？

接著，大家又繼續討論了皇馬在這筆交易中的收益問題，「小貝」的折舊問題，他那昂貴右腿的保險費應該如何進行會計處理的問題等。大家都很感慨：會計問題真是無所不在，並且不乏趣味啊。

思考題

1. 什麼是會計對象？如何理解工業企業會計對象的具體內容？
2. 企業會計要素分為哪六大類？每類會計要素是如何定義的？它們都具有哪些特徵？每類會計要素的構成內容有哪些？各要素之間的相互關係是什麼？
3. 負債和所有者權益的主要區別是什麼？

第四章　會計假設和會計基礎

學習目標

1. 掌握會計假設的構成和具體含義；
2. 掌握會計基礎的構成和具體運用。

第一節　會計假設

一、會計假設的意義

會計基本假設又稱為會計核算前提，是對會計核算所處時間、空間等所做的合理設定。只有在這些設定下，一系列會計核算方法才能成立並具體運用。

會計假設是人們在逐步認識和總結長期會計實踐活動後所做的合乎邏輯的推理和概括，具有較強的理論性，是構建會計理論體系的基礎。會計活動受制於不斷變化的社會、經濟、科技、文化等環境的影響，如果不對會計工作的前提做出假定，就無法確立會計目標，無法提出會計信息質量特徵，從而無法開展會計活動。因此，會計假設是組織、指導會計活動的理論基礎，是生成會計信息、保證會計目標實現的重要前提條件。

二、會計假設的內容

中國當前所確定的會計假設包括會計主體、持續經營、會計分期和貨幣計量四項。

（一）會計主體

會計主體是指會計工作所服務的特定單位，它明確了會計確認、計量、記錄和報告的空間範圍，即為誰記帳、算帳和報帳，會計核算和財務報告的編製應集中反應特定對象的經濟活動，並將其與其他經濟實體區別開來。

會計主體是指在經營上或經濟上具有獨立性或相對獨立性的單位。它可以是一個具體的營利性組織，如公司、企業，也可以是一個非營利性組織，如機關、事業單位、社會團體、慈善機構，甚至還可以是公司、企業內部某一職能部門或由若干公司企業組成的企業集團。會計主體假設把會計處理的數據和提供的信息，嚴格地限制在這一特定的空間範圍。

會計主體假設要求：會計所提供的信息，只能反應某個特定會計主體的經濟狀況和經營成果。會計核算中所涉及的資產、負債的確認，收入的實現和費用的發生等，

都是針對特定的會計主體而言的。同一筆交易，對於不同會計主體而言，所涉及的會計要素是不同的。如銷售一批商品，款項未付。對於銷售方而言，產生了應確認的債權，對於購買方而言，則產生了應確認的債務；又如，在投資事項發生後，對於投出方而言，由於繼續擁有對該資產的所有權並憑此權利可參與對方的利潤分配，因此可將該項權利視為一項資產，而對於接受投資方而言，則應確認為一項所有者權益的增加。

除此以外，要明確會計主體，還必須做好兩個區分：

首先，要區分會計主體和法律主體的界限。一般而言，法律主體必然是一個會計主體。如一個企業作為一個法律主體，應建立完善的會計組織獨立反應企業的財務狀況、經營情況以及現金流狀況等。但一個會計主體不一定是一個法律主體。如一家企業集團，由一家母公司控股若干子公司而形成，不論是母公司還是子公司均為獨立的法律主體，但為了全面瞭解企業集團的財務狀況、經營情況以及現金流狀況，就應將企業集團作為一個會計主體編製合併報表。在此，企業集團雖不屬於法律主體，但是會計主體。除此以外，如企業管理的企業年金，也不屬於法律主體，但也應作為會計主體，對其每項基金進行會計確認、計量、記錄和報告。

其次，要區分會計主體與主體所有者的界限。如小王自己出資成立了一家公司，他既是公司的所有者，也是公司的經營者。在此，一定要準確區分他的經濟行為是否屬於公司的經濟活動。如招待客戶的餐飲費可以作為公司費用，但如果請客對象是他的家人或朋友就不應作為公司費用處理。

會計只有核算會計主體範圍內的經濟活動，才能正確反應會計主體的資產、負債和所有者權益的情況，才能正確提供反應會計主體財務狀況、經營情況以及現金流狀況的會計報表，才能提供會計信息使用者所需要的信息，其投資者、債權人才能從會計記錄和會計報表中得到有用的信息。

(二) 持續經營

持續經營假設是指假定會計主體存在的時間是沒有限制的，在沒有明確的反證要終止經營活動時，應認為它可以按現有的規模、條件、目的繼續它的經營活動，直到實現它的計劃和受託責任。也就是說，在可預見的將來，企業不會停業或破產清算，否則，一些公認的會計原則和方法將失去存在的基礎。例如，權責發生制原則、劃分收益性支出與資本性支出原則等將不能夠應用；對資產的計價方法在持續經營狀態下和處於清算狀態時也是不同的，在持續經營下可以採用實際成本法，而在清算狀態下則只能夠採取公允價值如市價、評估價值等；同樣，也只有假定企業持續經營，才能夠將固定資產的使用成本（折舊）分別計入各會計期間，而不是只計入某一期的成本。

總之，只有在持續經營的前提下，提供會計信息的會計程序和方法等才能保持一致性；反之，如果一個會計主體不能保持持續經營而仍然按持續經營假設選擇會計確認、計量、記錄和報告的基本原則與方法，就不能客觀地反應會計主體的財務狀況、經營情況以及現金流狀況。持續經營假設是會計分期假設的前提，二者共同明確了會計工作的時間範圍。

（三）會計分期

企業經濟活動的連續性決定了會計活動是連續不斷的，如何將企業連續的經濟活動以階段成果形式反應出來，及時地為企業、政府及所有者提供企業財務和經營狀況的信息，這就涉及會計期間劃分問題。

會計分期就是將一個會計主體連續不斷的生產經營活動所持續的時間人為地劃分為一個個等分階段，以分期結算盈虧和編製會計報告，從而及時提供會計信息給信息用戶。會計分期假設是持續經營假設的必要補充，是對會計工作時間範圍的具體劃分。正是有了會計分期，才產生了本期和非本期的區別，進而出現了應收、應付、折舊、攤銷等會計處理方法。

在會計分期假設之下，會計主體應當合理劃分會計期間。會計期間一般劃分為年度和中期。會計年度可以採用公曆年度，即以公曆 1 月 1 日—12 月 31 日為一個會計年度，世界上許多國家包括中國就採用的是公曆年度；會計年度也可以採用營業年度，即以每年業務最清淡的時間點作為會計年度的起點和終點，如日本，是以每年的 4 月 1 日作為會計年度的起點，第二年的 3 月 31 日作為會計年度的終點。中期是指短於一個完整會計年度的報告期間，具體又可分為月份、季度和半年度。每一會計期間結束，都應及時結算帳目和編製會計報表。

（四）貨幣計量

貨幣計量是指會計主體在會計確認、計量、記錄和報告時採用貨幣作為主要計量單位，其他計量單位（如實物量度和勞務量度）也可以使用，但不占主要地位，同時對幣值變動目前不予考慮。

會計主體的經濟活動千差萬別，財產物資種類繁多，需要選擇一種合理實用又簡化的計量單位。貨幣作為商品的一般等價物，是衡量一般商品價值的共同尺度，有著其他計量單位（如重量、長度、體積、臺、件等）不便於在量上進行匯總和比較的優勢，能夠充分反應會計主體的生產經營情況，從而成為會計計量的主要計量單位。

在會計核算中，可能涉及多種貨幣，由於各種貨幣單位之間的匯率是不斷變化的，這就要求企業會計必須確立一種貨幣單位為記帳用的貨幣單位，其他所有的貨幣、實物、債權債務等，都可以通過它來度量、比較和稽核。這一貨幣單位稱之為「記帳本位幣」。中國《企業會計準則》規定：「會計核算以人民幣為記帳本位幣」，同時還規定：「業務收支以外幣為主的企業，也可以選定某種外幣作為記帳本位幣，但編製的會計報表應當折算為人民幣反應。」

貨幣計量還需注意貨幣幣值穩定與否的問題。貨幣幣值由於受宏觀環境諸多因素如匯率、利率、通貨膨脹等綜合影響，幣值實際上是經常變動的。按照國際慣例，當幣值變動不大，或幣值上下波動的幅度不大而且可以相互抵消時，會計核算時就可以不考慮這些影響，而仍然假設幣值是穩定的。但如果客觀環境發生了劇烈的變遷引發惡性通貨膨脹時，會計核算就不應該再堅持幣值穩定不變，而應該採取特殊的會計處理方法，如通貨膨脹調整等。

但貨幣計量也有一定的缺陷，一些重要的決策信息，如企業的經營戰略、人員素

質、管理水平、市場潛力等，往往難以以貨幣計量，但會對信息用戶的決策產生重大影響，只能在報表附註中作為非財務信息進行補充說明。

上述會計四大假設具有相互依存、相互補充的關係。會計主體明確會計核算的空間範圍，持續經營和會計分期明確會計核算的時間範圍，而貨幣計量則為會計核算提供了必要的手段。

第二節　會計基礎

在實務中，會計主體交易或者事項的發生時間與相關貨幣收支時間有時並不完全一致。那麼，到底在什麼時間確認收入的實現或費用的發生？這對於合理確定各期盈虧非常重要。會計基礎就是建立在持續經營和會計分期假設的基礎之上，解決會計對經濟業務進行確認和計量的時間基礎問題，即應當在什麼時候確認和計量收入和費用。當前中國採用的會計基礎有兩種，分別是權責發生制和收付實現制。

一、權責發生制

權責發生制又稱為應收應付制或應計制，它是以會計主體是否具有收入的權利以及是否承擔支出的責任作為確認收入和費用的標準。一旦會計主體在本期具有了收入的權利或支付的責任，不論款項是否在本期實際收支都應作為本期的收入或費用；反之，即使款項在本期實際收到或支出，但本期並未取得收入的權利或承擔支付的責任，也不能作為本期的收入或費用入帳。為了更加客觀、公允地反應會計主體在特定期間的財務狀況和經營情況，中國《企業會計準則》規定，企業應當以權責發生制合理確定各期的收入和費用。權責發生制也是國際公認的企業會計記帳基礎。除此以外，中國境內各級各類獨立核算的公立醫院，包括綜合醫院、中醫院、專科醫院、門診部（所）、療養院等，其會計確認、計量、記錄和報告也採用權責發生制基礎。

【例4-1】甲企業的產品供不應求，乙企業為了能夠買到甲企業的產品，1月份預付了10萬元給甲企業。3月份甲企業將這部分已預收款的產品發送給乙企業。在權責發生制下，甲企業雖然1月份收到了貨款，但因為尚未發貨，所以並未取得收款的權利，不能確認為1月份的收入。而到了3月份，甲企業發出了產品給乙企業，履行了作為銷售企業的義務，因此也有了收款的權利，所以應在3月份確認收入的實現。

在會計實務中，企業採用權責發生制這一會計基礎確認、計量、記錄和報告費用時，必然出現費用的支付期與其歸屬期（受益期）不一致的情況，表現為兩種：一種是事先一次性支付，待以後再根據受益情況分期計入若干受益期的費用，其中，受益期在一個會計年度內的為待攤費用，受益期超過一個會計年度的為長期待攤費用；另一種是事先根據受益情況分期計入若干受益期的費用，待以後才一次性支付的應付費用。

【例4-2】甲企業在2015年1月份預付了全年的財產保險費，每月1萬元，一共12萬元。由於該筆保險費將使得2015年每個月受益（即發生了財產損失均能得到保險

賠償），因此不能把 1 月份支付的 12 萬元全部作為 1 月份的費用，而應按受益期分別計入各月的費用中，具體處理是在每月末將 1 萬元計入該月保險費中。

當然，權責發生制也有一定的缺陷：在權責發生制下，可能會發生企業盈利情況與現金支付能力的背離，有時這種背離還較為嚴重。因此，企業會計需要提供以收付實現制為記帳基礎編製的現金流量表，以彌補權責發生制的不足。

二、收付實現制

收付實現制又稱為實收實付制或現收現付制或現金制，它是以本期款項的實際收付作為確定本期收入、費用的標準。凡是本期實際收到的款項以及付出的款項，不論款項是否屬於本期，都應作為本期的收入和費用。在【例 4-1】中，採用收付實現制，甲企業 1 月份收到了 10 萬元貨款，就應在 1 月份確認收入實現；而在【例 4-2】中，甲企業在 1 月份預付的全年保險費也應確認為 1 月份的費用。目前中國行政單位會計採用收付實現制；在事業單位會計中，除經營業務採用權責發生制外，其他大部分業務採用收付實現制；在由政府舉辦的獨立核算的城市社區衛生服務中心（站）、鄉鎮衛生院等基層醫療衛生機構會計中，也採用收付實現制。

收付實現制和權責發生制都是會計核算中確定本期收入和費用的會計處理方法。但是收付實現制強調款項的收付，權責發生制強調應計的收入和為取得收入而發生的費用相配合。採用收付實現制處理經濟業務對反應財務成果欠缺真實性、準確性；採用權責發生制比較科學、合理，在實踐中被普遍採用。

本章小結

會計基本假設又稱為會計核算前提，是對會計核算所處時間、空間等所做的合理設定。只有在這些設定下，一系列會計核算方法才能成立並具體運用。中國當前所確定的會計假設包括會計主體、持續經營、會計分期和貨幣計量四項。會計主體明確會計核算的空間範圍，持續經營和會計分期明確會計核算的時間範圍，而貨幣計量則為會計核算提供了必要的手段。

會計基礎就是建立在持續經營和會計分期假設的基礎之上，解決會計對經濟業務進行確認和計量的時間基礎問題，即應當在什麼時候確認和計量收入和費用。當前中國採用的會計基礎有兩種，分別是收付實現制和權責發生制。收付實現制和權責發生制都是會計核算中確定本期收入和費用的會計處理方法。但是收付實現制強調款項的收付，權責發生制強調應計的收入和為取得收入而發生的費用相配合。中國企業要求以權責發生制合理確定各期的收入和費用。中國行政單位會計採用收付實現制；在事業單位會計中，除經營業務採用權責發生制外，其他大部分業務採用收付實現制。

重要名詞

會計假設（accounting assumption）　　　　會計主體（accounting entity）

持續經營（going concern）　　　　　　會計分期（periodicity assumption）
貨幣計量（the monetary assumption）　權責發生制（accrual basis）

思考題

1. 什麼是會計假設？會計有哪些基本假設？如何理解這些會計假設的具體含義？
2. 舉例說明會計基礎的具體運用。

練習題

1. 目的：練習權責發生制和收付實現制下收入和費用的確定。
2. 資料：蓉城公司 2015 年 9 月發生的經濟業務如下：
（1）銷售甲產品，貨款 10,000 元已收存銀行，銷售乙產品，貨款 5,000 元暫欠；
（2）預付第四季度報刊訂閱費 3,000 元；
（3）收回蜀山公司上月所欠貨款 6,000 元，存入銀行；
（4）發出甲產品 12,000 元給明悅公司，貨款已於上個月收取；
（5）預收浩瀚公司貨款 8,000 元，合同約定下個月發貨；
（6）以銀行存款支付本月通信費 1,000 元；
（7）本月應負擔年初已支付的財產保險費 1,200 元；
（8）以銀行存款 600 元支付上一季度銀行借款利息。
3. 要求：

（1）分別按照權責發生制和收付實現制計算蓉城公司 9 月份的收入、費用和利潤，將結果填入表 4-1 中。

表 4-1　　　　　　　　　　　　會計基礎比較

業務序號	權責發生制		收付實現制	
	收入	費用	收入	費用
1				
2				
3				
4				
5				
6				
7				
8				
合計				
利潤				

（2）試比較兩種會計基礎下的利潤總額，並予以簡要說明。

案例分析題

　　張翔和李明一起出資創建了一家貿易公司，發生了如下業務，請判斷這些業務處理是否恰當？並說明原因。

　　(1) 7月1日，張翔從出納處取現金500元給自己家裡購置微波爐一臺，會計將500元作為公司辦公費處理。

　　(2) 7月15日，李明要求財務處編製7月份前半個月的報表。

　　(3) 7月22日，公司外貿銷售實現收入10,000美元，直接以美元入帳。

　　(4) 7月底，財務處將客戶預付的貨款20,000元作為本月收入入帳。

第五章　會計程序和會計方法

學習目標

1. 掌握會計工作的主要環節和具體程序；
2. 瞭解會計方法體系的構成，並掌握會計核算的基本方法。

第一節　會計程序

　　會計要對一個企業的經濟活動進行反應和監督，除了要受會計假設、會計信息質量特徵的制約和指引外，還必須遵循一定的工作程序並採用一系列專門的方法。

　　會計程序又稱為會計循環，是指會計為了實現會計目標，對不同主體在不同會計期間的經濟交易或事項進行確認、計量、記錄和報告所呈現的連續不斷、周而復始的過程。

一、會計程序的主要環節

　　會計在提供信息時，首先是從特定主體的經濟活動中篩選出含有會計信息的具體數據，然後通過加工處理將其轉化成有用的會計信息，再以恰當的形式輸送給會計信息用戶。因此，會計程序主要包括以下幾個環節：

（一）會計確認

　　會計確認是確定會計主體的經濟交易或事項能否以及何時進入會計信息系統的關鍵環節，是加工處理和輸出會計信息的重要前提，從根本上影響著會計信息質量，決定著會計目標是否能夠得以實現。具體而言，會計確認是指依據一定的標準對會計主體的經濟交易或事項涉及的具體內容進行篩選，看其是否能夠作為會計核算的對象。

　　1. 初次確認和再次確認

　　會計確認包括兩個步驟：第一個步驟體現為經濟業務傳遞的數據利用文字表述並用金額將其歸集入帳戶之中進行核算；第二個步驟體現為將前述歸集並核算的會計信息最終在報表中進行列示。前者稱為初始確認，後者稱為再次確認。

　　初始確認發生在經濟信息進入會計系統之前，是對輸入會計核算系統的原始經濟信息的確認。實際上是對經濟數據能否轉化為會計信息並進入核算系統的篩選過程，將那些對企業經濟利益產生影響並能夠用貨幣計量的經濟業務納入會計核算系統，不影響企業經濟利益或不能用貨幣計量的經濟業務則被排除在會計核算系統以外，如企

業職工的學歷構成、性別構成、企業管理層的管理水平以及對風險的態度等，可能會對企業未來的發展有非常重要的作用，但因其目前情況下尚無法用貨幣計量，所以被排除在會計核算系統以外。

再次確認是對會計核算系統輸出的經過加工的會計信息進行的確認，是在信息加工過程中，對信息的提純加工，是按照報表使用者的需要進行的，發生在企業編製會計報表前。只有反應與企業財務狀況、經營成果和現金流量等有關的所有重要交易或事項才需要進行披露，對於那些與信息使用者的決策無關或相關性較小的信息則可以合併披露或不予披露，以提高信息的使用價值。

2. 會計確認的標準

美國註冊會計師協會下屬的會計準則委員會在第 5 號概念公告中，提出會計確認的四項標準：可定義性、可計量性、可靠性、相關性。

可定義性是指所確認的項目要符合財務報表中某一要素的定義。只有經濟信息能夠具體化為某一項會計要素時，才可以進入會計處理系統，對其進行確認。

可計量性是指所確認的項目要能夠以貨幣計量。只有能夠被量化，才能保證經過確認後的信息具有同質性，可以進行加工和比較。

可靠性是指所確認的項目是真實的、可驗證的。即是根據經濟業務的實質而非形式進行反應，且反應時必須站在客觀、公正的立場。

相關性是指確認項目所形成的經濟信息應對決策者的決策有影響。它要求企業的會計系統必須及時確認、及時提供有用信息。

3. 會計要素的確認

由於會計對象具體化為資產、負債、所有者權益、收入、費用和利潤六大會計要素，因此，會計確認實際上就是對於這六大會計要素的確認。

(1) 資產的確認

要將一項資源確認為資產，首先必須滿足資產的定義和特徵，即資產必須是會計主體過去的交易和事項形成的、由會計主體擁有或控制的、預期能給會計主體帶來經濟利益的資源。除此以外，資產的確認還必須同時滿足兩個條件：一是與該資源有關的經濟利益很可能流入該主體。一旦該項資源有可能不能帶來經濟利益流入，則該項資源就不能確認為會計主體的資產。如一項應收帳款，由於債務人突然宣告破產導致債權不能收回，該應收帳款就不應再作為資產列示在帳面上了。因此，資產的確認與經濟利益流入的確定性程度密切相關。二是該資源的成本或者價值能夠可靠地計量。會計主體取得各項資源總會付出一定的代價，這就是該資源的成本或價值。即使會計主體有可能沒有付出或付出的代價很小，如接受捐贈的經濟資源，也應該按其公允價值進行可靠計量。反之，在企業中所擁有的大量專業人才，雖然也能為企業帶來經濟利益，但由於當前難以對人力資源的成本和價值進行可靠計量，因此，中國現行會計系統中通常不把人力資源確認為一項資產。

(2) 負債的確認

負債是會計主體在過去的交易或事項中形成的、預期會導致經濟利益流出的現時義務。除此以外，負債還應同時滿足兩個條件：一是與該義務有關的經濟利益很可能

流出主體。如果有確鑿證據證明與現時義務有關的經濟利益不會流出主體，如一項應付帳款，由於債權人單位撤銷等原因導致該項負債不用歸還，則該項負債就不能在帳面上再列示為負債。因此，負債的確認與經濟利益流出的確定性程度密切相關。二是未來流出的經濟利益能夠可靠計量。即負債應有一個到期償還的確切金額或能夠合理估計的金額。如果未來流出的經濟利益金額不能可靠計量，就不能確認為負債。與法定義務有關的經濟利益流出金額可以根據合同或法律規定的金額確定，如果流出時間在很久以後，則應該考慮資金的時間價值；與推定義務有關的經濟利益流出金額，企業需對履行義務所需支付的價款進行估計，得出最佳估計數，綜合考慮貨幣時間價值、風險因素等影響。

如果與負債有關的經濟利益流出無法可靠計量，就不應作為負債予以入帳。例如，甲企業被乙企業起訴，根據律師意見，甲企業很可能敗訴，且相關賠償金額律師能夠可靠估計，則應將此應賠償額作為負債在帳面列示；反之，如果律師難以對賠償金額進行可靠估計，則即使該項潛在負債滿足負債有關的其他所有條件，也不能作為負債入帳，而只能在報表附註中予以披露。

（3）所有者權益的確認

所有者權益是企業資產扣除負債後由所有者享有的剩餘權益。因此，所有者權益的確認沒有單獨標準，而主要取決於資產和負債的確認。相應地，所有者權益的計量也由資產和負債的計量確定。

（4）收入的確認

收入的確認，不僅應符合收入的定義和特徵，也應滿足嚴格的條件，即收入只有在經濟利益很可能流入從而導致資產增加或負債減少，且流入額能夠可靠計量時才能予以確認。如一項出口銷售，由於買入國實行外匯管制等原因導致貨款難以收回，則該銷售不能確認為收入在帳面進行核算。由於收入來源的多樣性和複雜性，收入確認的具體條件也存在一定的差異，需要一定的職業判斷力。

（5）費用的確認

費用的確認，不僅應符合費用的定義和特徵，也應滿足嚴格的條件。一般來講，費用只有在經濟利益很可能流出從而導致資產減少或負債增加，且流出額能夠可靠計量時才能予以確認。

（6）利潤的確認

與所有者權益類似，利潤的確認也不能單獨進行。利潤是企業一定會計期間的收入費用相抵後的差額與直接計入當期利潤的利得和損失的總和，因此，利潤的確認也主要依賴於收入、費用、直接計入當期利潤的利得和損失的確認；利潤的計量也主要取決於收入、費用、直接計入當期利潤的利得和損失的計量。

利潤的確認過程可以分為三個階段：

第一階段是營業利潤的形成。它是企業營業收入減去營業成本、營業稅費、期間費用、資產減值損失，加上公允價值變動淨收益、投資淨收益後的金額。

第二階段是利潤總額的形成。它是營業利潤加上營業外收入，減去營業外支出後的金額，即日常經營活動取得的利潤（營業利潤）和非日常經營活動取得的利潤（營

業外收支淨額)。

第三階段是淨利潤的形成。它是利潤總額減去所得稅費用後的金額。它是企業提取盈餘公積金以及發放投資者利潤的源泉。

(二) 會計計量

會計計量就是選擇一定的計量單位和計量基礎對已確認的會計要素項目進行定量反應，使之轉化為會計信息的工作。會計計量是對會計要素的量化，是會計確認的後續工作，同時也是會計記錄和報告的前提。

1. 會計計量單位

在漫長的會計發展歷程中，對確認的會計要素進行記錄採用過實物量度、勞務量度和貨幣量度單位。由於貨幣量度具有前兩種量度無可比擬的優越性，便於對經濟活動進行綜合反應，因此，貨幣量度成為會計計量主要的量度單位，實物量度和勞務量度則成為輔助的計量單位。各國都具有自己的法定貨幣，按國際慣例，其會計計量單位也常常採用自己的法定貨幣作為記帳本位幣。中國《企業會計準則》規定，中國的記帳本位幣是人民幣或其他常用的某種外幣。

2. 會計計量屬性

會計計量屬性又稱為會計計量基礎，是指所確認的會計要素在數量方面的經濟屬性，是會計要素金額的確定基礎。按中國《企業會計準則》的規定，會計計量屬性主要包括歷史成本、重置成本、可變現淨值、現值和公允價值等。會計計量就是根據規定的會計計量屬性，將符合確認條件的會計要素登記入帳並列報於財務報表而確定其金額的過程。不同的計量屬性會使相同的會計要素表現為不同的貨幣數量。

【例5-1】某公司三年前購置了一棟寫字樓，買價是1,000萬元。三年後的今天，這棟寫字樓的市場價格是1,500萬元。這樣，這棟寫字樓就有了這樣一些計量屬性：它的歷史成本是1,000萬元，以歷史成本計量的帳面淨值為900萬元（假設折舊100萬元）；它的重置成本是1,500萬元；如果公司因資金緊張將此棟樓出售，扣除各項稅費，只取得了1,200萬元，這就是該樓的可變現淨值；如果公司將該樓長期出租，未來的淨租金收入為2,000萬元，將其折合為當前價值1,600萬元，這就是該樓的現值。

下面具體介紹以下五種計量屬性的特點。

(1) 歷史成本

歷史成本又稱為實際成本，即取得或製造某項財產物資時所實際支付的現金及其他等價物。在歷史成本計量下，資產按照購置時支付的現金或者現金等價物的金額，或者按照購置資產時所付出的對價的公允價值計算。負債按照因承擔現時義務而收到的款項或者資產的金額，或者承擔現時義務的合同金額，或者按照日常活動中為償還負債預期需要支付的現金或者現金等價物的金額計算。一般而言，歷史成本計量屬性雖具有簡便易行、提供信息真實可靠的優點，但在有用性方面可能會存在一定的缺陷。如5年前購入的房產總價1,000萬元，由於5年中房產價值大幅增值，當前市場價值已達到5,000萬元。如果仍以1,000萬元作為該房產價值來評價企業的財務狀況就不太準確了。

（2）重置成本

重置成本又稱為現行成本，是指按照當前市場條件，重新取得同樣一項資產所需支付的現金或現金等價物金額。在重置成本計量下，資產按照現在購買相同或者相似的資產所需支付的現金或者現金等價物的金額計算。負債按照償付該項負債所需支付的現金或者現金等價物的金額計算。在實務中，重置成本多用於盤盈固定資產的計量等。

（3）可變現淨值

可變現淨值是指在正常生產經營過程中，以預計售價減去進一步加工成本和預計銷售費用以及相關稅費後的淨值。在可變現淨值計量下，資產按照其正常對外銷售所能收到現金或者現金等價物的金額扣減該資產至完工估計將要發生的成本、估計的銷售費用以及相關稅費後的金額計算。可變現淨值一般用於存貨資產減值情況下的後續計量。

（4）現值

現值是指對未來現金流量以恰當的折現率進行折現後的價值，是考慮了貨幣時間價值的一種計量屬性。在現值計量下，資產按照預計從其持續使用和最終處置中所產生的未來淨現金流入量的折現金額計算。負債按照預計期限內需要償還的未來淨現金流出量的折現金額計算。現值通常用於非流動資產可收回金額和以攤餘成本計量的金融資產價值的確定等。如在確定固定資產、無形資產等的可收回金額時，通常需要計算資產預計未來現金流量的現值。

（5）公允價值

公允價值是指在公平交易中，熟悉情況的交易雙方自願進行資產交換或者債務清償的金額。在公允價值計量下，資產和負債按照在公平交易中，熟悉情況的交易雙方自願進行資產交換或者債務清償的金額計算。公允價值主要應用於交易性金融資產、可供出售金融資產的計量等。

（6）各種計量屬性間的關係

企業在對會計要素進行計量時，一般應當採用歷史成本。在某些情況下，為了提高會計信息質量，實現財務報告目標，企業會計準則允許採用重置成本、可變現淨值、現值、公允價值計量的，應當保證所確定的會計要素金額能夠取得並可靠計量，如果這些金額無法取得或者可靠計量的，則不允許採用其他計量屬性。

在各種會計要素計量屬性中，歷史成本通常反應的是資產或者負債過去的價值，而重置成本、可變現淨值、現值以及公允價值通常反應的是資產或者負債的現時成本或者現時價值，是與歷史成本相對應的計量屬性。當然這種關係也並不是絕對的。比如，資產或者負債的歷史成本有時就是根據交易時有關資產或者負債的公允價值確定的。

表 5-1　　　　　　　　　五種計量屬性的實際運用

計量屬性	對資產的計量	對負債的計量
歷史成本	按取得時的金額	按承擔現時義務時的金額

表5-1(續)

計量屬性	對資產的計量	對負債的計量
重置成本	按現在取得時的金額	按現在償還時的金額
可變現淨值	按現在銷售實得金額	——
現值	按照將來所得的金額折現	按照將來所償還的金額折現
公允價值	在公平交易中，熟悉情況的交易雙方自願進行資產交換或者債務清償的金額	

（三）會計記錄

會計記錄是指按照一定的帳務處理要求，將經過確認、計量的會計要素項目的名稱、金額等登記在記帳載體上，以便對會計信息進行加工處理，最終獲得所需會計信息的工作。在實務中，記帳載體通常包括會計憑證、會計帳簿和財務會計報告等。會計記錄工作則通過設置會計科目和帳戶、復式記帳、填製和審核會計憑證、登記會計帳簿、成本計算和編製財務會計報告等會計核算專門方法來完成。

（四）會計報告

會計報告是指以恰當的方式匯總日常會計確認、計量和記錄所得到的會計信息並提供給財務會計報告使用者的工作，即編製和報送財務會計報告的工作。它是會計程序的最後環節。

在此工作中，主要要解決兩大問題：一是以什麼方式向財務會計信息使用者傳遞會計信息的問題，當前一般採用財務會計報告這種載體；二是哪些信息應列入財務會計報告以及如何列入報告的問題，即應編製哪些財務會計報告以及財務會計報告應如何編製的問題，這取決於不同時期不同信息用戶對於會計信息的不同需求。因此，財務會計報告的內容不是一定不變的，它會隨著不同時期不同信息用戶的需要而進行調整和改變。如當前企業會計報表的第三大主表——現金流量表就是在2000年《企業會計制度》頒布後才要求編製的，第四大主表——所有者權益變動表也是在2007年《企業會計準則》頒布後才開始施行的。

綜上所述，會計工作就是通過會計確認、會計計量、會計記錄和會計報告這四個緊密相關、相互繼起的環節來完成對企業經濟活動的反應和監督，最終實現會計目標的。

二、會計程序的基本流程

會計程序具體而言就是會計信息系統的運行過程，包括原始信息的輸入、信息加工與轉換、會計信息的輸出過程，具體表現為分析經濟業務、記錄經濟業務、期末帳項調整、對帳、結帳和編製會計報表等。

（一）取得和審核原始憑證

取得和審核原始憑證即對發生的經濟業務進行初步的確認和記錄，並對取得的原

始憑證進行審核。

(二) 填製記帳憑證

填製記帳憑證即依據審核無誤的原始憑證編製會計分錄填製記帳憑證。

(三) 登記帳簿

根據每筆會計分錄所確定的應借、應貸金額，分別過入有關日記帳、總分類帳和明細分類帳當中。

(四) 帳項調整

根據權責發生制的要求，按照收入、費用的歸屬期，編製相應的調帳分錄，對帳簿記錄進行必要的調整，從而正確地計算出當期損益和反應企業會計期末的財務狀況。

(五) 對帳

對帳包括帳證核對、帳帳核對和帳實核對，即每一個會計期末，根據分類帳戶提供的會計數據和會計主體財產清查的結果進行相互核對，以確保帳簿所反應的會計資料的正確、真實和可靠。

(六) 結帳

根據一定時期內全部入帳的經濟業務內容，結算出各帳戶的本期發生額和期末餘額，以便為編製會計報表提供標準的資料。

(七) 編製會計報表

根據分類帳戶中有關帳戶的發生額和各帳戶的期末餘額，編製資產負債表、利潤表、現金流量表、所有者權益變動表及其相關附表，使得投資者、經營者、債權人及政府的財政、稅務、審計等監督部門可以及時地瞭解報表單位的會計信息，以滿足相關部門做出經濟決策的需要。

第二節　會計方法

會計方法是指用來核算和監督會計對象，執行會計職能，實現會計目標的手段。會計方法是人們在長期的會計工作實踐中總結創立的並隨著生產發展、會計管理活動的複雜化而逐漸地完善和提高的。

一般認為，現代會計的方法包括會計核算方法、會計分析方法和會計監督方法。其中，會計核算方法是基礎，會計核算所生成的信息既是會計分析的對象，也是會計監督的內容。

一、會計核算方法

在社會再生產過程中，將會產生大量的經濟信息，將經濟信息按照《企業會計準則》規定進行確認、計量、記錄和報告，就會成為會計信息。這個信息轉換的過程就

是會計核算。

會計核算方法是指會計在會計核算過程中，對會計主體發生的資金活動以統一的貨幣量度單位，連續、全面、系統地進行確認、計量、記錄和報告的方法。它是會計方法中最基本、最主要的方法，是其他各種方法的基礎。

會計核算方法運用於會計循環過程當中，包括一系列具體的方法，如設置會計科目和帳戶、填製會計憑證、復式記帳、登記帳簿、成本計算、財產清查和編製財務會計報告等。

(一) 設置會計科目和帳戶

設置會計科目和帳戶是對會計核算的具體內容進行分類核算和監督的一種專門方法。由於會計對象的具體內容是複雜多樣的，要對其進行系統的核算和經常性監督就必須對經濟業務進行科學的分類，以便分門別類地、連續地記錄，據以取得多種不同性質、符合經營管理所需要的信息和指標。

(二) 填製會計憑證

會計憑證是記錄經濟業務、明確經濟責任並作為記帳依據的書面證明。正確填製和審核會計憑證，是核算和監督經濟活動財務收支的基礎，是做好會計工作的前提。

(三) 復式記帳

復式記帳是指對所發生的每項經濟業務，以相等的金額，同時在兩個或兩個以上相互聯繫的帳戶中進行登記的一種記帳方法。採用復式記帳方法，可以全面反應每一筆經濟業務的來龍去脈，而且可以防止差錯和便於檢查帳簿記錄的正確性和完整性，是一種比較科學的記帳方法。

(四) 登記帳簿

登記會計帳簿簡稱記帳，是指以審核無誤的會計憑證為依據在帳簿中分類、連續、完整地記錄各項經濟業務的方法。帳簿記錄是重要的會計資料，是進行會計分析和會計監督的重要依據。

(五) 成本計算

成本計算是指按照一定對象歸集和分配生產經營過程中發生的各種費用，以便確定各該對象的總成本和單位成本的一種專門方法。產品成本是綜合反應企業生產經營活動的一項重要指標。正確地進行成本計算，可以考核生產經營過程的費用支出水平，同時又是確定企業盈虧和制定產品價格的基礎，並為企業進行經營決策提供重要數據。

(六) 財產清查

財產清查是指通過實物盤點、往來款項的核對來確定財產物資和貨幣資金實有數額的方法。在財產清查中發現財產物資和貨幣資金帳面數額與實存數額不符時，應及時查明原因，明確責任，再通過一定的審批程序，調整帳簿記錄，使帳存數和實存數保持一致，以保證會計核算資料的真實性和正確性；當發現積壓或殘損物資以及往來款項中的呆帳、壞帳時，要及時進行清理。財產清查是保證會計核算資料真實、準確

的一種手段。

（七）編製財務會計報告

　　財務會計報告是會計信息的重要載體，它是以帳簿記錄的數據資料作為主要依據編製的書面報告文件。財務會計報告能夠總括反應企業一定時點的財務狀況和一定時期經營成果以及現金流量等財務信息，是用來考核、分析財務計劃和預算執行情況以及編製下期財務預算的重要依據。編製和報送財務會計報告是企業對財務會計報告使用者提供會計信息的重要方式。企業應當按照《企業會計準則》的規定編製財務會計報告，並做到內容完整、數字真實、計算準確、編報及時。

　　以上會計核算的七種方法，雖各有特定的含義和作用，但並不是獨立的，而是相互聯繫、相互依存、彼此制約的，它們構成了一個完整的方法體系，如圖5-1所示。如對於生產經營中發生的各項成本費用，平時應在憑證、帳簿中進行準確的記錄和成本計算，期末在保證帳證、帳帳、帳實相符的基礎上，根據帳簿記錄定期編製財務會計報告。

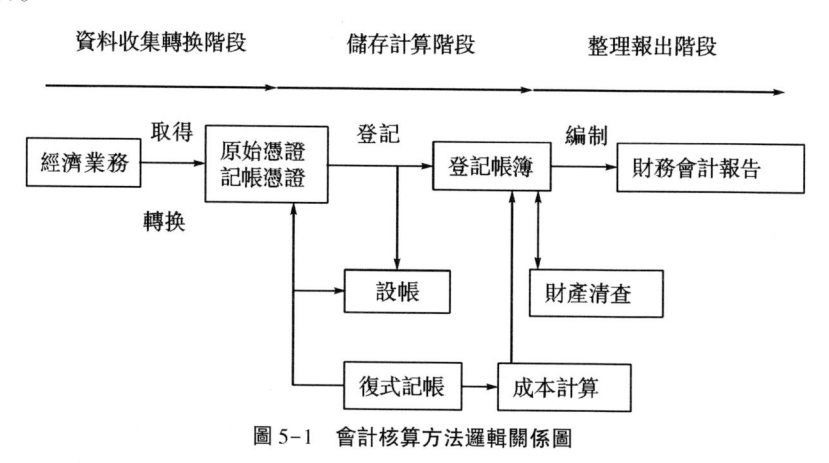

圖 5-1　會計核算方法邏輯關係圖

二、會計分析方法

　　會計分析是利用會計核算提供的信息資料，結合其他有關信息，對企業財務狀況和經營成果進行的分析研究。一般按以下程序進行：選定項目，明確對象；瞭解情況，收集資料；整理資料，分析研究；抓住關鍵，提出結論。常用的會計分析方法有指標對比法、因素對比法、比率分析法、趨勢分析法等。

三、會計檢查方法

　　會計檢查是通過會計核算及會計分析所提供的資料，以檢查企業的生產經營過程或單位的經濟業務是否合理合法及會計資料是否完整正確。會計檢查方法可以通過核對、審閱、分析性復核等方法進行。

　　上述會計方法共同構成了一個完整的體系，在會計專業教育中分別在不同的課程

進行詳細介紹。其中，會計核算方法主要在會計學課程中介紹，會計分析方法主要在財務分析課程中介紹，而會計檢查方法則主要在審計學課程中介紹。

本章小結

　　會計程序又稱為會計循環，是指會計為了實現會計目標，對不同主體在不同會計期間的經濟交易或事項進行確認、計量、記錄和報告所呈現的連續不斷、周而復始的過程。

　　會計確認是確定會計主體的經濟交易或事項能否以及何時進入會計信息系統的關鍵環節，是加工處理和輸出會計信息的重要前提，從根本上影響著會計信息質量，決定著會計目標是否能夠得以實現。由於會計對象具體化為資產、負債、所有者權益、收入、費用和利潤六大會計要素，因此，會計確認實際上就是對於這六大會計要素的確認。

　　會計計量就是選擇一定的計量單位和計量基礎對已確認的會計要素項目進行定量反應，使之轉化為會計信息的工作。會計計量是對會計要素的量化，是會計確認的後續工作，也是會計記錄和報告的前提。會計計量屬性又稱為會計計量基礎，是指所確認的會計要素在數量方面的經濟屬性，是會計要素金額的確定基礎。按中國《企業會計準則》的規定，會計計量屬性主要包括歷史成本、重置成本、可變現淨值、現值和公允價值等。

　　會計記錄是指按照一定的帳務處理要求，將經過確認、計量的會計要素項目的名稱、金額等登記在記帳載體上，以便對會計信息進行加工處理，最終獲得所需會計信息的工作。在實務中，記帳載體通常包括會計憑證、會計帳簿等。

　　會計報告是指以恰當的方式匯總日常會計確認、計量和記錄所得到的會計信息並提供給財務會計報告使用者的工作，即編製和報送財務會計報告的工作。它是會計程序的最後環節。

　　會計方法是指用來核算和監督會計對象，執行會計職能，實現會計目標的手段。會計方法是人們在長期的會計工作實踐中總結創立的並隨著生產發展、會計管理活動的複雜化而逐漸地完善和提高的。一般認為，現代會計的方法包括會計核算方法、會計分析方法和會計監督方法。其中，會計核算方法是基礎，會計核算所生成的信息既是會計分析的對象，也是會計監督的內容。

重要名詞

　　會計方法（accounting method）　　　　會計循環（accounting cycle）

閱讀資料

報　銷

　　小王剛畢業，在一家貿易公司做銷售。工作後第一次出差回來報銷差旅費就遇到了幾件麻煩事。一是他的住宿費是一張收據，按財務報銷制度是不能報銷的；二是他出差坐的是飛機，按他的級別只能報銷火車票，差額部分得自己掏腰包；三是，報銷的一張出租車票時間是5月20日，但他的出差時間是6月5日—6月10日，不屬於出差期間的也報不了。小王急忙給會計解釋，住宿的酒店發票沒了，問收據行不行，他不知道收據與發票的區別，認為有單據就行，所以就接受了收據。出租車票也是如此，打票機壞了，打不了，司機就給了他一張以前的車票。關於出差的交通報銷級別他也不清楚。考慮到小王是第一次出差，會計讓小王去找財務經理在收據上簽字後再來報銷，但機票與火車票的差額以及那張出租車票錢得他自己承擔。小王原來覺得財務問題與自己工作關係不大，在這次事件後有了很大的改觀，看來，不論在什麼單位、從事什麼工作，都得瞭解一些基本的財務知識才行啊。

思考題

1. 簡述會計程序的主要環節。
2. 請簡要說明各項會計要素的主要確認方法是什麼？
3. 會計循環包括哪些具體過程？
4. 會計計量屬性具體包括哪些？應用這些計量屬性時應貫徹什麼原則？
5. 會計核算方法具體包括哪些？它們之間的關係如何？

中　篇
會計核算方法及應用

　　會計核算方法就是會計在會計核算過程中，對會計主體發生的資金運動以統一的貨幣量度單位，連續、系統、全面、系統地進行確認、計量、記錄和報告的方法。它是會計方法中最基本、最主要的方法，是其他各種方法的基礎。

　　會計核算方法運用於會計循環過程當中，包括一系列具體的方法，如設置會計科目和帳戶、復式記帳、填製憑證、登記帳簿、成本計算、財產清查和編製財務會計報告等。基於此，本篇共設置了五章對上述方法進行具體介紹，分別是「會計建帳」「會計記帳方法」「借貸記帳法應用」「記帳載體」和「財務會計報告」。

第六章　會計建帳

學習目標

1. 掌握會計等式的表現形式；
2. 掌握基本經濟業務的類型及其對會計等式的影響；
3. 瞭解會計科目與帳戶的概念；
4. 熟悉會計科目設置的原則；
5. 瞭解會計科目與帳戶的分類；
6. 熟悉常用會計科目；
7. 掌握帳戶的結構；
8. 掌握帳戶與會計科目的關係。

第一節　會計等式

　　會計等式又稱為會計恒等式或會計平衡公式，它是運用數學方程的原理描述會計要素之間數量關係的表達式。會計等式的平衡原理揭示了企業會計要素之間的規律性聯繫，是一切會計方法的出發點和基礎。

一、會計等式的表現形式

(一) 基本會計等式

　1. 資金運動的靜態會計等式

　　企業從事生產經營活動所使用的經濟資源是由兩個方面構成的。一方面這些經濟資源必須要有一定的存在形態，如現金、銀行存款、原材料、應收帳款及固定資產等，這些形成企業的資產；另一方面這些經濟資源還有一個來源渠道的問題，也就是由誰投入企業的問題。而這些資產最初的來源無外乎兩種渠道：一是由企業投資者提供，二是由企業債權人借入。投資者和債權人作為企業資產的提供者，對資產擁有一定的要求權，在會計上稱為「權益」。其中，屬於投資者的稱為「所有者權益」，屬於債權人的稱為「債權人權益」（即負債）。資產和權益（權益＝債權人權益＋所有者權益）實際上是同一經濟資源的兩個不同側面：一個是來龍，另一個是去脈。從數量上看，兩者必定相等，即資金的存在形態必定等於資金的來源渠道。而且資產會隨著負債、所有者權益的增減而成正比例變動。因此，從資金運動的靜態表現看，資產、負債與

所有者權益這三個靜態會計要素之間形成了如下數量關係：

資產＝負債＋所有者權益

或：資產＝債權人權益＋所有者權益

或：資產＝權益

這一會計等式是最基本的會計等式，揭示了會計要素之間的聯繫和會計核算中最主要的平衡關係。它反應了企業資金運動在某一特定時點的財務狀況，正是因為它反應的是時點的財務狀況，僅僅反應的是企業靜態會計要素之間的數量關係，故而這一會計等式稱為靜態會計等式。它是復式記帳方法得以建立的理論基礎，同時也是設置帳戶、編製財務會計報表中的資產負債表的理論依據，在會計核算體系中有著重要的地位。

2. 資金運動的動態會計等式

企業在持續經營的過程中，一方面會取得收入，另一方面會發生各種各樣的費用。通過收入與費用的比較，便可以確定企業在該期間所實現的經營成果。利潤的實質是實現的收入減去相關費用以後的差額，收入大於費用的差額稱之為利潤；反之，收入小於費用的差額為虧損（虧損一般用負利潤來表示）。利潤會隨著收入的增減成正比例變化，隨著費用的增減成反比例變化。收入、費用和利潤三個動態會計要素之間的數量關係組成了如下動態會計等式：

收入－費用＝利潤

這一會計等式反應了企業資金運動在某一時期內顯著變化的過程與結果，也就是企業在一定會計期間中的經營成果。正因為它反應的是期間變量，故而稱之為動態會計等式。它是編製財務會計報表中的利潤表的理論依據。

(二) 擴展會計等式

上述兩個基本會計等式之間有著密切的聯繫。這種聯繫可以用以下變化過程來說明：

（1）企業在生產經營開始之際或者是會計期初，此時沒有發生經營活動，沒有收入也沒有費用，因而存在靜態的會計恒等關係，即：

資產＝負債＋所有者權益　　　　　　　　　　　　　　　　　　　　　①

（2）隨著生產經營活動的進行，在一定的會計期間中，企業一方面取得收入（收入的實現會導致所有者權益的增加），並因此而增加資產或減少負債；另一方面要發生各種各樣的費用（費用的發生會導致所有者權益的減少），並因此而減少資產或增加負債。因此，此時存在動態的會計等式：

收入－費用＝利潤　　　　　　　　　　　　　　　　　　　　　　　　②

利潤是在動態的生產經營過程中帶來的經營成果，它也有兩種表現形態：一方面利潤在企業中有一個資金的存在形態的問題，這會導致企業的資產變化；另一方面利潤還有一個歸誰所有的問題，這會導致企業的所有者權益變化。故而考慮到生產經營活動對靜態會計等式的影響，所以，在會計期間內，未結帳之前，將靜態的財務狀況表現形式與動態的生產經營結果結合在一起，也就是將等式①和等式②結合在一起，原來的會計等式就擴展為：

資產＝負債+所有者權益+（收入－費用） ③

或：資產＝負債+所有者權益+利潤 ④

（3）在會計期末，企業對利潤進行分配，將利潤歸入所有者權益，結帳之後，等式④又恢復為期初的形式，即：

資產＝負債+所有者權益 ⑤

等式⑤和等式①的外在形式是一樣的，但是很顯然，由於企業的經營成果對資產和所有者權益產生的影響，二者的內在金額發生了變化。這一等式反應出了六大會計要素之間的有機聯繫。

將上述等式③中的費用項目移到等式的左邊去，從而得到：

資產+費用＝負債+所有者權益+收入 ⑥

等式⑥即被稱為擴展會計等式，它是由靜態會計等式和動態會計等式綜合而成的全面反應企業的財務狀況和經營成果的等式。對擴展會計等式可以從兩個方面來理解，一是擴展會計等式表現為資金兩個不同側面的擴展，即資金存在形態與資金來源渠道的同時擴展；二是等式雙方是在數量增加基礎上的新的相等。

【例6-1】假設某企業2015年6月1日的資產總額為100,000元，負債為20,000元，所有者權益為80,000元。本月發生收入8,000元，發生費用5,000元。根據資料計算該企業2015年6月30日的財務狀況，並用會計等式表達出來。

2015年6月1日的財務狀況為：

資產100,000＝負債20,000+所有者權益80,000

本月各要素變化情況：

資產：100,000-5,000+8,000＝103,000

負債：20,000+0＝20,000

所有者權益：80,000+（8,000-5,000）＝83,000

2015年6月30日的財務狀況為：

資產103,000＝負債20,000+所有者權益83,000

二、經濟業務對會計等式的影響

（一）經濟業務的含義

企業生產經營過程中會發生各種經濟活動，其中有一些不能辦理會計手續、不能運用會計方法反應的經濟活動，稱為非經濟業務。例如，企業和某公司簽訂了一項銷售產品的合同，這是企業的一項經濟活動，但在會計核算中是一項非經濟業務，不需要進行會計處理。那些在經濟活動中使會計要素發生增減變動，應辦理會計手續、能運用會計方法反應的經濟活動，則稱之為經濟業務，亦稱作會計事項。在會計核算中要處理的是經濟業務。

（二）經濟業務的基本類型

1. 經濟業務影響靜態會計等式的類型

企業生產經營過程中發生的各種經濟業務會影響相關要素，使這些要素發生增減

變化，進一步必然會影響由會計要素所構成的會計等式。但是，無論發生怎樣的經濟業務，都不會影響會計等式的恒等關係，因此，上述會計等式又稱為恒等式。企業經濟業務千變萬化，對基本會計等式「資產＝負債＋所有者權益」的影響有多種可能性，但歸納起來不外乎有以下九種類型。

（1）經濟業務的發生，影響會計等式左邊的資產項目，導致資產內部發生一增一減、方向相反、金額相等的變化，等式恒等關係不受影響。

（2）經濟業務的發生，影響會計等式右邊的負債項目，導致負債內部發生一增一減、方向相反、金額相等的變化，等式恒等關係不受影響。

（3）經濟業務的發生，影響會計等式右邊的所有者權益項目，導致所有者權益內部發生一增一減、方向相反、金額相等的變化，等式恒等關係不受影響。

（4）經濟業務的發生，影響會計等式右邊的負債及所有者權益項目，導致負債及所有者權益發生一增一減、方向相反、金額相等的變化，等式恒等關係不受影響。

（5）經濟業務的發生，影響會計等式右邊的負債及所有者權益項目，導致負債及所有者權益發生一減一增、方向相反、金額相等的變化，等式恒等關係不受影響。

（6）經濟業務的發生，影響會計等式左右兩邊，導致等式左邊資產和等式右邊負債項目同時增加一個相等的金額，等式恒等關係不受影響。

（7）經濟業務的發生，影響會計等式左右兩邊，導致等式左邊資產和等式右邊負債項目同時減少一個相等的金額，等式恒等關係不受影響。

（8）經濟業務的發生，影響會計等式左右兩邊，導致等式左邊資產和等式右邊所有者權益項目同時增加一個相等的金額，等式恒等關係不受影響。

（9）經濟業務的發生，影響會計等式左右兩邊，導致等式左邊資產和等式右邊所有者權益項目同時減少一個相等的金額，等式恒等關係不受影響。

下面舉例說明九種經濟業務對會計等式的影響。

【例6-2】企業在5月份發生了如下經濟業務，分析這些業務的發生對會計等式的影響。

（1）企業購進原材料，貨款30,000元以銀行存款支付。

說明：該項業務使資產要素中的原材料增加了30,000元，同時使資產要素中的銀行存款減少了30,000元，即會計等式左邊資產要素內一增一減，方向相反，金額相等，會計等式的恒等關係不受影響。

（2）企業開出一張8,000元的商業匯票來支付購買材料尚未支付的款項。

說明：該項業務使負債要素中的應付帳款減少8,000元，同時使負債要素中的應付票據增加8,000元，即會計等式右邊負債要素內一增一減，方向相反，金額相等，會計等式的恒等關係不受影響。

（3）企業按規定用盈餘公積500,000元轉增資本。

說明：該項業務使所有者權益要素中的盈餘公積減少500,000元，同時使所有者權益要素中的實收資本增加500,000元，即會計等式右邊所有者權益要素內一增一減，方向相反，金額相等，會計等式的恒等關係不受影響。

（4）企業與某投資者協商，同意代其償還所欠遠大公司100,000元貨款，作為減

少該投資者的投資，款項尚未支付。

說明：該項業務使所有者權益要素中的實收資本減少 100,000 元，同時使負債要素中的應付帳款增加 100,000 元，即會計等式右邊負債增加，所有者權益減少，等式右邊一增一減，方向相反，金額相等，會計等式的恒等關係不受影響。

（5）經會議決定將應付給宏亞公司的欠款 80,000 元作為宏亞公司的投入資本。

說明：該項業務使所有者權益要素中的實收資本增加 80,000 元，同時使負債要素中的應付帳款減少 80,000 元，即會計等式右邊負債減少，所有者權益增加，等式右邊一增一減，方向相反，金額相等，會計等式的恒等關係不受影響。

（6）向銀行借入一筆三年期的長期借款 200,000 元，款項已存入本企業的開戶銀行。

說明：該項業務使資產要素中的銀行存款增加 200,000 元，同時使負債要素中的長期借款增加 200,000 元，即會計等式左右兩邊同時增加一個相等的金額，會計等式的恒等關係不受影響。

（7）收到某投資人投入的設備一臺，評估價格 116,000。

說明：該項業務使資產要素中的固定資產增加 116,000 元，同時使所有者權益要素中的實收資本增加 116,000 元，即會計等式左右兩邊同時增加一個相等的金額，會計等式的恒等關係不受影響。

（8）以銀行存款 36,700 元歸還銀行的短期借款。

說明：該項業務使資產要素中的銀行存款減少 36,700 元，同時使負債要素中的短期借款減少 36,700 元，即會計等式左右兩邊同時減少一個相等的金額，會計等式的恒等關係不受影響。

（9）現將原國家投入的一臺價值 32,000 元的新機器調出，調劑給其他單位使用。

說明：該項業務使資產要素中的固定資產減少 32,000 元，同時使所有者權益要素中的實收資本減少 32,000 元，即會計等式左右兩邊同時減少一個相等的金額，會計等式的恒等關係不受影響。

通過以上分析，可以從中得出以下幾條結論：

（1）一項經濟業務的發生，可能影響會計等式的一邊，也可能同時影響會計等式的兩邊，但無論如何，結果一定不會影響基本會計等式的恒等關係。

（2）一項經濟業務的發生，如果僅影響會計等式的一邊，無論是左邊還是右邊，則既不會影響到等式的恒等關係，也不會使雙方的金額發生變動。

（3）一項經濟業務的發生，如果影響到會計等式的兩邊，則雖然不會影響到等式的恒等關係，但會使雙方的金額發生同增或同減的變動。

2. 經濟業務影響擴展會計等式的類型

擴展會計等式中既包括靜態的會計要素又包括動態的會計要素，所以企業發生的經濟業務對擴展會計等式的影響包含的可能性更多。但是無論經濟業務怎樣繁多，對擴展會計等式的影響歸納起來無外乎以下四種類型：

（1）經濟業務的發生使擴展會計等式左右兩邊要素同時增加一個相等的金額，等式恒等關係不受影響。

【例6-3】企業銷售產品一批，收到貨款 100,000 元已存入銀行。

資產+費用＝負債+所有者權益+收入
+100,000　　　　　　　　　+100,000

（2）經濟業務的發生使擴展會計等式左右兩邊要素同時減少一個相等的金額，等式恒等關係不受影響。

【例6-4】企業預提本月應負擔的銀行短期借款利息 5,000 元。

資產+ 費用 ＝負債 + 所有者權益 + 收入
　　　+5,000　+5,000

（3）經濟業務的發生使擴展會計等式左邊要素有增有減，增減金額相等，等式恒等關係不受影響。

【例6-5】生產產品領用材料 4,000 元。

資產 +費用 ＝ 負債 + 所有者權益 + 收入
-4,000+4,000

（4）經濟業務的發生使擴展會計等式右邊要素有增有減，增減金額相等，等式恒等關係不受影響。

【例6-6】上月預收 A 公司貨款 60,000 元，本月已將產品發送給對方。

資產+費用＝負債+所有者權益+收入
　　　　　　-60,000　　　+60,000

以上分析說明，無論發生怎樣的經濟業務，均不會破壞擴展會計等式的恒等關係。

（三）經濟業務影響會計等式的規律性及對會計等式平衡性影響的結論

從以上經濟業務發生對靜態會計等式和擴展會計等式影響的分析中，可以發現每項經濟業務發生後，至少要影響會計等式中的兩個會計要素（或一個要素中的兩個項目）發生增、減變化。從中可以發現其中具有兩條共同的規律性。

規律1：經濟業務發生影響會計等式雙方要素，雙方同增或者同減，增減金額相等，雙方總額發生等量的或增或減，會計等式的恒等關係不受影響。

規律2：經濟業務發生只影響會計等式某一方要素，單方有增有減，增減金額相等，雙方總額不變，會計等式的恒等關係不受影響。

從以上分析中可以得出一個重要結論，無論發生什麼樣的經濟業務，都不會破壞會計等式的恒等關係。這種恒等關係是設置帳戶、復式記帳、進行試算平衡和編製資產負債表的理論依據。

第二節　會計科目

一、會計科目的概念

會計科目是對會計對象的具體內容即會計要素結合經濟管理要求進行科學分類所形成的項目。

企業的經營活動必然會導致企業的資金發生相應變動，並表現為資產、負債、所有者權益、收入、費用和利潤六大會計要素的變化。企業為了提供對會計信息使用者決策有用的會計信息，就必須全面、連續、系統地反應和監督各項會計要素的增減變動情況。但會計要素只是概括說明了會計對象的基本內容，僅僅用會計要素難以反應經濟業務發生的詳細情況，因此必須對會計要素按其不同特點和經營管理的要求進行進一步的劃分，事先確定進行各類核算對象的類別名稱，規定其核算內容並按一定規律賦予其編號，這便是設置會計科目。設置會計科目是正確運用復式記帳、填製會計憑證、登記帳簿和編製財務會計報告等會計核算方法的基礎。

二、會計科目設置的原則

會計科目必須根據《企業會計準則》和國家統一的會計制度的規定設置和使用。設置會計科目應遵循下列基本原則：

（一）必須結合會計要素的特點，科學、完整地反應會計要素的內容

設置會計科目涵蓋會計要素所包含的全部項目，不允許重複、交叉，但是必要的時候也可跨要素歸並會計科目。例如，對於預收和預付款項不多的企業，也可以將預收帳款歸入應收帳款，將預付帳款歸入應付帳款。

（二）既保證統一性，又保持靈活性和相對穩定性

中國企業會計科目的設置必須遵循《企業會計準則》及其他相關法規制度的統一規範要求，各會計主體在設置本單位的會計科目時，可以從國家統一規定的會計科目中選用，這樣做可以保證各個行業的會計主體在會計科目設置上的統一性。但是各個不同的會計主體顯然存在差異性，因此各個會計主體可以根據本單位的實際情況自行增設、分拆、合併會計科目，以滿足本單位的核算需求。會計科目的設置要能適應社會經濟環境的變化與本單位業務發展對會計的要求，但是為了便於不同時期會計資料的分析對比，會計科目的設置應保持相對穩定，若非必要，不要經常變動所使用的會計科目；若確有必要調整，要考慮到這種調整對過去的財務數據的影響，必要時要進行追溯調整。

（三）必須滿足各方面會計信息使用者的需要

會計科目的設置，必須充分考慮各個會計信息使用者對企業會計信息瞭解的需求。企業財務信息使用者主要包括政府部門、投資者、債權人、企業內部經營管理者和其他信息用戶，他們的需求各不相同。如：政府部門通過會計信息瞭解企業，主要服務於政府宏觀經濟調控以及方針政策的制定；投資者、債權人通過會計信息瞭解企業財務狀況和經營成果，以做出正確的投資決策和信貸決策等；企業內部經營管理者則通過會計信息加強企業經營管理，提高企業經濟效益，解除管理者受託責任。因此，企業在設置會計科目時要兼顧對外報告會計信息和對內加強經營管理的需要，充分考慮其是否能提供滿足各方需要的相關會計信息，以利於各利益相關者進行各種經濟決策。

三、會計科目的分類

（一）按反應的經濟內容分類

會計科目按反應的經濟內容分類，可分為資產類、負債類、所有者權益類、成本類、損益類和共同類六大類。

1. 資產類科目

本科目反應企業各項資產增減變化及其結存情況。按照資產的流動性不同，可分為以下兩類：

（1）反應流動資產的科目，如「庫存現金」「銀行存款」「原材料」「庫存商品」「應收帳款」「應收票據」「應收股利」「其他應收款」、「預付帳款」「應收利息」等。

（2）反應非流動資產的科目，如「固定資產」「累計折舊」「無形資產」「累計攤銷」「長期股權投資」「長期待攤費用」等。

2. 負債類科目

本科目反應企業各項負債增減變動的情況。按照負債的償還期不同，可以分為以下兩類：

①反應流動負債的科目，如「短期借款」「應付帳款」「應付職工薪酬」「應交稅費」「其他應付款」等科目。

②反應長期負債的科目，如「長期借款」「應付債券」「長期應付款」等科目。

3. 所有者權益類科目

本科目反應企業所有者權益增減變動的情況。利潤本質上是所有者權益的新增部分，所以和利潤有關的科目也歸屬於所有者權益類科目。如「實收資本（股份有限公司稱股本）」「資本公積」「盈餘公積」「本年利潤」「利潤分配」等科目。

4. 成本類科目

本科目反應企業生產過程中各成本計算對象的費用歸集、成本計算情況。如「生產成本」「製造費用」等科目。

5. 損益類科目

本科目反應企業應直接計入當期損益的各項收入和費用的情況。按損益的性質和內容不同，可以分為以下兩類：

（1）反應收入類的科目，如「主營業務收入」「其他業務收入」「投資收益」「營業外收入」等科目。

（2）反應計入損益的費用類科目，如「主營業務成本」「其他業務成本」「營業稅金及附加」「管理費用」「財務費用」「銷售費用」「營業外支出」「所得稅費用」等科目。

6. 共同類科目

共同類科目是指那些既有資產性質又有負債性質的有共性的科目。共同類科目的特點需要從其期末餘額所在方向界定其性質，共同類多為金融、保險、投資、基金等公司使用，如「清算資金往來」「衍生工具」「套期工具」等科目。在本課程的學習中

暫不涉及這些科目。

(二) 按提供信息的詳細程度分類

會計科目按所提供指標的詳細程度可以分為總分類科目和明細分類科目兩大類。

1. 總分類科目

總分類科目也稱為總帳科目或一級科目，是對會計要素進行總括分類的科目，是進行總分類核算的依據，只提供貨幣指標。中國《企業會計制度》規定，總分類科目由財政部統一規定。

2. 明細分類科目

明細分類科目也稱為明細科目或細目，是對總分類科目所屬經濟內容進行詳細分類，反應詳細、具體情況的科目，是進行明細核算的依據，除了貨幣指標之外，還提供計量單位、型號、數量、單價等多種指標。明細分類科目除《企業會計制度》中統一規定設置的以外，企業可以根據實際需要自行設置。但並不是所有的總帳科目都要設置明細科目，如「庫存現金」「銀行存款」等總帳科目就不需要設置明細科目。為了適應核算工作的需要，在總分類科目下設的明細分類科目較多的情況下，可以在總分類科目與明細分類科目之間增設二級科目（也稱為子目）。子目和細目統稱為明細科目。表 6-1 中給出了部分總分類科目及其下屬的明細分類科目的設置情況。

表 6-1　　　　　　會計科目的分類（按提供信息的詳細程度劃分）

總分類科目 （一級科目）	明細分類科目	
	二級科目（子目）	明細科目（細目）
原材料	主要材料	甲材料
		乙材料
	輔助材料	A 材料
		B 材料
生產成本	基本生產車間	A 產品
		B 產品
	輔助生產車間	維修費
		動力費

四、常用會計科目

2006 年財政部頒布的《企業會計準則——應用指南》中的附錄「會計科目和主要帳務處理」中統一規定的會計科目（部分科目）如表 6-2 所示。

表 6-2　　　　　　　　　企業會計科目表（部分）

序號	編號	會計科目	序號	編號	會計科目
		一、資產類	32	2232	應付股利

表6-2(續)

序號	編號	會計科目	序號	編號	會計科目
1	1001	庫存現金	33	2241	其他應付款
2	1002	銀行存款	34	2501	長期借款
3	1101	交易性金融資產	35	2502	應付債券
4	1121	應收票據			三、共同類
5	1122	應收帳款	36	3001	清算資金往來
6	1123	預付帳款	37	3101	衍生工具
7	1131	應收股利	38	3201	套期工具
8	1132	應收利息			四、所有者權益類
9	1221	其他應收款	39	4001	實收資本（股本）
10	1231	壞帳準備	40	4002	資本公積
11	1401	材料採購	41	4101	盈餘公積
12	1402	在途物資	42	4103	本年利潤
13	1403	原材料	43	4104	利潤分配
14	1404	材料成本差異			五、成本類
15	1405	庫存商品	44	5001	生產成本
16	1411	週轉材料	45	5101	製造費用
17	1511	長期股權投資	46	5201	勞務成本
18	1601	固定資產			六、損益類
19	1602	累計折舊	47	6001	主營業務收入
20	1604	在建工程	48	6051	其他業務收入
21	1701	無形資產	49	6111	投資收益
22	1702	累計攤銷	50	6301	營業外收入
23	1801	長期待攤費用	51	6401	主營業務成本
24	1901	待處理財產損溢	52	6402	其他業務成本
		二、負債類	53	6403	營業稅金及附加
25	2001	短期借款	54	6601	銷售費用
26	2201	應付票據	55	6602	管理費用
27	2202	應付帳款	56	6603	財務費用
28	2203	預收帳款	57	6701	資產減值損失
29	2211	應付職工薪酬	58	6711	營業外支出
30	2221	應交稅費	59	6801	所得稅費用
31	2231	應付利息	60	6901	以前年度損益調整

第三節　會計帳戶

一、帳戶的概念

會計科目只是規定了會計對象具體內容的類別名稱，還不能進行具體的會計核算。設置會計科目後，還必須根據規定的會計科目開設一系列反應不同經濟內容的帳戶，用來對各項經濟業務進行分類記錄。帳戶是根據會計科目設置的，具有一定格式和結構，用於分類反應會計要素增減變動情況及其結果的載體，是系統、連續記錄經濟業務的一種工具。設置帳戶是會計核算的方法之一。

二、帳戶的基本結構

帳戶是用以記錄經濟業務，反應資金運動（會計要素）的增減變動，因而必須具有一定的結構與形式。各項經濟業務引起會計要素的變動，不外乎是數量上的增加和減少兩種情況及其根據增減變動情況計算的結餘數額。因此，帳戶的基本結構就是帳戶的全部結構中用來登記增加額、減少額和餘額的那部分結構。在借貸記帳法下，帳戶結構中用來登記增減變動數額的兩部分一方稱為「借方」，另一方稱為「貸方」，任何帳戶都必須分為借方和貸方兩個基本部分。在實際工作中使用的帳戶的一般格式如表 6-3 所示。

表 6-3　　　　　　　　　　帳戶一般格式
總　帳

帳戶名稱（會計科目）：

年		憑證		摘要	借方	貸方	借或貸	餘額
月	日	種類	號數					

（帳戶的基本結構）

在會計教學中，為了簡化教學並便於說明帳戶結構，通常使用帳戶基本結構的簡化形式——「T」形帳戶（見圖 6-1）。

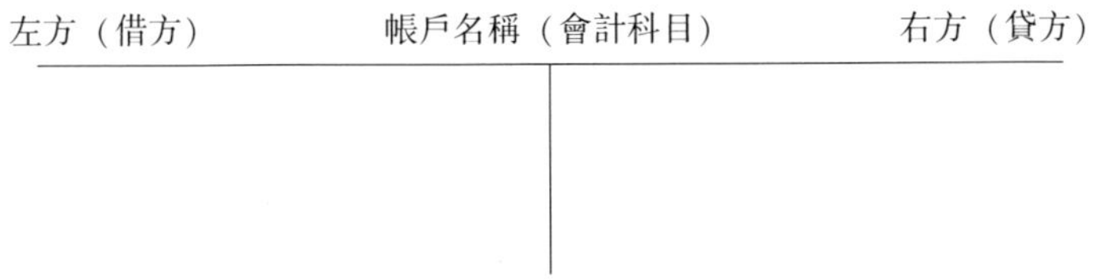

左方（借方）　　　帳戶名稱（會計科目）　　　右方（貸方）

圖 6-1　「T」形帳戶

需要注意的是，並非所有的帳戶都是左方（借方）記增加，右方（貸方）記減少。在帳戶結構中哪一方登記增加數，哪一方登記減少數，取決於兩個方面：首先是帳戶所記錄的經濟內容（會計要素）的性質；其次是在帳戶中記錄經濟業務時所採用的記帳方法。帳戶的餘額一般與記錄的增加額在同一方向。

三、會計科目與帳戶的關係

從理論上講，會計科目與帳戶是既有聯繫又有區別的兩個不同的概念。從兩者的聯繫來看：首先，會計科目規定的核算內容，也正是帳戶應該記錄反應的經濟內容；其次，會計帳戶根據會計科目設置，會計科目就是會計帳戶的名稱。從兩者的區別來看：首先，會計科目和帳戶存在著主從關係。會計科目是指會計對象具體內容進行科學分類的標誌，是設置帳戶、組織會計核算的依據；帳戶則是在會計科目分類的基礎上，根據會計科目名稱開設並按其規定的核算內容，進行連續、系統和完整地記錄的載體。其次，會計科目只是規定了經濟內容的質，不能反應經濟內容的量；而帳戶不僅反應規定的經濟內容，而且還具有一定的結構形式，以記錄經濟業務內容增減變動的量，並計算其變動的結果。

四、會計帳戶能夠提供的金額指標

帳戶中所記錄的金額，分別為期初餘額、本期增加額、本期減少額和期末餘額，因此在一個帳戶中能夠提供如下幾種金額指標：

(1) 期初餘額：將上一期的期末餘額轉入本期，即為本期期初餘額。
(2) 本期增加額：一定時期內帳戶所登記的增加額合計，也稱為本期增加發生額。
(3) 本期減少額：一定時期內帳戶所登記的減少額合計，也稱為本期減少發生額。
(4) 期末餘額：本期期初餘額加上本期增加發生額減去本期減少發生額後的數額，結轉到下一期即為下期期初餘額。

上述四項金額的關係可以用下列公式表示：

期末餘額＝期初餘額＋本期增加發生額－本期減少發生額

圖 6-2 中以「原材料」帳戶為例說明帳戶中能夠提供的金額指標。

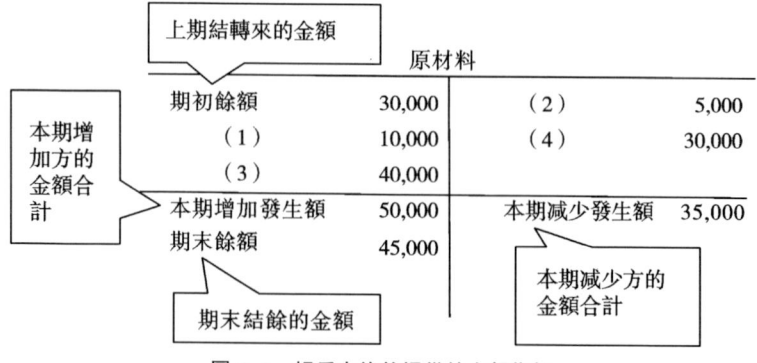

	原材料		
期初餘額	30,000	(2)	5,000
(1)	10,000	(4)	30,000
(3)	40,000		
本期增加發生額	50,000	本期減少發生額	35,000
期末餘額	45,000		

上期結轉來的金額 → 期初餘額
本期增加方的金額合計 → (1)(3)
期末結餘的金額 → 期末餘額
本期減少方的金額合計

圖 6-2　帳戶中能夠提供的金額指標

本章小結

　　會計等式也稱為會計恒等式或會計平衡公式，它是運用數學方程的原理描述會計要素之間數量關係的表達式。從資金運動的靜態表現看，資產、負債與所有者權益這三個靜態會計要素之間形成了如下數量關係：資產＝負債＋所有者權益。收入、費用和利潤三個動態會計要素之間的數量關係組成了如下動態會計等式：收入－費用＝利潤。將上述兩個等式結合在一起，會計等式就擴展為：資產＝負債＋所有者權益＋（收入－費用）。企業生產經營過程中發生的各種經濟業務會影響相關要素，使這些要素發生增減變化，進一步必然會影響由會計要素所構成的會計等式。但是，無論發生怎樣的經濟業務，都不會影響會計等式的恒等關係，因此，上述會計等式又稱為恒等式。

　　會計科目是對會計對象的具體內容即會計要素結合經濟管理要求進行科學分類所形成的項目。設置會計科目是正確運用復式記帳、填製會計憑證、登記帳簿和編製財務會計報告等會計核算方法的基礎。

　　會計科目按反應的經濟內容分類，可分為資產類、負債類、所有者權益類、成本類、損益類和共同類六大類。會計科目按所提供指標的詳細程度可以分為總分類科目和明細分類科目兩大類。

　　帳戶是根據會計科目設置的，具有一定格式和結構，用於分類反應會計要素增減變動情況及其結果的載體，是系統、連續記錄經濟業務的一種工具。帳戶中所記錄的金額，分別為期初餘額、本期增加額、本期減少額和期末餘額。這四項金額的關係可以用下列公式表示：期末餘額＝期初餘額＋本期增加發生額－本期減少發生額。

重要名詞

會計科目（accounting item）　　　　會計帳戶（account）
總分類帳戶（general ledger account）　　明細分類帳戶（subsidiary ledger account）

思考題

1. 什麼是會計等式？它有什麼重要性？
2. 為什麼說發生任何經濟業務都不會破壞會計等式的恒等關係？
3. 收入和費用的發生對資產、負債及所有者權益會產生哪些影響？
4. 什麼是會計科目？科目和帳戶之間什麼關係？
5. 按反應的經濟內容劃分，會計科目分為哪幾種類型？
6. 按提供信息的詳細程度劃分，會計科目分為哪幾種類型？
7. 什麼是帳戶？什麼是帳戶的基本結構？
8. 一個帳戶能提供哪些金額指標？

練習題

習題一

1. 目的：瞭解資產、負債和所有者權益的內容。
2. 資料：下表中給出了某企業設有的資產、負債和所有者權益的項目。

表 6-4

項目	歸屬要素	項目	歸屬要素
銀行存款		預付帳款	
週轉物資		應收帳款	
盈餘公積		固定資產	
短期借款		原材料	
庫存現金		實收資本	

3. 要求：判斷以上項目分別歸屬於哪一種要素，並將結果填寫在上表中。

習題二

1. 目的：熟悉資產、負債和所有者權益的內容。
2. 資料：

華榮機床廠 2015 年 6 月 30 日資金狀況如下表所示：

表 6-5　　　　　　　　　　　　　　　　　　　　　　　　　　　　　　單位：元

序號	內容	金額	資產	負債	所有者權益
(1)	生產車間及其他建築物	189,000			
(2)	車間裡的機器設備	128,600			
(3)	國家對企業的投資	310,000			
(4)	企業在銀行的存款	78,000			
(5)	職工預借的差旅費	1,000			
(6)	庫存生產用鋼材	96,000			
(7)	欠供應單位的購材料款	57,000			
(8)	生產車間正在裝配的車床	33,700			
(9)	向銀行借入的短期借款	50,000			
(10)	購買單位欠本企業的貨款	10,600			
(11)	庫存各種輔助材料	800			
(12)	庫存包裝物	1,600			
(13)	其他單位投入的資本金	186,000			
(14)	出納員保管的現金	820			

表6-5(續)

序號	內容	金額	資產	負債	所有者權益
(15)	存在銀行的存款	64,000			
(16)	應交國家的稅金	42,000			
(17)	庫存低值工具器具一批	8,300			
(18)	庫存待售產成品	32,580			
	合計				

3. 要求：確定上表中給出的各項目是屬於資產、負債還是所有者權益類，並計算三大會計要素的合計數。

習題三

1. 目的：瞭解會計等式的恒等特性。

2. 資料：某企業在2015年3月初資產總額為200,000元，負債總額為15,000元，所有者權益總額為185,000元。本月發生了以下交易：

（1）購入廠房一棟，總價款為500萬元，已用銀行存款付清。

（2）用銀行存款支付已到期的一年期銀行借款50萬元。

（3）增發新股2,000萬股，每股1元，實際收到2,000萬元存入銀行。

（4）銷售商品1萬件，單價30元，貨款30萬元尚未收到。

（5）開出現金支票，金額10萬元，支付辦公費用。

（6）將資本公積金1,000萬元轉增為資本。

（7）從銀行借款40萬元，歸還所欠甲企業材料款。

（8）購買原材料，貨款20萬元暫欠。

（9）企業用銀行存款金額1,000萬元回購股票，從而減少企業資本。

（10）企業股東大會決定，將原欠銀行的長期借款轉化為銀行對企業的投資，從而增加資本500萬元。

3. 要求：分析上述交易或事項對會計要素的影響並在下表中記錄下來。據此進一步分析經濟業務發生對會計等式的影響情況。

表6-6

交易內容	影響結果				
	資產	費用	負債	所有者權益	收入
期初金額					
本月發生					
（1）					
（2）					
（3）					

表6-6(續)

交易內容	影響結果				
	資產	費用	負債	所有者權益	收入
(4)					
(5)					
(6)					
(7)					
(8)					
(9)					
(10)					
本月發生合計					
期末金額					

案例分析題

企業發生的各種各樣的經濟業務會影響會計等式的恒等關係嗎？

小張準備開辦一家企業，他有100,000元自有資金，並從銀行借入了20,000元，這些款項均已存入企業的銀行帳號。他租了一間辦公室，用銀行存款支付了一年的租金3,000元；支付各種辦公費用6,000元；用銀行存款購入80,000元商品；同時全部賣出，收到貨款99,000元已存入銀行；並用銀行存款5,000元償還了已到期的短期借款。請問：小張的公司在經過這些經濟活動以後是否還符合會計恒等式？

第七章　會計記帳方法

學習目標

1. 瞭解記帳方法的種類與概念；
2. 熟悉借貸記帳法的原理；
3. 掌握借貸記帳法下的帳戶結構；
4. 瞭解會計分錄的編製步驟與分類；
5. 掌握借貸記帳法下的試算平衡；
6. 掌握總分類帳戶與明細分類帳戶的平行登記。

第一節　會計記帳方法概述

會計科目與帳戶的設置為反應會計要素的增減變動提供了可能，但如何運用科學的方法對複雜的資金運動進行記錄，則是記帳方法要解決的問題。所謂記帳方法，就是指在帳戶中登記各項經濟業務的方法。記帳方法從簡單到複雜，從不完善到逐步完善，經歷了一個由單式記帳到復式記帳的發展過程。按記帳方式的不同，記帳方法可以分為單式記帳法和復式記帳法兩種。

一、單式記帳法

單式記帳法是指對發生的經濟業務，只在一個帳戶中進行記錄的記帳方法。這種記帳方法的主要特徵是：

（1）除了有關人欠或欠人和現金收付業務，應在兩個或兩個以上有關帳戶登記外，對於其他經濟業務只在一個帳戶中登記或不登記。例如：用現金支付購買辦公用品費用（應記管理費用），只記庫存現金帳戶減少，不記管理費用帳戶增加；購入辦公用品尚未付款時，只記應付款帳戶的增加，不記管理費用帳戶的增加；而用現金支付應付款時，則既要登記現金的減少，又要登記應付款的減少。

（2）單式記帳法下所有帳戶之間不存在數字上的平衡關係。單式記帳法所記錄的實際上是經濟活動中的部分經濟業務或經濟業務中的部分數據，所以不能全面、系統地反應經濟業務的來龍去脈，通過單式記帳法獲得的會計核算資料是不完整的，帳戶記錄的正確性也難於檢查。

單式記帳法不需要設置完整的帳戶體系，是一種比較簡單、不完整的記帳方法，只能適應小規模生產的需要。隨著商品經濟的發展，生產社會化程度越來越高，經濟

活動越來越複雜，記帳的對象不斷擴大，單式記帳法已不能滿足企業加強經濟核算、提高管理水平的要求，因此，單式記帳法理所當然地為更為科學的復式記帳法所替代。

二、復式記帳法

　　復式記帳法是與發達的商品經濟相聯繫的，是在單式記帳法的基礎上產生的。它是以「資產＝負債+所有者權益」的平衡關係為理論依據的一種記帳方法。概括地說，復式記帳法是指對發生的每一項經濟業務，都要以相等的金額，在相互聯繫的兩個或兩個以上的帳戶中進行登記，借以反應會計對象具體內容增減變化的一種記帳方法。例如，用現金購買辦公用品，既要記「庫存現金」帳戶的減少，也要記「管理費用」帳戶的增加；購入辦公用品尚未付款時，既要記「應付帳款」帳戶的增加，也要記「管理費用」帳戶的增加。

　　復式記帳法被公認為是一種科學的記帳方法，與單式記帳法相比，復式記帳法需要設置完整的帳戶體系，它的優點主要有：①能夠全面反應經濟業務內容和資金運動的來龍去脈；②因為復式記帳法對於每一項經濟業務，都以相等的金額在有關帳戶中進行登記，各帳戶之間形成了嚴密的對應關係，故而能夠對一定時期帳戶記錄的金額進行試算平衡，便於檢查帳戶記錄的正確性。

　　中國採用的復式記帳法，根據使用的記帳符號、記帳規則、試算平衡方法的不同，可分為借貸記帳法、增減記帳法和收付記帳法等。三種復式記帳法的記帳符號見表7-1。目前國際上通用的記帳方法是借貸記帳法，中國《企業會計準則》中也明確規定，中國的企業和行政事業單位採用的記帳方法是借貸記帳法。

表 7-1　　　　　　　　　　三種復式記帳方法

記帳方法	記帳符號	符號含義
借貸記帳法	借、貸	增加、減少
增減記帳法	增、減	增加、減少
收付記帳法	收、付	增加、減少

第二節　借貸記帳法

一、借貸記帳法的概念

　　借貸記帳法是以「資產＝負債+所有者權益」為理論依據，以「借」「貸」為記帳符號，以「有借必有貸，借貸必相等」為記帳規則的一種復式記帳法。

二、借貸記帳法的基本內容

(一) 記帳符號

　　借貸記帳法是以「借」「貸」作為記帳符號，反應各會計要素增減變動情況的一

種複式記帳方法。借貸記帳法在 12~13 世紀起源於商品經濟比較發達的義大利，「借」「貸」兩個字最初就是從借貸資本家的角度來解釋的，即用來表示債權（應收款）和債務（應付款）的增減變動。借貸資本家對於收進的存款，記在貸主名下，表示債務；對於付出的放款，記在借主名下，表示債權。這時，「借」「貸」兩字表示債權債務的變化。後來隨著社會經濟的發展，經濟活動的內容日益複雜，記錄的經濟業務已不再局限於貨幣資金的借貸業務，逐步擴大到登記財產物資、經營損益的增減變化。這樣，「借」「貸」兩字就逐漸失去了它最初的債權債務的含義，轉變為一種純粹的記帳符號，用以表示在帳戶中的兩個對立的記帳部位和登記方向。「借」「貸」兩字作為記帳符號，表示會計要素的增減，但是對於不同性質的帳戶其含義是不同的。

（二）帳戶結構

帳戶結構是指增加額、減少額和餘額在帳戶中的登記方法。在借貸記帳法下，「T」形帳戶的左方稱為借方，右方稱為貸方。所有帳戶的借方和貸方都要按相反的方向記錄，即一方登記增加數額，另一方登記減少數額。至於「借」表示增加，還是「貸」表示增加，則取決於帳戶的性質與所記錄經濟內容的性質。

通常而言，資產、成本和費用類帳戶的借方登記增加發生額，貸方登記減少發生額；負債、所有者權益和收入類帳戶的借方登記減少發生額，貸方登記增加發生額。備抵帳戶的結構與所調整帳戶的結構正好相反。各類性質的帳戶結構見表 7-2。

表 7-2　　　　　　　　　　各類性質的帳戶結構

帳戶性質	借方	貸方	期初/期末餘額方向
資產類帳戶	增加	減少	一般在借方
負債類帳戶	減少	增加	一般在貸方
所有者權益類帳戶（包括利潤類帳戶）	減少	增加	一般在貸方
成本類帳戶	增加	減少	如有餘額，在借方
損益類帳戶——收入類帳戶	減少	增加	一般無餘額
損益類帳戶——費用類帳戶	增加	減少	一般無餘額

在借貸記帳法下，帳戶餘額的方向表明了帳戶的性質，即借方餘額說明是資產類帳戶，貸方餘額說明是負債或所有者權益類帳戶。此外，還有一種特殊性質的帳戶，這類帳戶兼具資產、負債雙重性質。這類帳戶期末餘額可能在借方也可能在貸方，可以根據其餘額方向來判斷帳戶的性質，即餘額在借方的是資產，餘額在貸方的是負債。其中最具代表性的帳戶就是「其他往來」帳戶。各類帳戶的具體結構介紹如下：

1. 資產類帳戶的結構

資產類帳戶的期初餘額登記在借方，本期增加額登記在借方，本期的減少額登記在貸方，期末餘額一般在借方。其期末餘額的計算公式為：

借方期末餘額＝期初借方餘額＋本期借方發生額－本期貸方發生額

資產類帳戶的基本結構如圖 7-1 所示。

借方		帳戶名稱	貸方	
期初餘額	×××			
增加額	×××	減少額	×××	
本期增加發生額	×××	本期減少發生額	×××	
期末餘額	×××			

圖 7-1　資產類帳戶的結構

2. 負債及所有者權益類帳戶的結構

在會計的基本平衡公式中，由於負債同所有者權益一起列在會計等式的右邊，所以負債帳戶與所有者權益帳戶的基本結構是相同的，利潤類帳戶從性質上來看和所有者權益類帳戶是相同的，所以利潤類帳戶歸在所有者權益類帳戶項下。負債和所有者權益類帳戶的期初餘額都登記在貸方，本期的增加額也登記在貸方，本期的減少額登記在借方，期末餘額一般在貸方。其期末餘額的計算公式為：

貸方期末餘額＝貸方期初餘額＋貸方本期發生額－借方本期發生額

負債及所有者權益類帳戶的基本結構如圖 7-2 所示。

借方		帳戶名稱	貸方	
		期初餘額	×××	
減少額	×××	增加額	×××	
本期減少發生額	×××	本期增加發生額	×××	
		期末餘額	×××	

圖 7-2　負債及所有者權益類帳戶的基本結構

3. 成本類帳戶的結構

成本類帳戶是記錄企業各項生產費用的發生及其轉銷情況的帳戶。由於發生的生產費用將形成產成品或在產品的成本，而產成品和在產品都屬於企業的資產，因而成本類帳戶與資產類帳戶的結構基本相同。即借方登記增加數，貸方登記減少數，若有餘額也在借方，反應尚未完工的在產品成本。其期末餘額的計算公式為：

借方期末餘額＝借方期初餘額＋借方本期發生額－貸方本期發生額

成本類帳戶的基本結構如圖 7-3 所示。

借方		帳戶名稱	貸方	
期初餘額	×××			
增加額	×××	減少額	×××	
本期增加發生額	×××	本期減少發生額	×××	
期末餘額	×××			

圖 7-3　成本類帳戶的基本結構

4. 損益類帳戶的結構

損益類帳戶是記錄企業各項收入和各項費用的帳戶。損益類帳戶按反應的具體內容不同，又可分為收入類帳戶和費用類帳戶。

（1）收入類帳戶的結構

收入類帳戶是用來核算企業各項收入取得情況的帳戶。收入的增加會導致利潤增加，利潤在未分配之前可以將其看成所有者權益的增加。因此，收入類帳戶的結構與所有者權益類帳戶的結構基本相同，即貸方登記各項收入的增加數，借方登記收入的減少或轉出數，由於貸方登記的收入增加合計數在期末時一般都要從借方轉出，因此收入類帳戶通常沒有期末餘額，故而下一期也沒有期初餘額。收入類帳戶的基本結構如圖 7-4 所示。

借方		帳戶名稱	貸方	
減少額或轉銷額	×××	增加額	×××
本期減少發生額	×××	本期增加發生額	×××

圖 7-4　收入類帳戶的基本結構

（2）費用類帳戶的結構

費用類帳戶是用來核算企業各項費用發生情況的帳戶。費用增加會導致企業利潤減少，這就決定了費用類帳戶的結構應與所有者權益類帳戶的結構相反。在費用類帳戶中，借方登記各項費用支出的增加額，貸方登記費用支出的減少額（或轉銷額）。期末時，本期費用的增加額減去本期費用的減少額後的差額，應轉入「本年利潤」帳戶，所以費用類帳戶期末一般沒有餘額，故而下一期也沒有期初餘額。費用類帳戶的結構如圖 7-5 所示。

借方		帳戶名稱	貸方	
增加額	×××	減少額或轉銷額	×××
本期增加發生額	×××	本期減少發生額	×××

圖 7-5　費用類帳戶的結構

5. 資產、負債雙重性質的帳戶

資產、負債雙重性質的帳戶是指在一個帳戶中既核算資產類會計要素內容，又核算負債類會計要素內容的帳戶。這類帳戶的性質並不確定，要根據其期末餘額的方向來判斷其性質。例如，企業在日常的核算中要設置「其他應收款」和「其他應付款」帳戶。其中：「其他應收款」是一個資產類帳戶，這個帳戶的期初餘額在借方，增加額登記在借方，減少額登記在貸方，期末餘額一般在借方。「其他應付款」帳戶則剛好相反，這是一個負債類帳戶，期初餘額在貸方，增加額登記在貸方，減少額登記在借方，期末餘額一般在貸方。但是如果企業相關的經濟業務發生比較少，就沒有必要分別設置這兩個帳戶了，可以將它們合併在一起，開設「其他往來」帳戶。其他往來帳戶的

帳戶結構如圖 7-6 所示。

```
        資產類帳戶                              負債類帳戶
借      其他應收款        貸          借       其他應付款         貸
期初餘額：×××                                          期初餘額    ×××
增加額     ×××    減少額    ×××       減少額    ×××   增加額     ×××
期末餘額   ×××                                          期末餘額    ×××
```

資產負債雙重性質帳戶

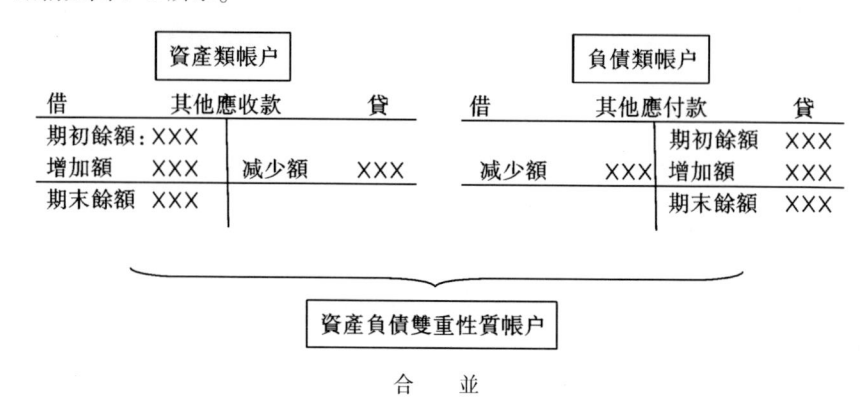

合　　並

借	其他往來	貸
期初餘額： ×××（其他應收款）	［或期初餘額 ×××（其他應付款）］	
其他應收款增加額 ×××	其他應付款增加額	×××
其他應付款減少額 ×××	其他應收款減少額	×××
期末餘額： ×××（其他應收款）	［或期末餘額： ×××（其他應付款）］	

圖 7-6 「其他往來」帳戶的結構

(三) 記帳規則

　　記帳規則是指採用某種記帳方法登記具體經濟業務時應當遵循的規律。按照復式記帳的原理，對發生的每一筆經濟業務都以相等的金額、相反的方向，同時在兩個或者兩個以上相互聯繫的帳戶中進行登記，即在記入一個或幾個帳戶借方的同時，記入另一個帳戶或者幾個帳戶的貸方，並且記入借方與記入貸方的金額必然相等。因此，借貸記帳法的記帳規則可以歸納為「有借必有貸，借貸必相等」。採用借貸記帳法登記經濟業務時，一般應按下列步驟進行：

　　(1) 根據經濟業務的內容，確定它涉及哪些會計要素；
　　(2) 確定應使用這些要素下的哪些帳戶，以及這些帳戶的金額是增加還是減少；
　　(3) 根據帳戶結構的規定，確定各帳戶應記入的方向是借方還是貸方；
　　(4) 確定應記入每一個帳戶的金額；
　　(5) 根據以上步驟確定內容，寫出完整的會計分錄。
　　現舉例說明借貸記帳法的記帳規則。

　　【例 7-1】企業收到前欠貨款 27,600 元，存入銀行。
　　這項經濟業務的發生，一方面使資產要素中的銀行存款增加 27,600 元，另一方面使資產要素中的應收帳款減少 27,600 元。資產增加記借方，資產減少記貸方，因此，應該在「銀行存款」帳戶的借方登記 27,600 元，在「應收帳款」帳戶的貸方登記

27,600元。

【例7-2】企業收到投資人投入專利權一項，評估價值120,000元。

這項經濟業務的發生，一方面使資產要素中的無形資產增加120,000元，另一方面使所有者權益要素中的實收資本增加120,000元。資產增加記借方，所有者權益增加記貸方，因此，應該在「無形資產」帳戶的借方登記120,000元，在「實收資本」帳戶的貸方登記120,000元。

【例7-3】企業向銀行借入短期借款15,000元，直接償還前欠帳款。

這項經濟業務的發生，一方面使負債要素中的短期借款增加15,000元，另一方面使負債要素中的應付帳款減少15,000元。負債增加記貸方，負債減少記借方，因此，應該在「應付帳款」帳戶的借方登記15,000元，在「短期借款」帳戶的貸方登記15,000元。

【例7-4】企業用銀行存款50,000元購入新設備一臺。

這項經濟業務的發生，一方面使資產要素中的固定資產增加50,000元，另一方面使資產要素中的銀行存款減少50,000元。資產增加記借方，資產減少記貸方，因此，應該在「固定資產」帳戶的借方登記50,000元，在「銀行存款」帳戶的貸方登記50,000元。

通過以上舉例可見，每一經濟業務發生後，都要在兩個帳戶中進行登記，而且都要登記在一個帳戶的借方和另一個帳戶的貸方，借貸雙方登記的金額相等。有些經濟業務比較複雜，需要在兩個以上的帳戶中進行登記，即需要在一個帳戶的借方和幾個帳戶的貸方進行登記，或者在幾個帳戶的借方和一個帳戶的貸方進行登記。

【例7-5】企業購買一批原材料，材料已驗收入庫，貨款30,000元，其中25,000元已經用銀行存款支付，剩餘5,000元暫欠。暫不考慮增值稅。

這項經濟業務的發生，一方面使資產要素中的原材料增加30,000元，另一方面使資產要素中的銀行存款減少25,000元，同時還使得負債要素中的應付帳款增加5,000元。資產增加記借方，資產減少記貸方，負債增加記貸方。因此，應該在「原材料」帳戶的借方登記30,000元，在「銀行存款」帳戶的貸方登記25,000元，在「應付帳款」帳戶的貸方登記5,000元。可見，借方發生額合計數是30,000元，貸方發生額的合計數同樣也是30,000元，符合規則。

【例7-6】生產車間領用3,500元原材料用於產品生產，廠部領用300元的材料用於一般耗用。

這項經濟業務的發生：一方面，使成本項目中的生產成本增加3,500元，同時還使費用項目中的管理費用增加300元；另一方面資產要素中的原材料減少3,800元。成本類帳戶增加記借方，損益類帳戶中的費用類帳戶增加也記借方，資產減少記貸方。因此，應該在「生產成本」帳戶的借方登記3,500元，在「管理費用」帳戶的借方登記300元，在「原材料」帳戶的貸方登記3,800元。可見，借方發生額合計數是3,800，貸方發生額的合計數同樣也是3,800元，符合規則。

綜上所述，無論哪種情況，登記的結果仍然是有借必有貸，借貸雙方的金額也必然相等。因此，借貸記帳法下的記帳規則總結為「有借必有貸，借貸必相等」。

(四) 帳戶對應關係與會計分錄的編製

1. 帳戶對應關係

在借貸記帳法下，根據記帳規則登記每項經濟業務時，就會在有關帳戶之間形成應借、應貸的相互關係。帳戶之間的這種相互依存關係，稱為帳戶對應關係。分錄中存在對應關係的帳戶，稱為對應帳戶。例如，用銀行存款 20,000 元償還購入材料的貨款。對這項經濟業務，應在「應付帳款」帳戶的借方記入 20,000 元，在「銀行存款」帳戶的貸方記入 20,000 元。這項經濟業務使「應付帳款」和「銀行存款」這兩個帳戶發生了應借、應貸的相互對應關係，這兩個帳戶就叫做對應帳戶。一項經濟業務的會計分錄帳戶之間的對應關係是固定的，不可隨意「拉郎配」。此外，對應帳戶是相對而言的，上例中的「應付帳款」帳戶是「銀行存款」帳戶的對應帳戶，「銀行存款」帳戶是「應付帳款」帳戶的對應帳戶。

2. 編製會計分錄

為了準確地反應帳戶的對應關係與登記的金額，保證記帳的正確性，在每項經濟業務發生後，正式記入帳戶之前，必須先將經濟業務所形成的對應關係，以書面的形式明確下來，然後再根據對應關係的書面記錄去登記入帳。將經濟業務所形成的帳戶對應關係，以書面形式明確記錄下來的過程就是編製會計分錄。會計分錄簡稱分錄，就是指明各項經濟業務所應記入的帳戶名稱、記帳方向及入帳金額的書面記錄。在實際工作中，會計分錄是填寫在記帳憑證上的。教學中將編製記帳憑證簡化為編寫會計分錄。

編製會計分錄要經過以下步驟：

（1）分析經濟業務的發生影響哪些會計要素；
（2）要分析經濟業務的內容具體涉及哪些帳戶；
（3）要確定經濟業務的發生導致這些帳戶發生的變化是增加還是減少；
（4）根據帳戶的性質與借貸記帳法的帳戶結構，確定記帳的方向是借方還是貸方；
（5）根據會計要素增減變化的數量確定對應帳戶應登記的金額；
（6）寫出完整的會計分錄，並根據借貸記帳法「有借必有貸，借貸必相等」的記帳規則，檢查借貸方是否平衡，有無差錯。

【例 7-7】企業收到股東投入資本 500,000 元，款項存入銀行。此項業務在編寫會計分錄時遵循以下步驟進行：

第一，分析涉及要素	資產	所有者權益
第二，確定登記帳戶	銀行存款	實收資本
第三，分析增減變化	增加	增加
第四，確定記帳方向	借方	貸方
第五，確定登記金額	500,000	500,000
第六，寫出完整分錄並檢查正誤	借：銀行存款	500,000
	貸：實收資本	500,000

會計分錄的書寫格式要求如下：①借和貸分行寫，先借後貸；②借方和貸方的帳

戶名稱和金額數字都錯開寫；③在一借多貸或多借一貸的情況時，貸方或借方帳戶的名稱和金額數字必須對齊，以便試算平衡。④金額後不必寫「元」。

根據【例7-1】至【例7-6】，編製會計分錄如下：

【例7-1】
借：銀行存款　　　　　　　　　　　　　　　27,600
　　貸：應收帳款　　　　　　　　　　　　　　　27,600

【例7-2】
借：無形資產　　　　　　　　　　　　　　　120,000
　　貸：實收資本　　　　　　　　　　　　　　　120,000

【例7-3】
借：應付帳款　　　　　　　　　　　　　　　15,000
　　貸：短期借款　　　　　　　　　　　　　　　15,000

【例7-4】
借：固定資產　　　　　　　　　　　　　　　50,000
　　貸：銀行存款　　　　　　　　　　　　　　　50,000

【例7-5】
借：原材料　　　　　　　　　　　　　　　　30,000
　　貸：銀行存款　　　　　　　　　　　　　　　25,000
　　　　應付帳款　　　　　　　　　　　　　　　5,000

【例7-6】
借：生產成本　　　　　　　　　　　　　　　3,500
　　管理費用　　　　　　　　　　　　　　　　300
　　貸：原材料　　　　　　　　　　　　　　　　3,800

3. 會計分錄的種類

　　會計分錄有簡單會計分錄和複合會計分錄之分。簡單會計分錄只涉及兩個帳戶，是以一個帳戶的借方與另一個帳戶的貸方相對應組成的，也就是說簡單會計分錄是一借一貸的會計分錄。複合會計分錄則要涉及兩個以上的帳戶，就是一個帳戶的借方與另外幾個帳戶的貸方，或者以幾個帳戶的借方與另外一個帳戶的貸方相對應組成的會計分錄，也就是說複合會計分錄是一借多貸或者多借一貸的會計分錄。以上【例7-1】至【例7-4】是簡單會計分錄，【例7-5】和【例7-6】是複合會計分錄。

　　編製複合會計分錄，既可以集中反應某項經濟業務的全面情況，又可以簡化記帳、節省記帳時間。故而一般情況下都會編製複合會計分錄，但確有必要時複合會計分錄也可以分解成幾個簡單會計分錄，幾個簡單會計分錄也可以合併編製為一筆複合會計分錄，但一般情況下不能將不同經濟業務合併在一起編製複合會計分錄。

　　【例7-8】公司購入材料一批，已驗收入庫，貨款30,000元，其中20,000元已預付，剩餘10,000元暫欠。暫不考慮增值稅。

複合會計分錄編寫如下：
借：原材料　　　　　　　　　　　　30,000（購入材料總額）

　　　　貸：預付帳款　　　　　　　　　　　　　　20,000（已預付貨款）
　　　　　　應付帳款　　　　　　　　　　　　　　10,000（尚未支付款）
　　複合會計分錄分解成兩個簡單會計分錄：
　　借：原材料　　　　　　　　　　　　　　　　　20,000
　　　　貸：預付帳款　　　　　　　　　　　　　　　　　　20,000
　　借：原材料　　　　　　　　　　　　　　　　　10,000
　　　　貸：應付帳款　　　　　　　　　　　　　　　　　　10,000

（五）試算平衡

　　1.試算平衡的含義

　　試算平衡，就是根據「資產＝負債＋所有者權益」的平衡關係和「有借必有貸，借貸必相等」的記帳規則來檢查和驗證帳戶記錄是否正確的一種方法。如果記帳過程中出現錯誤，必定會使借貸金額出現不平衡。因此，為了保證一定時期內發生的經濟業務在帳戶中正確登記，需要在一定時期終了，對帳戶記錄進行試算平衡以便據此查找錯帳並予以更正。

　　2.試算平衡的種類

　　借貸記帳法的試算平衡有發生額試算平衡法和餘額試算平衡法兩種。

　　（1）發生額試算平衡法

　　發生額試算平衡法的理論依據是「有借必有貸，借貸必相等」的記帳規則。根據這一規則記帳，每一項經濟業務所編製的會計分錄，借貸兩方的發生額必然相等；在一定時期內，全部帳戶的借（貸）方本期發生額合計是每一項經濟業務會計分錄借（貸）方發生額的累積，因此一定時期內的全部經濟業務都登記入帳後，所有帳戶的本期借方發生額合計數與本期貸方發生額合計數必然相等。平衡公式為：

　　全部帳戶本期借方發生額合計數＝全部帳戶本期貸方發生額合計數

　　【例7-9】某企業2015年2月發生下列經濟業務，寫出會計分錄並據此理解發生額試算平衡法。

表 7-3　　　　　　　　　　　　　企業會計分錄簿

序號	業務內容	會計分錄	借方金額	貸方金額	
①	開出商業匯票抵付應付帳款	借：應付帳款 　貸：應付票據	6,800	6,800	每筆會計分錄都體現了借貸記帳法的記帳規則「有借必有貸，借貸必相等」
②	用銀行存款支付廣告費	借：銷售費用 　貸：銀行存款	12,000	12,000	
③	用銀行存款支付廠部水電費	借：管理費用 　貸：銀行存款	3,000	3,000	
④	用盈餘公積轉增資本	借：盈餘公積 　貸：實收資本	100,000	100,000	
⑤	收到投資者投資存入銀行	借：銀行存款 　貸：實收資本	800,000	800,000	
⑥	購買材料部分付款部分暫欠	借：原材料 　貸：銀行存款 　　應付帳款	5,000	4,000 1,000	
⑦	用銀行存款償還借款和貨款	借：短期借款 　　應付帳款 　貸：銀行存款	50,000 20,000	70,000	
	合計		996,800	996,800	

從以上案例中可以看出，全部帳戶借方發生額合計數和貸方發生額合計數是對一定時期內若干項經濟業務發生額的匯總，因而必然相等。

（2）餘額試算平衡法

餘額試算平衡法的理論依據是：資產＝負債＋所有者權益。在借貸記帳法下，凡是借方餘額的帳戶都是資產類帳戶，凡是貸方餘額的帳戶都是負債和所有者權益類帳戶，根據會計平衡公式，全部帳戶借方餘額合計數和全部帳戶貸方餘額合計數也必然相等。根據餘額時間不同，又分為期初餘額平衡與期末餘額平衡兩類。平衡公式為：

全部帳戶借方期末（期初）餘額合計數＝全部帳戶貸方期末（期初）餘額合計數

3. 試算平衡表的編製

試算平衡是通過編製試算平衡表進行的。試算平衡表通常是在期末結出各帳戶的本期發生額合計和期末餘額後編製的。可以分別編製總分類帳戶本期發生額試算平衡表和總分類帳戶期末餘額試算平衡表。具體格式見表 7-4 和表 7-5。

表 7-4　　　　　　　總分類帳戶本期發生額試算平衡表

20××年 1 月 31 日　　　　　　　　　　單位：元

帳戶名稱	本期發生額	
	借方	貸方
合計		

　　　　　　　　　　　　　平衡相等

表 7-5　　　　　　　總分類帳戶期末餘額試算平衡表

20××年 1 月 31 日　　　　　　　　　　單位：元

帳戶名稱	期末餘額	
	借方	貸方
合計		

　　　　　　　　　　　　　平衡相等

也可以將以上兩張表格合併在一起，編製總分類帳戶本期發生額及餘額試算平衡表。該表中一般應設置「期初餘額」「本期發生額」和「期末餘額」三大欄目，其下分設「借方」和「貸方」兩個小欄。各大欄中的借方合計與貸方合計應該平衡相等，否則，便存在記帳錯誤。總分類帳戶本期發生額及餘額試算平衡表的格式見表 7-6。

表 7-6　　　　　　　總分類帳戶本期發生額及餘額試算平衡表

20××年 1 月 31 日　　　　　　　　　　單位：元

帳戶名稱	期初餘額		本期發生額		期末餘額	
	借方	貸方	借方	貸方	借方	貸方
合計						

　　　　　　平衡相等　　　　平衡相等　　　　平衡相等

【例 7-10】假設迅達公司 2015 年 1 月初有關帳戶餘額見表 7-7。

表 7-7　　　　　　　　　　　總分類帳戶期初餘額
　　　　　　　　　　　　　　20××年 1 月 31 日　　　　　　　　　　單位：元

帳戶名稱	期初餘額	
	借方	貸方
庫存現金	5,000	
銀行存款	100,000	
應收帳款	50,000	
原材料	80,000	
固定資產	430,000	
短期借款		50,000
應付帳款		30,000
應付票據		5,000
實收資本		200,000
資本公積		100,000
盈餘公積		200,000
利潤分配		80,000
合計	665,000	665,000

（1）根據本月發生的經濟業務過帳，見圖 7-7。

借方		庫存現金	貸方	
期初餘額	5,000			
本期借方發生額合計	0	本期貸方發生額合計	0	
期末餘額	5,000			

借方		銀行存款	貸方	
期初餘額	100,000	②	12,000	
⑤	800,000	③	3,000	
		⑥	4,000	
		⑦	70,000	
本期借方發生額	800,000	本期貸方發生額	89,000	
期末餘額	811,000			

借方	應收帳款		貸方
期初餘額	50,000		
本期借方發生額	0	本期貸方發生額	0
期末餘額	50,000		

借方	固定資產		貸方
期初餘額	430,000		
本期借方發生額	0	本期貸方發生額	0
期末餘額	430,000		

借方	原材料		貸方
期初餘額	80,000		
本期借方發生額	5,000	本期貸方發生額	0
期末餘額	85,000		

借方	管理費用		貸方
期初餘額	0		
③	3,000		
本期借方發生額	3,000	本期貸方發生額	0
期末餘額	3,000		

借方	銷售費用		貸方
②	12,000		
本期借方發生額	12,000	本期貸方發生額	0
期末餘額	12,000		

借方	短期借款		貸方
		期初餘額	50,000
⑦	50,000		
本期借方發生額	50,000	本期貸方發生額	0
		期末餘額	0

借方	應付票據		貸方
	期初餘額		5,000
	⑥		6,800
本期借方發生額	0	本期貸方發生額	6,800
	期末餘額		11,800

借方	實收資本		貸方
	期初餘額		200,000
	④		100,000
	⑤		800,000
本期借方發生額	0	本期貸方發生額	900,000
	期末餘額		1,100,000

借方	資本公積		貸方
	期初餘額		100,000
本期借方發生額	0	本期貸方發生額	0
	期末餘額		100,000

借方	盈餘公積		貸方
	期初餘額		200,000
④	100,000		
本期借方發生額	100,000	本期貸方發生額	0
	期末餘額		100,000

借方	利潤分配		貸方
	期初餘額		80,000
本期借方發生額	0	本期貸方發生額	0
	期末餘額		80,000

圖 7-7

（2）編製本月總分類帳戶發生額及餘額試算平衡表，見表 7-8。

表 7-8　　　　　　　　總分類帳戶本期發生額及餘額試算平衡表

20××年 1 月 31 日　　　　　　　　　　　單位：元

帳戶名稱	期初餘額 借方	期初餘額 貸方	本期發生額 借方	本期發生額 貸方	期末餘額 借方	期末餘額 貸方
庫存現金	5,000		0	0	5,000	
銀行存款	100,000		800,000	89,000	811,000	
應收帳款	50,000		0	0	50,000	
原材料	80,000		5,000	0	85,000	
固定資產	430,000		0	0	430,000	
管理費用	0		3,000	0	3,000	
銷售費用	0		12,000	0	12,000	
短期借款		50,000	50,000	0		0
應付帳款		30,000	26,800	1,000		4,200
應付票據		5,000	0	6,800		11,800
實收資本		200,000	0	900,000		1,100,000
資本公積		100,000	0	0		100,000
盈餘公積		200,000	100,000	0		100,000
利潤分配		80,000	0	0		80,000
合計	665,000	665,000	996,800	996,800	1,396,000	1,396,000

　　　　　　平衡相等　　　　　　　平衡相等　　　　　　　平衡相等

4. 試算平衡的局限性

試算平衡可以通過借貸金額是否平衡來檢查帳戶的記錄是否正確。如果借貸不平衡，就可以斷定帳戶記錄或者計算存在錯誤，應查找錯誤原因並予以更正。需要注意的是，如果借貸是平衡的，也只能說明帳戶記錄或計算基本正確，卻不能肯定記帳沒有錯誤。因為若存在以下的錯誤，是不會影響借貸的平衡關係的。

（1）一筆經濟業務全部遺漏記帳；

（2）一筆經濟業務全部重複記帳；

（3）一筆經濟業務的借貸方向顛倒；

（4）帳戶名稱記錯；

（5）借貸雙方發生同金額的錯誤；

（6）借貸某一方發生相互抵銷的錯誤。

這些不影響平衡關係的記帳錯誤，無法通過試算平衡發現，錯誤的隱蔽性很強，查找費時費力。因此，需要對一切會計記錄進行日常或定期的復核，以保證帳戶記錄的正確性。

第三節　總分類帳與明細分類帳的平行登記

一、總分類帳戶與明細分類帳戶的關係

　　根據總分類科目設置的帳戶就是總分類帳戶，根據明細分類科目設置的帳戶就是明細分類帳戶。總分類帳戶是總括地反應各個會計要素具體項目增減變化及其結果的帳戶，它根據一級會計科目設置，只用貨幣作為計量單位。明細分類帳戶是根據明細會計科目設置，詳細地反應會計要素具體項目的細項的增減變化及其結果的帳戶，它除了以貨幣作為計量單位外，有時也要用實物量作為計量單位。例如，「原材料」帳戶是一個總分類帳戶，它只能總括地反應企業各種原材料總的增減變化及其結餘情況，但不能詳細反應企業具體使用的每一種原材料的增減變動及其結餘情況，必須在「原材料」總分類帳戶下，按材料的類別或是名稱分別設置明細分類帳戶。

　　除了總分類帳戶和明細分類帳戶以外，各會計主體還可以根據實際需要設置二級帳戶。二級帳戶是介於總分類帳戶和明細分類帳戶之間的一種帳戶。它提供的資料比總分類帳戶詳細、具體，但比明細分類帳戶概括、綜合。例如，在「原材料」總分類帳戶下，可以先按「原料及主要材料」「輔助材料」「燃料」等材料類別設置若干二級帳戶，其下再按材料的品種等設置明細分類帳戶。

　　總分類帳戶也稱為一級帳戶，可控制二級帳戶，再由二級帳戶來控制三級帳戶，這種逐級控制便於資料的相互核對。總分類帳戶與明細分類帳戶的核算內容是相同的，所不同的只是提供核算資料的詳細程度的差別。總分類帳戶是所屬明細分類帳戶的統馭帳戶，對所屬明細分類帳戶起著控製作用；而明細分類帳戶則是其總分類帳戶的從屬帳戶，對其所隸屬的總分類帳戶起著輔助作用。總分類帳戶及其所屬明細分類帳戶的核算對象是相同的，它們所提供的核算資料互相補充，只有把二者結合起來，才能既總括又詳細地反應同一核算內容。因此，總分類帳戶和明細分類帳戶必須平行登記。

二、總分類帳戶與明細分類帳戶的平行登記

　　所謂平行登記，就是對發生的每一項經濟業務，既要在有關的總帳帳戶進行登記，又要在其所屬的明細分類帳戶中登記的做法。登記總分類帳戶和明細分類帳戶的原始依據必須相同，記帳方向必須一致，金額必須相等。

(一) 總分類帳戶與明細分類帳戶平行登記的要點

　　(1) 記帳內容相同：凡在總分類帳戶下設有明細分類帳戶的，對於每一項經濟業務，一方面要記入有關總分類帳戶，另一方面要記入各總分類帳戶所屬的明細分類帳戶。

　　(2) 記帳方向相同：在某一總分類帳戶及其所屬的明細分類帳戶中登記經濟業務時，方向必須相同，即在總分類帳戶中記入借方，在它所屬的明細分類帳戶中也應計入借方；在總分類帳戶中記入貸方，在其所屬的明細分類帳戶中也應記入貸方。

(3) 記帳金額相等：記入某一總分類帳戶中的金額必須與記入其所屬的明細分類帳戶的金額合計數相等。

(二) 總分類帳與明細分類帳平行登記的方法

下面以「原材料」帳戶為例，說明總分類帳和明細分類帳平行登記的方法。

【例 7-10】天昊公司 2015 年 3 月「原材料」帳戶的期初餘額為借方 45,000 元。其中：甲材料期初結餘 50 噸，單價 300 元，共計 15,000 元；乙材料期初結餘 300 件，單價 100 元，共計 30,000 元。該企業 3 月份發生有關材料的收發業務如下：

(1) 3 月 3 日，車間領用甲材料 20 噸，每噸 300 元，計 6,000 元；領用乙材料 150 件，每件 100 元，計 15,000 元，共計 21,000 元用於產品生產。

(2) 3 月 15 日，用銀行存款向遠大公司購入材料一批，貨款總計 34,000 元（不考慮增值稅）。其中：甲材料 30 噸，單價 300 元，計 9,000 元；乙材料 250 件，單價 100 元，計 25,000 元。

(3) 3 月 18 日，車間領用甲材料 5 噸，每噸 300 元，計 1,500 元用於車間耗用。

(4) 3 月 20 日，廠部領用乙材料 30 件，每件 100 元，計 3,000 元用於一般耗用。

根據以上業務，編製會計分錄如下：

(1) 借：生產成本　　　　　　　　　　　　　　　　　21,000
　　　貸：原材料——甲材料　　　　　　　　　　　　 6,000
　　　　　　　——乙材料　　　　　　　　　　　　　15,000
(2) 借：原材料——甲材料　　　　　　　　　　　　　 9,000
　　　　　　——乙材料　　　　　　　　　　　　　　25,000
　　　貸：銀行存款　　　　　　　　　　　　　　　　34,000
(3) 借：製造費用　　　　　　　　　　　　　　　　　 1,500
　　　貸：原材料——甲材料　　　　　　　　　　　　 1,500
(4) 借：管理費用　　　　　　　　　　　　　　　　　 3,000
　　　貸：原材料——乙材料　　　　　　　　　　　　 3,000

以上在編寫會計分錄時，既要寫出總分類科目，又要寫出明細分類科目，以便於分別進行總帳和明細分類帳的登記，以詳細反應經濟業務內容。

採用平行登記的方法將上述期初餘額及本月發生額登入「原材料」總分類帳戶及其所屬的明細分類帳戶，並結出本期發生額合計數及期末餘額。有些明細分類帳（如「原材料」明細分類帳）既要登記金額又要登記數量（稱為數量金額式帳頁）。登記結果見表 7-9 至表 7-11。

表 7-9　　　　　　　　　　　原材料總分類帳戶

帳戶名稱：原材料　　　　　　　　　　　　　　　　　　　　　　　　單位：元

2015 年		憑證號數	摘要	借方	貸方	借或貸	餘額
月	日						
3	1		期初餘額			借	45,000
3	3		生產領用		21,000	借	24,000
3	15		購入材料	34,000		借	58,000
3	18		車間一般性耗用		1,500	借	56,500
3	20		廠部一般性耗用		3,000	借	53,500
3	30		本期發生額及餘額	34,000	25,500	借	53,500

表 7-10　　　　　　　　　　　原材料明細分類帳

帳戶名稱：甲材料　　　　　　　　　　　　　　　　　　　　　　　　單位：元

2015 年		憑證號數	摘要	借方			貸方			借或貸	餘額		
月	日			數量(噸)	單價	金額	數量(噸)	單價	金額		數量(噸)	單價	金額
3	1		期初餘額							借	50	300	15,000
3	3		生產領用				20	300	6,000	借	30	300	9,000
3	15		購入材料	30	300	9,000				借	60	300	18,000
3	18		車間一般性耗用				5	300	1,500	借	55	300	16,500
3	30		本期發生額及餘額	30	300	9,000	25	300	7,500	借	55	300	16,500

表 7-11　　　　　　　　　　　原材料明細分類帳

帳戶名稱：乙材料　　　　　　　　　　　　　　　　　　　　　　　　單位：元

2015 年		憑證號數	摘要	借方			貸方			借或貸	餘額		
月	日			數量(件)	單價	金額	數量(件)	單價	金額		數量(件)	單價	金額
3	1		期初餘額							借	300	100	30,000
3	3		生產領用				150	100	15,000	借	150	100	15,000
3	15		購入材料	250	100	25,000				借	400	100	40,000
3	20		廠部一般性耗用				30	100	3,000	借	370	100	37,000
3	30		本期發生額及餘額	250	100	25,000	180	100	18,000	借	370	100	37,000

三、總分類帳戶與明細分類帳戶的試算平衡

根據平行登記原理，登記總分類帳戶和所屬明細分類帳戶後，總分類帳戶和所屬明細分類帳戶必然存在如下數量關係：

總分類帳戶期初餘額＝所屬明細分類帳戶期初餘額合計

總分類帳戶本期借方發生額＝所屬明細分類帳戶本期借方發生額合計
總分類帳戶本期貸方發生額＝所屬明細分類帳戶本期貸方發生額合計
總分類帳戶期末餘額＝所屬明細分類帳戶期末餘額合計

利用總分類帳戶和明細分類帳戶之間的這種數量關係，就可以根據明細帳戶的記錄編製「明細分類帳戶本期發生額及餘額表」，來檢查總分類帳戶和所屬明細分類帳戶登記是否完整與準確。

現以前述天昊公司 2015 年 3 月原材料明細分類帳戶的登記為例，編製「原材料明細分類帳戶本期發生額及餘額表」，其格式見表 7-12。

表 7-12　　　　　「原材料」明細分類帳戶本期發生額及餘額表

明細分類帳戶名稱	計量單位	單價	期初餘額		本期發生額				期末餘額	
						收入			發出			
				數量	金額	數量	金額	數量	金額	數量	金額
甲材料	噸	300	50	15,000	30	9,000	25	7,500	55	16,500
乙材料	件	100	300	30,000	250	25,000	180	18,000	370	37,000
合計				45,000		34,000		25,500		53,500

「明細分類帳戶本期發生額及餘額表」中各欄的合計數，都必須與總分類帳戶中的期初餘額、本期借方發生額、本期貸方發生額及期末餘額金額相等，核對結果各欄金額相符，就表明總分類帳戶及其所屬的明細分類帳戶登記基本正確。如果某欄金額核對不相等，則說明總分類帳戶和所屬明細分類帳戶一方或者雙方登記或計算有誤，應及時尋找錯帳，加以更正。

本章小結

記帳方法是指在帳戶中登記各項經濟業務的方法。按記帳方式的不同，記帳方法可以分為單式記帳法和復式記帳法兩種。單式記帳法是指對發生的經濟業務，只在一個帳戶中進行記錄的記帳方法。復式記帳法是指對發生的每一項經濟業務，都要以相等的金額，在相互聯繫的兩個或兩個以上的帳戶中進行登記，借以反應會計對象具體內容增減變化的一種記帳方法。借貸記帳法也是一種復式記帳方法。

中國《企業會計準則》中明確規定，中國的企業和行政事業單位採用的記帳方法應該是借貸記帳法。借貸記帳法是以「資產＝負債＋所有者權益」為理論依據，以「借」「貸」為記帳符號，以「有借必有貸，借貸必相等」為記帳規則的一種復式記帳法。

會計分錄簡稱分錄，是指明各項經濟業務所應記入的帳戶名稱、記帳方向及入帳金額的書面記錄。會計分錄有簡單會計分錄和複合會計分錄之分。簡單會計分錄只涉及兩個帳戶，是以一個帳戶的借方與另一個帳戶的貸方相對應組成的。也就是說，簡

單會計分錄是一借一貸的會計分錄。複合會計分錄則要涉及兩個以上的帳戶，就是一個帳戶的借方與另外幾個帳戶的貸方，或者以幾個帳戶的借方與另外一個帳戶的貸方對應組成的會計分錄。也就是說，複合會計分錄是一借多貸或者多借一貸的會計分錄。

試算平衡是根據「資產＝負債＋所有者權益」的平衡關係和「有借必有貸、借貸必相等」的記帳規則來檢查和驗證帳戶記錄是否正確的一種方法。如果記帳過程中出現錯誤，必定會使借貸金額出現不平衡。借貸記帳法的試算平衡有發生額試算平衡法和餘額試算平衡法兩種。

總分類帳戶是所屬明細分類帳戶的統馭帳戶，對所屬明細分類帳戶起著控制作用，而明細分類帳戶則是其總分類帳戶的從屬帳戶，對其所隸屬的總分類帳戶起著輔助作用，明細分類帳戶提供的詳細核算資料，對總分類帳戶起到補充說明的作用。平行登記，就是對發生的每一項經濟業務，既在有關的總帳帳戶進行登記，又要在其所屬明細分類帳戶中登記的做法。登記總分類帳戶和明細分類帳戶的原始依據必須相同，記帳方向必須一致，金額必須相等。

重要名詞

復式記帳法（accounting voucher） 借貸記帳法（debit-credit book keeping）
會計分錄（accounting entries） 過帳（posting）
帳戶對應關係（correspondence of account） 試算平衡（trial balance）

思考題

1. 什麼是復式記帳？和單式記帳法相比有什麼優點？
2. 如何理解借貸記帳法？
3. 借貸記帳法下各類帳戶的結構是怎樣的？
4. 什麼是帳戶對應關係？什麼是對應帳戶？
5. 為什麼要編製會計分錄？如何編製會計分錄？
6. 什麼是帳戶的對應關係？什麼是對應帳戶？
7. 借貸記帳法下的試算平衡包括哪幾種情況？其平衡原理是什麼？如何進行試算平衡？
8. 總分類帳戶和明細分類帳戶之間是什麼關係？如何進行平行登記？

練習題

習題一
1. 目的：熟悉各類帳戶的結構。
2. 資料：
光明公司部分帳戶資料見表7-13。

表 7-13   單位：元

帳戶名稱	期初餘額	本期借方發生額	本期貸方發生額	期末餘額
庫存現金	620	360		580
銀行存款		32,673	28,960	22,896
應收帳款	980		1,670	740
預付帳款	4,000	5,000	8,000	
原材料	6,580	3,500	9,000	
庫存商品	12,000	21,000	24,500	
固定資產	67,500	5,450		70,520
短期借款	4,000	3,200		2,900
應付帳款	1,800		660	1,530
預收帳款		5,400	3,100	1,980
應付利息	860	540	168	
長期借款	100,000		20,000	69,000
實收資本	216,000		45,000	261,000

3. 要求：根據各類帳戶的結構，計算並填寫上列表格中的空格。

習題二

1. 目的：練習編製會計分錄。

2. 資料：

光明公司 2015 年 3 月份發生下列經濟業務：

（1）購入全新機器一臺，價值 50,000 元，以銀行存款支付。

（2）投資者投入原材料，價值 10,000 元。

（3）將一筆負債 50,000 元轉化為債權人對企業的投資。

（4）從銀行提取現金 2,000 元備用。

（5）以銀行存款償還欠供應商貨款 10,000 元。

（6）以銀行存款歸還短期借款 50,000 元。

（7）收到客戶所欠貨款 80,000 元，收存銀行。

（8）向銀行借入三年期借款 100,000 元，存入銀行。

（9）收到購買單位所欠貨款 60,000 元，其中 50,000 元轉入銀行帳戶，10,000 元以現金收訖。

（10）購入材料一批，貨款共計 50,600 元，其中 50,000 元開出一張商業匯票抵付，剩餘 600 元用現金支付。

3. 要求：根據上列資料編製會計分錄。

習題三

1. 目的：練習借貸記帳法的應用。

2. 資料：

（1）某企業 2015 年 6 月 30 日有關帳戶的餘額如下：

庫存現金	2,650
銀行存款	223,000
原材料	23,500
生產成本	43,600
應收帳款	16,800
固定資產	474,000
應付帳款	56,700
短期借款	110,000
應交稅費	16,850
實收資本	600,000

（2）該企業 7 月份發生下列經濟業務：

① 收到投資者投入的貨幣資金投資 400,000 元，已存入銀行。

② 用銀行存款 30,000 元購入不需要安裝設備一臺。

③ 購入材料一批，買價和運雜費共計 15,000 元，貨款尚未支付。

④ 開出現金支票從銀行提取現金 1,000 元備用。

⑤ 從銀行取得短期借款 100,000 元，存入銀行。

⑥ 用銀行存款 35,000 元償還前欠貨款。

⑦ 生產產品領用材料一批，價值 12,000 元。

⑧ 用銀行存款向稅務部門繳納稅金 4,600 元。

⑨ 企業收到甲企業歸還前欠貨款 21,000 元，其中現金歸還 1,000 元，其餘以銀行存款收訖。

⑩ 購入企業管理部門用辦公用品一批，價款 350 元以現金支付。

⑪ 行政部門員工報銷市內交通費 80 元，以現金給付。

⑫ 本月完工產品驗收入庫，成本 65,300。

3. 要求：

（1）開設有關總分類帳戶，如有期初餘額，在帳戶中登記期初餘額；

（2）根據 7 月份發生的經濟業務，編寫會計分錄；

（3）根據會計分錄登記有關帳戶並結出各帳戶的本期發生額和期末餘額；

（4）編製「總分類帳戶本期發生額及餘額試算平衡表」。

習題四

1. 目的：練習總分類帳戶和明細分類帳戶的平行登記。

2. 資料：

（1）某企業 2015 年 5 月 31 日「原材料」及「應付帳款」總分類帳戶的期末餘額如下：

① 原材料總分類帳戶借方餘額 14,200 元，見表 7-14。

表 7-14

明細帳戶名稱	數量（千克）	單價（元）	金額（元）
甲材料	300	30	9,000
乙材料	260	20	5,200
合計	——	——	14,200

② 應付帳款總分類帳戶貸方餘額 67,000 元，見表 7-15。

表 7-15

明細帳戶名稱	金額（元）
A 企業	27,000
B 企業	40,000
合計	67,000

（2）6月份發生以下有關經濟業務：

① 3日，向 A 企業購入甲材料 1,000 千克，單價 30 元，價款 30,000 元；購入乙材料 2,500 千克，單價 20 元，價款 50,000 元。材料已驗收入庫，款項 80,000 元尚未支付。（不考慮增值稅，下同）

② 5日，生產車間為生產產品領用材料。其中：領用甲材料 1,200 千克，單價 30 元，價值 36,000 元；領用乙材料 2,400 千克，單價 20 元，價值 48,000 元。

③ 12日，向 A 企業購入乙材料 1,600 千克，單價 20 元，價款 32,000 元已用銀行存款支付，材料同時驗收入庫。

④ 18日，向 B 企業購入甲材料 2,000 千克，單價 30 元，價款 60,000 元，材料已驗收入庫，款項尚未支付。

⑤ 26日，向 A 企業償還前欠貨款 27,000 元，向 B 企業償還前欠貨款 40,000 元，用銀行存款支付。

⑥ 28日，生產車間為生產產品領用甲材料 600 千克，單價 30 元，價值 18,000 元；領用乙材料 1,000 千克，單價 20 元，價值 20,000 元。

3. 要求：

（1）根據題目中給出的資料，開設「原材料」「應付帳款」總分類帳戶及所屬明細分類帳戶，並登記期初餘額；

（2）根據6月份經濟業務發生情況編製會計分錄；

（3）根據會計分錄登記「原材料」和「應付帳款」總分類帳戶及所屬明細分類帳戶，並結出各個帳戶的本期發生額和期末餘額；

（4）編製「原材料明細分類帳戶本期發生額及餘額表」和「應付帳款明細分類帳戶本期發生額及餘額表」並分別與「原材料」和「應付帳款」總分類帳戶中的對應金

額進行核對是否相符。

案例分析題

預收帳款和預付帳款的帳務處理

A 企業和 B 企業之間簽訂了一個購銷合同，合同中約定，A 企業向 B 企業銷售 20,000 元的商品，B 公司應於簽訂合同日預付 5,000 元的定金，其餘貨款等到 B 公司收到貨物後一次結清。B 企業遵照合同約定在簽訂合同當天交來轉帳支票一張，支付了 5,000 元的定金。A 企業在收到支票的第二天將支票送存銀行並於 10 天後發出了商品。

A 企業的財務部會計在拿到銷售合同和銀行返還的支票進帳單（回執聯）後需要進行這筆經濟業務的帳務處理。會計該怎麼進行這筆業務的處理？

第八章　借貸記帳法的具體應用

學習目標

1. 進一步掌握借貸記帳法的帳戶結構和記帳規則；
2. 掌握材料採購成本、產品生產成本、產品銷售成本的計算和結轉；
3. 掌握籌資、採購、生產、銷售、財產清查以及利潤形成和分配中的帳務處理。

前面章節介紹了會計記帳的基本方法和記帳原理，即在借貸記帳法下，任何一筆業務發生後，貫徹「有借必有貸，借貸必相等」的記帳規則，並且學習了借貸記帳法下不同會計要素的帳戶結構。為了深入學習和掌握會計記帳的基本原理和記帳方法，本章以製造業從籌資資金開始到利潤形成及其分配為止，學習資金籌集、材料購進、產品生產、銷售、財產清查及利潤形成和分配業務發生時會計分錄的編製。擬通過本章的學習，提高運用設置帳戶、復式借貸記帳法處理各種經濟業務的熟練程度。

第一節　資金籌集業務的帳務處理

一、籌資業務概述

會計核算的基本對象就是社會再生產中的資金運動，企業要維持正常生產經營的運行，首先面臨的就是籌集資金，籌集資金的方式包括權益資金籌集和債務資金籌集。企業籌資將導致企業資本及債務規模和結構發生變化。

（一）權益資金籌集

權益資金籌集是企業通過吸收投資者直接投資、發行股票、內部累積等方式籌集的自有資金。中國法律規定，設立企業必須有法定的資本金。資本金是指企業在工商行政管理部門登記的註冊資金。資本金在不同類型的企業中的表現形式有所不同。股份有限公司的資本金被稱為股本，股份有限公司以外的一般企業的資本金被稱為實收資本。不論實收資本還是股本都應遵循實收資本與註冊資金相一致的原則。註冊資金可以一次性繳足，也可以分次繳足。在一次性繳清投資額時，實收資本應等於註冊資本；在分次繳清投資額時，第一次收到的實收資本小於註冊資本，但全部繳清後，二者應達到一致。資本金一旦投入，一般不能抽回。

根據投資主體的不同，資本金分為國家、法人、個人和外商資本金。根據投資資產形態的不同，資本金可以分為貨幣資金、實物（包括原材料、庫存商品、固定資產

等)、無形資產（包括商標權、專利權、著作權等）。貨幣資金一般按照實際繳存銀行的金額入帳，如果是外幣，應按規定的記帳匯率折合為記帳本位幣入帳；實物資產和無形資產的入帳金額一般按投資雙方確認的價值予以入帳。

因各種原因導致企業投資者的出資額超過註冊資本的差額，形成企業的資本公積。資本公積具體包括企業收到的出資額超出其在註冊資本中所占份額的投資，即資本溢價，以及溢價發行股票所取得的股本溢價，還包括其他可以直接計入所有者權益的利得和損失。資本公積金達到一定數額，可以報經股東會審議通過後轉增為股本。

因此，權益資金籌資業務的帳務處理主要包括兩個方面的內容：一是揭示投入資本的形式和來源；二是反應投資後所有者享有的權益，包括實收資本和資本公積。

(二) 債務資金籌集

債務資金籌集是指企業通過發行債券、向銀行借款等方式籌集資金，即吸收債權人資金。債權人資金主要以貨幣資金為主。債權人出資後擁有要求企業按照規定的期限、規定的利率償還本金和利息的權利。負債根據償還期限長短的不同，分為短期借款和長期借款。

(1) 短期借款：企業向銀行或其他金融機構借入的、還款期在1年或長於1年的1個營業週期以內的各項借款，主要為了滿足企業日常生產經營活動的資金需要。

(2) 長期借款：企業向銀行或其他金融機構借入的、還款期在1年以上或超過1年的1個營業週期以上的各項借款，主要為了滿足企業基本建設和研究開發等長期資金的需要。

二、權益資金籌集業務的帳務處理

(一) 帳戶設置

1.「實收資本（股本）」帳戶

該帳戶屬於所有者權益類帳戶，用來核算企業投資者按照企業章程或合同、協議的約定，實際投入企業的資本。企業實際收到投資者投入資本時記貸方，企業按法定程序報經批准減少註冊資本時記借方；期末餘額在貸方，反應企業實有的資本或股本數額。該帳戶應按投資者分設明細帳，進行明細核算。

2.「資本公積」帳戶

該帳戶屬於所有者權益類帳戶，用來核算企業取得的資本公積金。資本公積金增加時記貸方，減少時記借方；期末餘額在貸方，表示企業目前所擁有的資本公積金的實有數額。該帳戶應按資本公積形成的類別設置明細帳，進行明細核算。

3.「固定資產」帳戶

該帳戶屬於資產類帳戶，用來核算固定資產的原價。其借方登記不需要經過建造、安裝即可使用的固定資產增加的原始價值，貸方登記減少的固定資產原始價值；期末餘額在借方，反應企業期末固定資產的原始價值。該帳戶應按固定資產的不同類別分設明細帳，進行明細核算。

4.「銀行存款」帳戶

該帳戶屬於資產類帳戶，用來核算企業存入銀行或其他金融機構的各種存款。其借方登記銀行存款的增加額，貸方登記提取或支出的銀行存款額；期末餘額在借方，反應企業銀行存款的實存額。該帳戶可以按不同幣種分設明細帳，進行明細核算。

5.「無形資產」帳戶

該帳戶屬於資產類帳戶，用來核算企業擁有的或控制的沒有實物形態的可辨認的非貨幣性資產，包括專利權、非專利技術、商標權、著作權、土地使用權等。其借方登記企業購入或自行創造並按法定程序申請取得以及其他單位投資轉入的無形資產原值，貸方登記對外投資轉出等原因減少的無形資產；期末餘額在借方，反應企業無形資產的實有數額。該帳戶可以按無形資產的不同類別分設明細帳，進行明細核算。

(二) 核算舉例

【例8-1】迅達公司收到投資者投入企業貨幣資金 8,000,000 元，存入銀行。

這筆經濟業務的發生，使企業「銀行存款」增加，即資產增加記借方；「實收資本」也增加，即所有者權益增加記貸方。會計分錄如下：

借：銀行存款　　　　　　　　　　　　　　　　　　　8,000,000
　貸：實收資本——×××投資　　　　　　　　　　　　8,000,000

【例8-2】光明公司投入迅達公司全新設備一臺，經投資各方確認價值為 250,000元。

這筆經濟業務的發生，使企業「固定資產」增加，即資產增加；「實收資本」增加，即所有者權益增加。根據會計要素的帳戶結構，會計分錄如下：

借：固定資產　　　　　　　　　　　　　　　　　　　250,000
　貸：實收資本——××單位投資　　　　　　　　　　　250,000

【例8-3】迅達公司發行普通股 60,000,000 股，每股面值 1 元，發行價格每股 8 元，股款全部收存銀行。

這筆經濟業務的發生，使企業「銀行存款」增加，資產增加的同時「股本」也增加，股票發行價格超過面值的差額，計入「資本公積」帳戶，資本公積增加導致所有者權益增加。根據會計要素的帳戶結構，會計分錄如下：

借：銀行存款　　　　　　　　　　　　　　　　　　480,000,000
　貸：股本　　　　　　　　　　　　　　　　　　　　60,000,000
　　　資本公積——股本溢價　　　　　　　　　　　　420,000,000

三、債務資金籌集業務的帳務處理

(一) 帳戶設置

1.「短期借款」帳戶

該帳戶屬於負債類帳戶，用來核算企業向銀行或其他金融機構借入的、還款期在1年或長於1年的1個營業週期以內的各項借款。借入借款時記貸方，歸還借款時記借方，期末餘額在貸方，表示期末尚未歸還的短期借款額。該帳戶可按借款對象和借款

種類分設明細帳，進行明細核算。

2.「長期借款」帳戶

該帳戶屬於負債類帳戶，用來核算企業向銀行或其他金融機構借入的、還款期在 1 年或長於 1 年的 1 個營業週期以上的各項借款。其貸方登記企業借入的各種長期借款數（包括本金和利息），借方登記長期借款的歸還數；期末餘額在貸方，表示到目前為止尚未歸還的長期借款本金和利息數。該帳戶可按借款對象和借款種類分設明細帳，進行明細核算。

3.「財務費用」帳戶

該帳戶屬於費用類帳戶，用來核算企業日常生產經營過程中為籌集資金而發生的利息費、手續費等，或者是與固定資產相關的長期借款達到預定可使用狀態以後發生的利息。利息費用和手續費用發生時記借方，貸方登記利息收入以及期末轉入「本年利潤」帳戶的財務費用額，期末結轉後該帳戶無餘額。該帳戶應按費用項目分設明細帳，進行明細核算。

4.「應付利息」帳戶

該帳戶屬於負債類帳戶，用來核算企業借入資金按期應承擔的利息費用。計算出應承擔的利息時記貸方，歸還利息時記借方；期末餘額在貸方，反應尚未歸還的利息額。

5.「在建工程」帳戶

該帳戶屬於資產類帳戶，用來核算固定資產達到預定可使用狀態以前發生的各類支出（包括借款利息）。支出增加時記借方，工程完工並驗收後轉入固定資產時記貸方；期末餘額在借方，表示尚未完工的工程已經發生的各項支出數。該帳戶應按工程類別分設明細帳進行明細核算。

(二) 借款業務的核算舉例

借款業務的核算內容一般包括以下幾部分：①借入款項時；②期末計提利息時；③到期支付利息時；④期末償還本金時的核算。

【例 8-4】迅達公司向銀行舉借短期借款 600,000 元，期限 1 年，年息 8%，每季度末付息 1 次。

(1) 取得借款時。這筆經濟業務的發生，使企業「銀行存款」增加，表示資產增加；同時「短期借款」也增加，表示負債增加。根據會計要素的帳戶結構，編製會計分錄如下：

借：銀行存款　　　　　　　　　　　　　　　　　　600,000
　　貸：短期借款　　　　　　　　　　　　　　　　　　　600,000

(2) 每月末預提計息時。預提利息時，使企業「財務費用」增加，表示費用增加；同時「應付利息」增加，使企業負債增加。根據會計要素的帳戶結構，編製會計分錄如下：

借：財務費用　　　　　　　　　　　　　　　　　　4,000
　　貸：應付利息　　　　　　　　　　　　　　　　　　　4,000

（3）季末付息時。以銀行存款支付前兩個月的利息後，「應付利息」減少，使負債減少記借方。第3個月的利息直接增加費用類帳戶「財務費用」，記借方。以銀行存款支付季度利息時，使企業「銀行存款」減少，即資產減少記貸方。會計分錄如下：

借：財務費用　　　　　　　　　　　　　　　　　　　　　　　　4,000
　　應付利息　　　　　　　　　　　　　　　　　　　　　　　　8,000
　　貸：銀行存款　　　　　　　　　　　　　　　　　　　　　　　12,000

以後每個季度對利息的核算與上相同。

（4）到期還本。到期以銀行存款歸還借款時，使企業「銀行存款」減少，引起資產減少；「短期借款」也減少，引起負債減少。根據會計要素的帳戶結構，編製會計分錄如下：

借：短期借款　　　　　　　　　　　　　　　　　　　　　　　　600,000
　　貸：銀行存款　　　　　　　　　　　　　　　　　　　　　　　600,000
借：應付利息　　　　　　　　　　　　　　　　　　　　　　　　8,000
　　財務費用　　　　　　　　　　　　　　　　　　　　　　　　4,000
　　貸：銀行存款　　　　　　　　　　　　　　　　　　　　　　　12,000

【例8-5】因購置生產設備需要向銀行借入3,000,000元，借款期為2年，年利率10%，每年計息一次，到期一次還本付息，設備需安裝，一年後方可投入使用。

（1）取得借款時。使企業「銀行存款」增加，引起資產增加；「長期借款」也增加，導致負債增加。根據會計要素的帳戶結構，編製會計分錄如下：

借：銀行存款　　　　　　　　　　　　　　　　　　　　　　　　3,000,000
　　貸：長期借款　　　　　　　　　　　　　　　　　　　　　　　3,000,000

（2）第一年年底計息時。由於固定資產未達到預定可使用狀態，發生的借款利息應該予以資本化，計入「在建工程」帳戶。提取利息時，「在建工程」增加，表示資產增加，記借方；「長期借款——應計利息」也增加，引起負債增加，記貸方。會計分錄如下：

借：在建工程　　　　　　　　　　　　　　　　　　　　　　　　300,000
　　貸：長期借款——應計利息　　　　　　　　　　　　　　　　　300,000

（3）第二年年底計息時。由於固定資產已經達到預定可使用狀態。發生的借款利息應該予以費用化，應記入「財務費用」帳戶的借方；「長期借款——應計利息」也增加，引起負債增加，應記入貸方。會計分錄如下：

借：財務費用　　　　　　　　　　　　　　　　　　　　　　　　300,000
　　貸：長期借款——應計利息　　　　　　　　　　　　　　　　　300,000

（4）到期還本付息時。以銀行存款償還借款時，使企業「銀行存款」減少，即資產減少；「長期借款」也減少，即負債減少。根據會計要素的帳戶結構，編製會計分錄如下：

借：長期借款——本金　　　　　　　　　　　　　　　　　　　　3,000,000
　　　　　　——應計利息　　　　　　　　　　　　　　　　　　　600,000
　　貸：銀行存款　　　　　　　　　　　　　　　　　　　　　　　3,600,000

第二節　供應過程業務的帳務處理

　　企業籌集到資金以後，需要購建固定資產和購買材料才能進行生產，實現貨幣資金的增值。因此，供應過程（即採購過程，或稱生產準備過程）是製造業企業生產經營過程的第一個階段。在這一階段主要有兩部分業務需要進行：一是購建廠房建築物和機器設備等固定資產；二是採購生產經營所需要的各種材料，作為生產儲備。

　　材料是製造業企業在生產經營過程中為耗用而儲存的流動資產，屬於存貨的一種。材料作為生產經營過程不可缺少的物質要素，與固定資產的區別在於：固定資產在使用過程中不改變其實物形態，其價值通過計提固定資產折舊分次計入相應的成本費用中；而材料已經投入生產後，經過加工而改變其實物形態並構成產品實體，其價值一次性全部轉移到產品中，成為產品成本的重要組成部分。經過採購過程，企業將持有的貨幣資金轉化為儲備資金。

一、供應過程業務概述

（一）固定資產購建業務

　　固定資產是指為生產商品、提供勞務、出租或經營管理而持有的、使用壽命超過一個會計期間的勞動資料。固定資產應以取得時的實際成本計價。如果是購置的固定資產，其成本具體包括買價、運輸費、保險費、包裝費、安裝成本及相關稅金等；如果是自行建造完成的固定資產，應按建造該項固定資產達到預定可使用狀態前所發生的一切合理的、必要的支出作為其入帳價值。至於其他來源的固定資產計價則在以後相關課程做具體介紹。

（二）材料採購業務

　　材料採購過程通常是指從材料採購開始到驗收入庫為止的整個過程。在此過程中，企業應按規定與供貨方辦理結算手續，支付材料貨款，並支付運輸費、裝卸費等各項採購成本。因此，材料採購過程的帳務處理主要包括兩個方面：一是取得材料物資，計算材料物資採購成本並驗收入庫，以備生產領用；二是與材料供應商或提供相關服務的單位辦理款項結算業務。在此過程中，材料物資價值的確認（即材料採購成本的計算）是關鍵環節，直接決定了產品成本計算的正確性。

二、材料採購成本的計算

　　由於材料成本占生產成本的比例較高，控制好材料採購成本並使之不斷下降，是一個企業不斷降低產品成本、增加利潤的重要和直接手段之一。加強材料採購成本的管理和內部控制，完善材料採購管理制度，使材料採購成本總體下降，將會取得良好的經濟效益。

（一）材料採購成本的構成

材料採購的實際成本一般包括以下幾個方面的內容：

（1）買價即進貨發票帳單上所開列的貨款金額，由（材料數量×單價）確定。

（2）運雜費，包括由供貨單位運至企業所在地的運輸費、裝卸費、包裝費、保險費、倉儲費等。

（3）運輸途中的合理損耗。

（4）入庫前的挑選整理費用。

（5）按規定應計入材料採購成本中的各項稅金，如從國外進口材料支付的關稅等。

需要注意的是：採購人員的差旅費和採購機構的經費一般不構成材料的採購成本，而是直接計入期間費用。

上述運雜費、入庫前的挑選整理費以及運輸途中的合理損耗等統稱為採購費用，因此購進材料的實際採購成本由材料買價和採購費用構成。

（二）共同採購費用的分攤

如果是購進某一種材料，應以採購費用和材料買價一起計入原材料成本。但如果是一次性同時購進兩種以上原材料，共同發生的採購費用難以直接確定某種材料應該承擔多少採購費用，就需要採用一定方法分攤採購費用。分配同批材料的共同採購費，可分別情況採用同批購進材料的重量（體積、價款）比例分配法進行分配。

分配率＝共同採購費÷材料共同重量（或體積、價款等）

某材料應分攤的共同採購費＝該材料重量（或體積、價款等）×分配率

【例8-6】東方公司2015年2月6日向長城公司採購甲、乙兩種材料：甲材料數量100噸，單價1,500元；乙材料數量120噸，單價2,000元。支付甲、乙材料共同運費22,000元，有關費用均用銀行存款支付。請按照甲、乙材料重量比例分配該運費。

採購費用分配率＝22,000/（100+120）＝100（元/噸）

甲材料應承擔運費＝100×100＝10,000（元）

乙材料應承擔運費＝22,000－10,000＝12,000（元）

（三）材料總成本及單位成本的計算

某種材料的總成本＝該材料的買價+採購費用

其中，

採購費用＝直接採購費用+分配來的間接採購費用

某種材料的單位成本＝該材料的總成本÷該材料的總重量（總體積等）

以【例8-6】為例：

甲材料總成本＝150,000+10,000＝160,000（元）

甲材料單位成本＝160,000÷100＝1,600（元/噸）

乙材料總成本＝240,000+12,000＝252,000（元）

乙材料單位成本＝252,000÷120＝2,100（元/噸）

(四) 材料採購成本計算單的設置

按照採購材料的品種設置材料採購計算單，分別將材料購進的成本項目填入表內，計算出某種材料的採購總成本和單位成本。其格式見表 8-1。通過材料採購成本計算單中的每次採購價格變動，可以加強材料採購成本的控制，降低成本，提升企業效益。

表 8-1　　　　　　　　　　　　材料採購成本計算單

材料名稱：甲材料　　　　　　　　　　　　　　　　　　　　　　　　單位：元

| 20××年 || 摘要 | 買價 || 合理損耗 | 運輸費 | 裝卸費 | 合計 |
月	日		單價	金額				

三、增值稅相關知識介紹

(一) 增值稅的概念

增值稅是以商品（含應稅勞務）在流轉過程中產生的增值額作為計稅依據而徵收的一種流轉稅。從計稅原理上說，增值稅是對商品生產、流通、勞務服務中多個環節的新增價值或商品的附加值徵收的一種流轉稅。增值稅由消費者負擔，有增值才徵稅，沒增值不徵稅。例如：甲公司以 1,000,000 元購入商品一批，再以 1,500,000 元銷售出去，則對於實現的 500,000 元增值部分應按照相應稅率向國家上繳增值稅。

(二) 增值稅納稅人類別

（1）小規模納稅人。按照《中華人民共和國增值稅暫行條例實施細則》中的規定，小規模納稅人一般是指從事貨物生產或者提供應稅勞務的納稅人，以及以從事貨物生產或者提供應稅勞務為主（指納稅人的年貨物生產或者提供應稅勞務的銷售額占年應稅銷售額的比重在 50% 以上），並兼營貨物批發或者零售的納稅人，年應徵增值稅銷售額在 50 萬元以下（含本數）的；除從事上述業務以外的納稅人，年應稅銷售額在 80 萬元以下的也屬於小規模納稅人；應稅銷售額超過小規模納稅人標準的其他個人按小規模納稅人納稅；非企業性單位、不經常發生應稅行為的企業可選擇按小規模納稅人納稅。

（2）一般納稅人。一般納稅人是指年應徵增值稅銷售額超過財政部規定的小規模納稅人標準的企業和企業性單位（以下簡稱企業）。本教材主要以一般納稅人為例進行舉例說明。

(三) 企業應繳增值稅的計算方法

1. 一般納稅人企業

一般納稅人企業應繳納的增值稅採用扣稅法，增值稅稅率一般是 17%。其簡略計

算公式為：

某月應交增值稅＝本月增值稅銷項稅額－本月增值稅進項稅額

其中，進項稅額是指納稅人購進貨物或應稅勞務所支付或者承擔的增值稅稅額。該稅額一般在購買商品時連同購價一併支付給了賣方。其計算公式為：

本月增值稅進項稅額＝本月不含稅採購成本×適用稅率

銷項稅額是指按照銷售額和適用稅率計算並向購買方收取的增值稅稅額。該稅額一般在銷售商品時連同售價一併向買方收取。其計算公式為：

本月增值稅銷項稅額＝本月不含稅銷售收入×適用稅率。

2. 小規模納稅人企業

小規模納稅人企業應繳納的增值稅採用的是比例法，增值稅稅率一般是3%。其計算公式為：

某月應交增值稅＝本月不含稅銷售額×稅率

【例8-7】2015年3月，某商店（增值稅小規模納稅人）購進童裝150套，六一兒童節之前以每套103元的含稅價格全部零售出去。

該商店本月銷售這批童裝應納增值稅＝15,450÷1.03×3%＝450（元）

四、供應業務的帳戶設置及其帳務處理

（一）價款結算業務類型

（1）現款交易，錢貨兩清。即通過現金或者銀行存款直接購買材料，實現一手交錢、一手收貨。

（2）先收料，後付款。即當天購買的材料已經收到入庫，但是因為付款憑證未到或者合同約定的付款期限未到，而沒有付款。如果是付款憑證未到沒有付款，一般是收到材料時暫緩做帳。如果是合同約定的付款期限未到，分為按合同約定時間付款（形成應付帳款與原材料相對應的帳戶），以及開出承諾延期付款的商業匯票購買材料，持票人到期兌現（形成應付票據與原材料相對應的帳戶）。

（3）先付款，後收貨。即企業先收到付款結算憑證，與合同核對無誤，已經付款，但是材料尚未達到，形成在途材料。

（4）預付貨款，後收料。即按合同要求，預先付款給銷貨方，按約定時間收貨。相關對應帳戶：銀行存款→預付帳款→原材料。

（二）帳戶設置

1.「在途物資」帳戶

該帳戶用來核算企業採用實際成本（進價）進行材料、商品等物資的日常核算，貨款已付尚未驗收入庫的各種物資（即在途物資）的採購成本。該帳戶為資產類帳戶，增加時記借方，貨物入庫時記貸方，餘額在借方。該帳戶應按供應單位和物資品種進行明細核算。

2.「原材料」帳戶

該帳戶用來核算企業庫存的各種材料，包括原料及主要材料、輔助材料、外購半

成品、修理用備件、包裝材料、燃料等的計劃成本和實際成本。該帳戶為資產類帳戶，增加時記借方，減少時記貸方，餘額在借方。該帳戶應按材料品種進行明細核算。

3.「預付帳款」帳戶

預付帳款是指企業按照購貨合同的規定，預先以貨幣資金或貨幣等價物支付供應單位的款項。該帳戶為資產類帳戶，增加時記借方，減少時記貸方，餘額在借方。該帳戶應按供貨單位進行明細核算。

4.「應付帳款」帳戶

該帳戶用來核算企業因購買材料、商品和接受勞務供應等經營活動已經確定的應支付的款項。該帳戶為負債類帳戶，增加時記貸方，減少時記借方，餘額在貸方。該帳戶應按收款人名稱進行明細核算。

5.「應付票據」帳戶

該帳戶用來指企業在商品購銷活動中因採用商業匯票結算方式而發生的，由出票人出票，要求付款人在指定日期無條件支付確定的金額給收款人或者票據的持票人，它包括商業承兌匯票和銀行承兌匯票。該帳戶為負債類帳戶，增加時記貸方，減少時記借方，餘額在貸方。

6.「應交稅費——應交增值稅」帳戶

該帳戶用來核算企業本期購進、銷售貨物應交納的增值稅。該帳戶按銷項稅額與進項稅額之間的差額填寫。該帳戶為負債類帳戶，銷項稅額記貸方，進項稅額記借方。期末如果為貸方餘額，表示企業當期實際應該繳納的增值稅；期末如果為借方餘額，表示企業留待下月抵扣的增值稅。

(三) 供應業務的帳務處理實例

迅達公司為一般納稅人企業，適用增值稅稅率為17%，材料按實際成本法核算，假定20×5年12月發生如下有關供應業務，要求編製相應的會計分錄。

【例8-8】購入一臺生產用設備，增值稅專用發票（以下簡稱專用發票）價款2,800,000元，增值稅稅額476,000元，支付運輸費200,000元（運費抵扣部分進項稅此處暫不考慮）。設備無須安裝，以上貨款均以銀行存款支付。

此業務發生導致固定資產增加，其入帳價值＝2,800,000＋200,000＝3,000,000（元），資產增加在「固定資產」帳戶的借方登記；固定資產的進項稅稅額（476,000元）表示已經繳納的增值稅，將減少以後應交的增值稅，負債減少在「應交稅費——應交增值稅（進項稅額）」帳戶的借方登記；貨款以銀行存款支付，將導致銀行存款減少，資產減少登記在「銀行存款」帳戶的貸方。編製會計分錄如下：

借：固定資產——設備　　　　　　　　　　　　　3,000,000
　　應交稅費——應交增值稅（進項稅額）　　　　　476,000
　　貸：銀行存款　　　　　　　　　　　　　　　　　　　3,476,000

【例8-9】購入一臺需要安裝的生產用設備，專用發票價款30,000元，增值稅稅額5,100元，運輸費500元，全部款項均以銀行存款支付。安裝過程中，發生人工費用600元，以現金支付。安裝完畢，經驗收合格，交付使用。具體帳務處理如下：

(1) 購入設備環節。

由於該設備需要安裝，因此，購買過程中發生的全部支付 30,500 元（30,000＋500）應記入「在建工程」帳戶的借方；進項稅額 5,100 元在「應交稅費——應交增值稅（進項稅額）」帳戶的借方登記；貨款以銀行存款支付，將導致銀行存款減少，登記在「銀行存款」帳戶的貸方。編製會計分錄如下：

借：在建工程——設備　　　　　　　　　　　　　　　　　　　30,500
　　應交稅費——應交增值稅（進項稅額）　　　　　　　　　　 5,100
　貸：銀行存款　　　　　　　　　　　　　　　　　　　　　　 35,600

(2) 設備安裝環節。

安裝過程中發生的人工費應記入「在建工程」帳戶的借方，支付的現金，導致現金減少，應記入「庫存現金」帳戶的貸方。編製會計分錄如下：

借：在建工程——設備　　　　　　　　　　　　　　　　　　　　 600
　貸：庫存現金　　　　　　　　　　　　　　　　　　　　　　　 600

(3) 設備安裝完畢交付使用。

固定資產竣工，經驗收交付使用，將「在建工程」帳戶借方發生額全部由貸方轉入「固定資產」帳戶的借方。編製會計分錄如下：

借：固定資產——設備　　　　　　　　　　　　　　　　　　　 31,100
　貸：在建工程——設備　　　　　　　　　　　　　　　　　　 31,100

【例 8-10】購進甲材料 20 噸，單價 500 元，增值稅 1,700 元，共 11,700 元，承擔運輸費 1,000 元，用存款付訖。貨已收取。

收到採購發票，經核對無誤已經支付材料採購價款和增值稅，材料已經入庫時，表示「原材料」增加，即資產增加；「銀行存款」減少，即資產減少。以銀行存款支付增值稅，欠國家的增值稅減少，意味著「應交稅費」負債減少。根據會計要素的帳戶結構，編製會計分錄如下：

借：原材料——甲材料　　　　　　　　　　　　　　　　　　　 11,000
　　應交稅費——應交增值稅（進項稅額）　　　　　　　　　　　1,700
　貸：銀行存款　　　　　　　　　　　　　　　　　　　　　　 12,700

【例 8-11】從 A 單位購入乙材料 5 噸，每噸 3,600 元，價款 18,000 元，增值稅 3,060 元，約定付款期 10 天，付款結算憑證已經收到，暫欠款，貨未收取。

這筆經濟業務的發生，使企業「在途物資」增加，即資產增加，應該記入該帳戶的借方；「應交稅費」減少，相當於負債減少，應記入該帳戶的借方。由於未付款，「應付帳款」增加，表示負債增加，應記入該帳戶的貸方。會計分錄如下：

借：在途物資——乙材料　　　　　　　　　　　　　　　　　　 18,000
　　應交稅費——應交增值稅（進項稅額）　　　　　　　　　　　3,060
　貸：應付帳款——A 單位　　　　　　　　　　　　　　　　　 21,060

【例 8-12】約定付款期已到，以銀行存款 21,060 元償還前欠款。

這筆經濟業務的發生，使企業「銀行存款」減少，即資產減少；應付帳款也減少，即負債減少。根據會計要素的帳戶結構，編製會計分錄如下：

借：應付帳款——A 單位 21,060
　　貸：銀行存款 21,060

【例 8-13】收到上項購進的乙材料 5 噸，經驗收無誤，已經入庫。

這筆經濟業務的發生，使企業「原材料」增加，即資產增加；「在途物資」減少，即資產減少。根據會計要素的帳戶結構，編製會計分錄如下：

借：原材料——乙材料 18,000
　　貸：在途物資——乙材料 18,000

【例 8-14】從 B 單位購進甲材料 10 噸，單價 450 元，價款 4,500 元，增值稅 7,650 元，開出承兌期為 6 個月的商業承兌匯票一張，貨未收取。

這筆經濟業務的發生，使企業「在途物資」增加，即資產增加；「應付票據」增加，即負債增加。「應交稅費」減少，意味著負債減少。根據會計要素的帳戶結構，編製會計分錄如下：

借：在途物資——甲材料 45,000
　　應交稅費——應交增值稅（進項稅額） 7,650
　　貸：應付票據 52,650

【例 8-15】按合同要求，以銀行存款預付供應單位 B 的甲材料預購定金 20,000 元。

這筆經濟業務的發生，使企業「銀行存款」減少，即資產減少；「預付帳款」增加，即資產類帳戶增加。根據會計要素的帳戶結構，編製會計分錄如下：

借：預付帳款——B 單位 20,000
　　貸：銀行存款 20,000

【例 8-16】B 單位發來甲材料 40 噸，單價 500 元，貨款 20,000 元，增值稅 3,400 元，以銀行存款補付餘款。

這筆經濟業務的發生，使企業「原材料」增加，即資產類帳戶增加；「應交稅費」減少，即負債類帳戶減少。「預付帳款」減少，即資產類帳戶減少。「銀行存款」減少，資產類帳戶減少。根據會計要素的帳戶結構，編製會計分錄如下：

借：原材料——甲材料 20,000
　　應交稅費——應交增值稅（進項稅額） 3,400
　　貸：預付帳款——B 單位 20,000
　　　　銀行存款 3,400

【例 8-17】向長城公司同時採購甲、乙、丙三種材料：甲材料數量 10 噸，單價 460 元，買價 4,600 元；乙材料數量 120 噸，單價 3,500 元，買價 420,000 元；丙材料數量 10 噸，單價 950 元，買價 9,500 元。增值稅 73,797 元。對方代墊運費 22,000 元，已用銀行存款支付。按照甲、乙、丙材料的重量比例分配運輸費。

(1) 計算甲、乙、丙材料的採購成本：

採購費用分配率 = 22,000/（10+120+10）≈ 157.14（元/噸）

甲材料應分攤運費 = 10×157.14 = 1,571.40（元）

丙材料應分攤運費 = 10×157.14 = 1,571.40（元）

乙材料應分攤運費＝22,000－（1,571.4+1,571.4）＝18,857.20（元）
甲材料成本＝4,600+1,571.4＝6,171.40（元）
乙材料成本＝420,000+18,857.2＝438,857.20（元）
丙材料成本＝9,500+1,571.14＝11,071.14（元）

（2）會計分錄：

這筆經濟業務的發生，表示「原材料」增加，即資產增加；「銀行存款」減少，即資產減少。以銀行存款支付增值稅，欠國家的增值稅減少，意味著「應交稅費」負債減少。根據會計要素的帳戶結構，編製會計分錄如下：

借：原材料——甲材料　　　　　　　　　　　　6,171.40
　　　　——乙材料　　　　　　　　　　　　438,857.20
　　　　——丙材料　　　　　　　　　　　　11,071.14
　　應交稅費——應交增值稅（進項稅額）　　　73,797
　貸：銀行存款　　　　　　　　　　　　　　456,099.74

第三節　產品生產業務的帳務處理

生產企業從投入材料進行生產開始，到產品完工入庫為止的全部過程稱為生產過程，它是工業企業生產經營活動的中心環節。生產業務是指企業產品生產過程中發生的經濟業務。由於生產過程既是生產要素的耗用過程，又是產品的製造過程（產品成本的形成過程）。因此，生產業務應包括生產費用的發生和產品成本的形成兩個方面的內容。

一、生產費用及其類別

（一）生產費用的含義

生產費用是指一定時期內生產過程中一切耗費的貨幣表現（生產耗費），包括產品生產過程中的直接材料、直接人工工資和間接費用等內容。

（二）生產費用的類別

產品生產過程中，按發生的相關耗費和支出是否直接與某產品生產相關，可把生產費用分為直接費用和間接費用兩大類。

1. 直接費用

直接費用是指相關耗費和支出發生時即能直接判明應歸屬於哪種產品的費用。包括：①直接材料：某種生產產品的原材料、輔助材料、燃料、低值易耗品等。②直接人工工資：某種生產產品的人工工資、職工福利費一切人工費用。③其他直接費用：某種產品生產過程中除直接材料和直接人工以外的其他直接費用。

2. 間接費用

間接費用是指生產車間為組織和管理生產經營活動而發生的與幾種產品生產有關的共同費用和不能直接計入產品成本的各項費用，需以製造費用的名義先行歸集，期

末按一定標準分配計入產品生產成本的費用。如車間管理人員職工薪酬、折舊費、車間辦公費、修理費、水電費、機物料消耗、勞動保護費等。

二、產品成本計算的一般程序及舉例

(一) 產品成本計算的一般程序

（1）確定產品成本計算方法。產品成本計算方法有品種法、分批法、分步法等。

（2）按照產品品種為成本對象設置生產成本明細帳。「生產成本」科目應以某產品為對象開設明細帳，並在明細帳的借方開設直接人工、直接材料、製造費用等明細欄目，以歸集某產品發生的實際成本。當產品完工時，將借方發生的成本結轉到庫存商品帳戶。生產成本明細帳的格式見表 8-2、表 8-3。

表 8-2　　　　　　　　　　　　　　生產成本明細帳

產品名稱：A 產品　　　　　　　　　　　　　　　　　　　　產量：

201×年		憑證號數	摘要	借方				貸方	餘額
月	日			直接材料	直接工資	製造費用	合計		

表 8-3　　　　　　　　　　　　　　生產成本明細帳

產品名稱：B 產品　　　　　　　　　　　　　　　　　　　　產量：

201×年		憑證號數	摘要	借方				貸方	餘額
月	日			直接材料	直接工資	製造費用	合計		

（3）歸集和分配各項費用。

①將直接費用直接記入「生產成本」帳戶。在企業生產過程中，對於生產某種產品發生的原材料、直接人工工資等直接費用可以根據原始憑證或原始憑證匯總表，直接計入各種產品的生產成本明細帳和總帳中。

②歸集和分配製造費用。對於車間為了組織管理產品生產而發生的間接費用，平時發生時因為不能確定某種產品應該承擔多少間接費用，所以平時發生的各項間接費用，應按其用途和發生地點，通過「製造費用」科目進行歸集和分配。「製造費用」帳戶可以按生產車間開設明細帳。帳戶內按照費用項目開設專欄，進行明細核算（格式見表 8-4）。費用發生時，根據支出憑證借記「製造費用」及其所屬有關明細帳，貸記原材料、應付職工薪酬、累計折舊等。並將相關項目金額歸集在「製造費用」帳戶的借方，月末時採用一定方法將發生的製造費用全部分配轉入「生產成本」帳戶，結轉後「製造費用」帳戶一般月末沒有餘額。

表 8-4　　　　　　　　　　　製造費用明細帳

201×年		憑證號數	摘要	借方				貸方	餘額
月	日			一般物料消耗	車間管理人員工資	辦公費	折舊費		

製造費用分配計入產品成本的方法常用的有按直接人工工時比例分配法，或直接人工工資比例分配法。相關計算公式如下：

製造費用分配率＝製造費用總額÷各種產品實用工時或者直接人工工資之和

某產品應負擔的製造費用＝該種產品實用工時數或直接工資×分配率

製造費用的分配，一般通過編製製造費用分配表進行。其格式見表 8-5。

表 8-5　　　　　　　　　　　製造費用分配表

20××年×月　　　　　　　　　　　　　　　單位：元

產品名稱	分配標準：直接人工工資	製造費用	
		分配率	分配金額
A 產品			
B 產品			
合計			

（4）月末計算完工產品實際成本，編製完工產品成本計算匯總表。月末，根據已經完工產品的實際成本，將「生產成本」帳戶的借方發生額轉入「庫存商品」帳戶。並編製完工產品成本計算匯總表。其格式見表 8-6。

表 8-6　　　　　　　　　　　　　產品成本計算匯總表

20××年×月　　　　　　　　　　　　　單位：元

項目	A 產品		
	總成本	總數量	單位成本
直接材料			
直接工資			
製造費用			
產品生產成本			

（二）產品生產成本計算實例

【例 8-18】宏興公司 20×5 年生產車間製造 A 產品和 B 產品，期初無在產品，A 產品期末全部完工。本期所發生的費用見表 8-7，製造費用按直接人工費用比例分攤。

表 8-7　　　　　　　　　A、B 產品生產費用發生額表

產品名稱	投產數量（件）	完工數量（件）	直接材料（元）	直接人工（元）	製造費用（元）	費用合計（元）
A 產品	2,000	2,000	560,000	230,000	110,000	
B 產品	1,000		450,000	180,000		
合計	3,000		1,010,000	410,000	110,000	1,530,000

製造費用分配率＝110,000／（230,000＋180,000）≈0.268

A 產品應分配的製造費用＝0.268×230,000＝61,707（元）

B 產品應分配的製造費用＝110,000－61,707＝48,293（元）

A 產品完工總成本＝560,000＋230,000＋61,707＝851,707（元）

A 產品單位成本＝851,707÷2,000≈425.85（元/件）

將上述計算結果填入 A 產品的生產成本明細帳（見表 8-8）和 A 產品的產品成本計算表（見表 8-9）、B 產品的生產成本明細帳（見表 8-10）。

表 8-8　　　　　　　　　　　　　生產成本明細帳

產品名稱：A 產品　　　　　　　　　　　　　　　　產量：

201×年		憑證號數	摘要	借方				貸方	餘額
月	日			直接材料	直接工資	製造費用	合計		
5	1		期初餘額						0
	10		領用材料	560,000			560,000		
	12		分配工資		230,000		790,000		
	31		分配製造費用			61,707	851,707		
	31		結轉完工成本					851,707	0
	31		月結	560,000	230,000	61,707	851,707	851,707	0

表 8-9　　　　　　　　　　　　產品成本計算匯總表

20××年×月　　　　　　　　　　　　　　單位：元

項目	A 產品		
	總成本	總數量（件）	單位成本
直接材料	560,000	2,000	280
直接工資	230,000	2,000	115
製造費用	61,707	2,000	30.85
產品生產成本	851,707	2,000	425.85

表 8-10　　　　　　　　　　　　生產成本明細帳

產品名稱：B 產品　　　　　　　　　　　　　　產量：

201×年		憑證號數	摘要	借方				貸方	餘額
月	日			直接材料	直接工資	製造費用	合計		
5	1		期初餘額						0
	10		領用材料	450,000			450,000		
	12		分配工資		180,000		630,000		
	31		分配製造費用			48,293	678,293		
	31		結轉完工成本						
	31		月結	450,000	180,000	48,293	678,293		678,293

三、帳戶設置及生產經營業務的核算

（一）帳戶設置

1.「生產成本」帳戶

該帳戶屬於成本類帳戶，用來核算生產過程中用以歸集和分配企業進行生產所發生的各項直接生產費用和間接生產費用，以正確計算產品生產成本。期初餘額在借方，各項增加生產成本的費用發生時在借方登記，產品完工時結轉到貸方，期末餘額在貸方，表示在產品的實際成本。該帳戶應按產品種類設置明細帳，進行明細核算。

2.「製造費用」帳戶

該帳戶屬於成本類帳戶，用來核算企業生產車間（包括基本生產車間和輔助生產車間）範圍內為了組織管理產品生產而發生的各項間接生產費用，包括車間範圍內發生的管理人員的薪酬、折舊費、修理費、辦公費、水電費、機物料消耗等。平時增加間接費用時在借方登記，期末按照一定方法分配到各產品生產成本時在貸方登記，結轉後該帳戶一般無餘額。該帳戶應按不同車間設置明細帳，按照費用項目設置專欄進行明細核算。

3.「庫存商品」帳戶

該帳戶屬於資產類帳戶，用來核算已經加工完工並已驗收入庫的各種產品的成本。產品驗收入庫時登記在帳戶借方，發出商品時在帳戶貸方登記；期末餘額在借方，反應企業庫存商品的實有數額。該帳戶應按產品種類設置明細帳，進行明細核算。

4.「管理費用」帳戶

該帳戶屬於損益類帳戶，用來核算企業行政管理部門為組織和管理生產經營活動而發生的各項費用。費用發生時在該帳戶的借方登記，期末從帳戶貸方結轉到「本年利潤」帳戶，結轉後該帳戶無餘額。該帳戶應按照費用項目設置明細帳，進行明細核算。

5.「累計折舊」帳戶

該帳戶屬於資產類帳戶，用來核算固定資產的原價扣除其預計淨殘值後的金額，目的是補償固定資產的成本。期初餘額在貸方，提取折舊費時記在該帳戶的貸方，由於固定資產減少而減少折舊時登記在帳戶的借方；期末餘額在貸方，表示已經提取的累計折舊費。

6.「累計攤銷」帳戶

該帳戶屬於資產類帳戶，用來核算企業對使用壽命有限的無形資產計提的累計攤銷。期初餘額在貸方，提取攤銷費時記在該帳戶的貸方，處置無形資產時沖銷提取的攤銷費記在該帳戶的借方；期末餘額在貸方，表示已經提取的累計攤銷額。

7.「應付職工薪酬」帳戶

該帳戶屬於負債類帳戶，用來核算企業根據有關規定應付給職工的各種薪酬的計算和發放情況。職工薪酬具體包括：職工工資、獎金、津貼和補貼；職工福利費、醫療保險費、養老保險費、失業保險費、工傷保險費和生育保險費等社會保險費；住房公積金、工會經費和職工教育經費；非貨幣性福利；因解除與職工的勞動關係給予的補償；其他與獲得職工提供服務相關的支出。期末計算分配應付各部門職工薪酬時記在該帳戶的貸方，發放職工薪酬時記在該帳戶的借方；期末如有餘額，一般在該帳戶的貸方，表示本月應付職工薪酬大於實付職工薪酬的數額，即應付未付的職工薪酬。該帳戶應按照職工薪酬構成項目設置明細帳，進行明細核算。

8.「其他應收款」帳戶

該帳戶屬於資產類帳戶，用來核算企業除了應收帳款、應收票據以外的其他債權，如對內部職工或內部職能部門的債權、應向保險公司收取的賠款等。債權增加時記在該帳戶的借方，債權收回時記在該帳戶的貸方；期末餘額在該帳戶的借方，表示到目前為止尚未收回的債權。該帳戶應按照債務人名稱設置明細帳，進行明細核算。

(二) 產品生產業務的核算

迅達公司生產 A、B 兩種產品，20×5 年 12 月初，A 產品餘額 3,000,000 元，B 產品餘額 1,800,000 元。12 月發生下列生產經營業務，根據相關業務編製會計分錄。

【例 8-19】根據發料匯總表結轉本月應負擔的材料費用 700,000 元。其中：生產 A 產品耗料 400,000 元，生產 B 產品耗料 250,000 元，車間一般性耗料 20,000 元，行政管理用耗料 30,000 元。

這筆經濟業務的發生，使企業「生產成本」「管理費用」「製造費用」增加，表示資產類帳戶和費用類帳戶增加；「原材料」減少，表示資產類帳戶減少。根據會計要素的帳戶結構，編製會計分錄如下：

借：生產成本——A 產品　　　　　　　　　　　　　　400,000
　　生產成本——B 產品　　　　　　　　　　　　　　250,000
　　製造費用　　　　　　　　　　　　　　　　　　　20,000
　　管理費用　　　　　　　　　　　　　　　　　　　30,000
　　貸：原材料　　　　　　　　　　　　　　　　　　700,000

【例 8-20】勞資部門送來的本月應發放工資匯總表：生產 A 產品人員工資 160,000 元，B 產品人員工資 80,000 元，車間管理人員工資 40,000 元，廠部行政管理人員工資 50,000 元，銷售機構人員工資 10,000 元。

這筆經濟業務的發生，使企業「生產成本」「管理費用」「製造費用」增加，表示資產類帳戶和費用類帳戶增加；「應付職工薪酬」增加，表示負債類帳戶增加。根據會計要素的帳戶結構，編製會計分錄如下：

借：生產成本——A 產品　　　　　　　　　　　　　　160,000
　　　　　　——B 產品　　　　　　　　　　　　　　 80,000
　　製造費用　　　　　　　　　　　　　　　　　　　40,000
　　管理費用　　　　　　　　　　　　　　　　　　　50,000
　　銷售費用　　　　　　　　　　　　　　　　　　　10,000
　　貸：應付職工薪酬　　　　　　　　　　　　　　　340,000

【例 8-21】提取本月固定資產折舊費用 5,000 元，其中生產用固定資產 4,000 元，廠部行政管理用固定資產 1,000 元。

這筆經濟業務的發生，使企業「製造費用」「管理費用」增加，即資產類帳戶、費用類帳戶增加；「累計折舊」增加，即固定資產的備抵類帳戶增加。根據會計要素的帳戶結構，編製會計分錄如下：

借：製造費用　　　　　　　　　　　　　　　　　　　4,000
　　管理費用　　　　　　　　　　　　　　　　　　　 1,000
　　貸：累計折舊　　　　　　　　　　　　　　　　　 5,000

【例 8-22】以銀行存款支付本月水電費 10,000 元，其中生產車間應承擔 8,000 元、廠部行政管理門應承擔 2,000 元。

這筆經濟業務的發生，使企業「製造費用」「管理費用」增加，即資產類帳戶、費用類帳戶增加；「銀行存款」減少。根據會計要素的帳戶結構，編製會計分錄如下：

借：製造費用　　　　　　　　　　　　　　　　　　　8,000
　　管理費用　　　　　　　　　　　　　　　　　　　2,000
　　貸：銀行存款　　　　　　　　　　　　　　　　　10,000

【例 8-23】期末，按照直接人工工資比例分配法結轉製造費用 72,000 到 A、B 產品成本中。

製造費用分配率＝ 72,000÷（160,000+80,000）×100％＝30％

A 產品應分配的製造費用＝30%×160,000＝48,000（元）
B 產品應分配的製造費用＝72,000-48,000＝24,000（元）

製造費用結轉後，使「製造費用」減少，「生產成本」增加。根據會計要素的帳戶結構，編製會計分錄如下：

借：生產成本——A 產品　　　　　　　　　　　　　　　　　　48,000
　　　　　　——B 產品　　　　　　　　　　　　　　　　　　24,000
　貸：製造費用　　　　　　　　　　　　　　　　　　　　　　72,000

【例 8-24】購買專利權一項，以銀行存款 480,000 支付價款，專利權已經取得，攤銷期限 30 年。

這筆經濟業務的發生，使企業「無形資產」增加，即資產增加；「銀行存款」減少，即資產減少。根據會計要素的帳戶結構，編製會計分錄如下：

借：無形資產——專利權　　　　　　　　　　　　　　　　　480,000
　貸：銀行存款　　　　　　　　　　　　　　　　　　　　　480,000

【例 8-25】採購員王某出差預借差旅費 5,000 元，以現金支票支付。

這筆經濟業務的發生，使企業對職工王某的債權增加，登記在「其他應收款——王某」帳戶的借方；同時導致企業銀行存款減少，登記在「銀行存款」帳戶的貸方。根據會計要素的帳戶結構，編製會計分錄如下：

借：其他應收款——王某　　　　　　　　　　　　　　　　　　5,000
　貸：銀行存款　　　　　　　　　　　　　　　　　　　　　　5,000

【例 8-26】期末，A 產品全部生產完工並驗收入庫，實際成本 608,000 元。

這筆經濟業務的發生，使企業「庫存商品」增加，即資產增加；「生產成本」減少，即成本類帳戶減少。根據會計要素的帳戶結構，編製會計分錄如下：

借：庫存商品——A 產品　　　　　　　　　　　　　　　　　608,000
　貸：生產成本——A 產品　　　　　　　　　　　　　　　　608,000

【例 8-27】期末，攤銷無形資產價值 1,333 元。

這筆經濟業務的發生，使企業「管理費用」增加，即費用類帳戶增加；「累計攤銷」增加，即無形資產的備抵帳戶發生額增加。根據會計要素的帳戶結構，編製會計分錄如下：

借：管理費用　　　　　　　　　　　　　　　　　　　　　　　1,333
　貸：累計攤銷　　　　　　　　　　　　　　　　　　　　　　1,333

【例 8-28】採購員王某出差回來報銷差旅費 5,600 元，不足部門以現金支付。

這筆經濟業務的發生，使企業差旅費增加，應記入「管理費用」帳戶的借方；同時企業對職工王某的債權減少，登記在「其他應收款——王某」帳戶的貸方，企業銀行存款減少，登記在「庫存現金」帳戶的貸方。根據會計要素的帳戶結構，編製會計分錄如下：

借：管理費用——差旅費　　　　　　　　　　　　　　　　　　5,600
　貸：其他應收款——王某　　　　　　　　　　　　　　　　　5,000
　　　庫存現金　　　　　　　　　　　　　　　　　　　　　　　600

第四節　產品銷售業務的帳務處理

一、產品銷售業務的主要內容

銷售過程是企業出售產品或勞務，按售價取得銷售收入，並按商品成本結轉庫存商品增加銷售成本的過程，即產品價值實現過程。

(一) 商品銷售收入的確認條件

1. 商品銷售收入的含義

商品銷售收入是指出售商品（產品）、勞務所取得的收入，屬製造業企業的主營業務收入。

2. 商品銷售收入實現的條件

按《企業會計準則》的規定，當同時具備如下條件時，商品銷售收入已經實現，可以確認增加商品銷售收入。

(1) 企業已將商品所有權上的主要風險和報酬轉移給買方

這裡的風險主要指商品由於貶值、損壞、報廢等造成的損失；報酬是指商品中包含的未來經濟利益，包括商品因升值等給企業帶來的經濟利益。如果一項商品發生的任何損失均不需要企業承擔，帶來的經濟利益也不歸企業所有，則意味著該商品所有權上的風險和報酬已轉移出企業。在多數情況下，所有權上的主要風險和報酬已經轉移伴隨著憑證或實物交付給買方，如零售交易等；但在有些情況下，企業雖然已經將憑證和實物交付給買方，但商品所有權上的主要風險和報酬並未轉移給買方，如由於這些商品在質量、品種、規格等方面不符合合同規定的要求，又未根據正當的保證條款予以彌補，因而仍負有責任，就不算所有權上的主要風險和報酬已經轉移；代銷或寄銷商品；企業尚未完成售出商品的安裝或檢驗工作，且此項安裝或檢驗工作是銷售合同的重要組成部分，如電梯銷售。另外，銷售合同中如果規定了由於特定原因買方有權退貨的條款，而企業又不能確定退貨的可能性時，也不能算商品所有權上的主要風險和報酬已經轉移。

反之，如果企業只保留商品所有權上的次要風險，如賣方僅僅為了到期收回貨款而保留商品的法定產權，銷售中其他重大不確定因素已不存在，或商品所有權上的主要風險和報酬已經轉移給了買方，但實物尚未交付，也應在所有權上的主要風險和報酬已經轉移時確認為收入，如交款提貨銷售。

(2) 企業既沒有保留與所有權相聯繫的繼續管理權，也沒有對已售出的商品實施有效控制

如果企業已將商品所有權上的主要風險和報酬轉移給了買方，但仍保留與所有權相聯繫的繼續管理權，或仍然對已售出的商品實施有效控制。如企業在商品售出後，對該商品規定了回購等條款，規定了買方不得出售，繼續對該商品實施控制，在此情況下，就不能確認商品銷售收入實現。

(3) 收入的金額能夠可靠地計量

一般來講，銷售商品收入可以根據購銷合同中規定的價格和成交量確定。但如果存在影響價格變動的不確定因素，那麼，在銷售商品價格最終確定之前，不應確認銷售收入。

(4) 與交易相關的經濟利益能夠流入企業

經濟利益是指直接或間接流入企業的現金或現金等價物。在銷售商品中，與交易相關的經濟利益即為該商品的價款。商品的價款能否有把握收回，是收入確認的一個重要條件。企業在銷售商品時，如果估計價款收回的可能性不大，即使收入確認的其他條件均已滿足，也不應確認收入。如企業銷售時得知買方在另一項交易中發生了巨額虧損，資金週轉非常困難，或在出口商品時，不能肯定進口企業所在國政府是否允許將款項匯出等。這裡的「能夠」是指發生的可能性大於不發生的可能性，即發生概率超過50%。如企業判斷款項不能收回，應提供可靠的證據。

(5) 相關的已發生或將發生的成本能夠可靠地計量

按照配比原則的要求，企業實現的收入必須與賺取收入發生的費用相配比，所以要求收入在能夠可靠計量的同時，相關的成本也能夠可靠計量；否則，即使收入確認的其他條件均符合，且收到了價款，也照樣不能確認收入。如訂貨銷售，由於庫存無存貨，需要通過製造或第三方交貨，而商品的製造成本尚不能可靠計量。在這種情況下，商品收到的價款均作為負債予以確認，只有在商品交付時才能確認收入。

(二) 商品銷售收入價款結算的形式

(1) 現款銷售收入。即一手收錢（現金、銀行存款或其他貨幣資金），一手發貨。

(2) 先發貨，後收款。即發貨後，按合同規定取得收取貨款的權利，表現為商品銷售收入增加，應收帳款或者應收票據增加。

(3) 預收貨款銷售商品。按合同要求，預先收取價款，以後期間再發出商品。預收帳款時不能確認商品銷售收入實現，只確認「預收帳款」負債的增加，當發貨後再確認商品銷售收入的實現，同時「預收帳款」負債的減少。

(三) 商品銷售的核算環節

(1) 按商品的售價收入增加主營業務收入。

(2) 結轉商品的實際成本到主營業務成本。產品銷售成本的結轉，可以平時隨時銷售隨時結轉，也可以月末一次集中結轉。為了簡化核算，企業一般平時只記銷售收入的增加，月末再一次集中結轉銷售成本。

(3) 核算發生的銷售費用。

(4) 核算應上繳的銷售稅金及附加。

二、主營業務收入和主營業務成本的確認和計量

(一) 商品銷售收入的計量

商品銷售時，應向買方收取的價款包括商品銷售收入和應交稅費——應交增值稅

（銷項稅額）兩部分。其計算公式為：

主營業務收入＝已銷數量×銷售不含稅單價

銷項稅額＝不含稅銷售收入×適用稅率

(二) 商品銷售成本的計算

主營業務成本的計算公式為：

主營業務成本＝銷售數量×產成品單位成本

由於同一種產品，入庫時間不同，入庫的單價就可能不同，因此需要採用相應方法計算產品銷售成本。其計算方法有先進先出法、月末一次加權平均法、移動加權平均法、個別計價法等，常用方法有先進先出法和加權平均法。

1. 先進先出法

先進先出法是指根據先入庫先發出的原則，對於發出的存貨以先入庫存貨的單價計算發出存貨成本的方法。採用這種方法的具體做法是：先按存貨的期初餘額的單價計算發出存貨的成本；領發完畢後，再按第一批入庫的存貨單價計算，依此從前向後類推，計算發出存貨和結轉存貨的成本。

2. 月末一次加權平均法

月末一次加權平均法是指在月末計算一次平均單價，用該單價乘以銷售產品數量，即為銷售產品的實際成本。其計算公式為：

加權平均單價＝｛月初庫存產品的實際成本＋∑（本月各批入庫產品的實際單位成本×本月各批入庫產品的數量）｝÷（月初庫存產品數量＋本月各批入庫產品數量之和）

本月發出產品的成本＝本月發出產品的數量×產品的加權平均單價

3. 銷售成本計算實例

【例 8-29】某企業 A 產品期初結存 1,000 件，單價 100 元；

2 月 5 日生產完工 2,000 件，單價 120 元；

2 月 10 日發出 2,400 件，單價 120 元；

2 月 25 日生產完工入庫 1,000 件，單價 140 元；

2 月 28 日發出 400 件，單價 120 元。

（1）以先進先出法計算銷售成本時：

2 月 10 日發出 2,400 件的成本＝1,000×100＋1,400×120＝268,000（元）

2 月 28 日發出 400 件的成本＝400×120＝48,000（元）

本月商品銷售成本＝268,000＋48,000＝316,000（元）

本月結存商品成本＝200×120＋1,000×140＝164,000（元）

（2）以加權平均法計算銷售成本時：

加權平均單位成本＝(1,000×100＋2,000×120＋1,000×140)÷(1,000＋2,000＋1,000)

＝120（元）

本月發出商品的成本＝發出數量×平均成本＝2,800×120＝336,000（元）

本月結存商品的成本＝結存數量×平均成本＝1,200×120＝144,000（元）

三、商品銷售業務的帳戶設置及其核算

(一) 帳戶設置

1.「主營業務收入」帳戶

該帳戶屬於損益類帳戶，用來核算企業銷售商品或提供勞務而形成的收入。實現銷售收入時記在該帳戶的貸方，收入減少時或期末結轉到「本年利潤」時記借方，期末該帳戶結轉後無餘額。該帳戶應按商品品種或勞務類別分設明細帳，進行明細核算。

2.「其他業務收入」帳戶

該帳戶屬於損益類帳戶，用來核算除主營業務以外的其他銷售或其他業務的收入，如材料銷售收入、無形資產出租收入、包裝物出租收入等。實現其他業務收入時記在該帳戶的貸方，收入減少時或期末結轉到「本年利潤」時記借方，期末該帳戶結轉後無餘額。該帳戶應按其他業務種類分設明細帳，進行明細核算。

3.「主營業務成本」帳戶

該帳戶屬於損益類帳戶，用來核算銷售商品或提供勞務而發生的成本。計算出銷售商品成本時登記在該帳戶的借方，期末結轉到「本年利潤」帳戶時登記在該帳戶的貸方，期末該帳戶結轉以後無餘額。該帳戶應按商品品種或勞務類別分設明細帳，進行明細核算。

4.「其他業務成本」帳戶

該帳戶屬於損益類帳戶，用來核算為取得其他業務收入而發生的相關成本、費用和相關稅金等支出。計算出其他業務成本時登記在該帳戶的借方，期末結轉到「本年利潤」帳戶時登記在該帳戶的貸方，期末該帳戶結轉以後無餘額。該帳戶應按其他業務類別分設明細帳，進行明細核算。

5.「營業稅金及附加」帳戶

該帳戶屬於損益類帳戶，用來核算企業應繳營業稅、城市建設維護稅、教育費附加、資源稅而設置的帳戶。計算出應交的營業稅及附加費時登記在該帳戶的借方，期末結轉到「本年利潤」帳戶時登記在該帳戶的貸方，期末該帳戶結轉到本年利潤以後無餘額。該帳戶應按營業稅及附加費的不同項目分設明細帳，進行明細核算。

6.「銷售費用」帳戶

該帳戶屬於損益類帳戶，用來核算企業在銷售產品過程中發生的各種廣告費、宣傳費、應由銷貨方承擔的運輸費、裝卸費、保險費以及專設銷售機構經費、銷售人員工資、福利費等。費用發生時記在該帳戶的借方，減少時記在該帳戶的貸方，期末結轉到本年利潤以後無餘額。該帳戶應按銷售費用的不同項目分設明細帳，進行明細核算。

7.「應收帳款」帳戶

該帳戶屬於資產帳戶，用來核算企業由於賒銷所形成的對購買方的債權。實現銷售，尚未收回貨款導致債權增加時記在該帳戶的借方，收回貨款導致債權減少時記在該帳戶的貸方，餘額一般在借方，表示尚未收回的債權。該帳戶應按不同購貨單位或接受勞務單位的名稱分設明細帳，進行明細核算。

8.「應收票據」帳戶

該帳戶屬於資產帳戶，用來核算企業因銷售商品、提供勞務等而收到的商業匯票。收到商業匯票時記在該帳戶的借方，收回票據款或轉讓票據時記在該帳戶的貸方，餘額一般在借方，表示尚未收回的債權。

9.「預收帳款」帳戶

該帳戶屬於負債帳戶，用來核算企業按照合同規定預收購貨單位訂貨款的增減變動情況。預收購貨單位貨款時登記在該帳戶的貸方，表示負債增加，銷售實現衝銷預收款負債時登記在該帳戶的借方，餘額一般在貸方，表示尚未衝銷的預收款債務。該帳戶應按不同購貨單位或接受勞務單位的名稱分設明細帳，進行明細核算。

(二) 銷售業務的核算

迅達公司 20×5 年 12 月發生以下銷售業務，銷售成本採用隨時銷售隨時結轉法。

【例 8-30】銷售 A 產品 3,100 件，不含稅銷售單價 500 元，增值稅稅率為 17%，每件成本價 400 元。已經收到對方開出轉帳支票 1 張，貨已經發出。

這筆經濟業務的發生，使企業「銀行存款」增加，即資產類帳戶發生額增加，應記借方；「主營業務收入」增加，即收入類帳戶發生額增加，記貸方；「應交稅費」增加，使負債類帳戶發生額增加，記貸方。商品銷售後，「庫存商品」減少，資產類帳戶發生額減少，記貸方；商品銷售成本增加，使費用類帳戶「主營業務成本」增加，記借方。會計分錄如下：

借：銀行存款　　　　　　　　　　　　　　　　　　　1,813,500
　　貸：主營業務收入——A 產品　　　　　　　　　　　1,550,000
　　　　應交稅費——應交增值稅（銷項稅額）　　　　　　263,500
借：主營業務成本　　　　　　　　　　　　　　　　　　1,240,000
　　貸：庫存商品——A 產品　　　　　　　　　　　　　1,240,000

【例 8-31】銷售 B 產品 20 件，不含稅每件售價為 2,450 元，增值稅稅率為 17%，每件成本價 2,000 元。對方開出延期 3 個月付款的銀行承兌匯票抵付價款與稅金，貨已經發出。

這筆經濟業務的發生，使企業「應收票據」增加，即資產類帳戶發生額增加，應記借方；「主營業務收入」增加，即收入類帳戶發生額增加，記貸方；「應交稅費」增加，使負債類帳戶發生額增加，記貸方。商品銷售後，「庫存商品」減少，資產類帳戶發生額減少，記貸方；商品銷售成本增加，使費用類帳戶「主營業務成本」增加，記借方。會計分錄如下：

借：應收票據　　　　　　　　　　　　　　　　　　　　57,330
　　貸：主營業務收入——B 產品　　　　　　　　　　　　49,000
　　　　應交稅費——應交增值稅（銷項稅額）　　　　　　　8,330
借：主營業務成本　　　　　　　　　　　　　　　　　　　40,000
　　貸：庫存商品——B 產品　　　　　　　　　　　　　　40,000

【例 8-32】銷售 B 產品 5 件給 C 單位，不含稅單價為 2,500 元，增值稅稅率為

17%，每件成本 2,050 元，貨已經發出，約定 20 日後付款。

這筆經濟業務的發生，使企業「應收帳款」增加，即資產類帳戶發生額增加，應記借方；「主營業務收入」增加，即收入類帳戶發生額增加，記貸方；「應交稅費」增加，使負債類帳戶發生額增加，記貸方。商品銷售後，「庫存商品」減少，資產類帳戶發生額減少，記貸方；商品銷售成本增加，使費用類帳戶「主營業務成本」增加，記借方。會計分錄如下：

借：應收帳款——C 單位　　　　　　　　　　　　　14,625
　　貸：主營業務收入——B 產品　　　　　　　　　　12,500
　　　　應交稅費——應交增值稅（銷項稅額）　　　　 2,125
借：主營業務成本　　　　　　　　　　　　　　　　10,250
　　貸：庫存商品——B 產品　　　　　　　　　　　　10,250

【例 8-33】10 天後收到 C 單位轉帳支票，償還前項貨款 14,625 元。

這筆經濟業務的發生，使企業「銀行存款」增加，即資產增加；「應收帳款」減少，即資產類帳戶發生額減少。根據會計要素的帳戶結構，編製會計分錄如下：

借：銀行存款　　　　　　　　　　　　　　　　　　14,625
　　貸：應收帳款——C 單位　　　　　　　　　　　　14,625

【例 8-34】收到 D 單位開出轉帳支票 1 張，面額 10,000 元，預付購買 B 產品 20 件貨款。

這筆經濟業務的發生，使企業「銀行存款」增加，即資產增加；貨發出以前，負債類帳戶「預收帳款」增加。根據會計要素的帳戶結構，編製會計分錄如下：

借：銀行存款　　　　　　　　　　　　　　　　　　10,000
　　貸：預收帳款——D 單位　　　　　　　　　　　　10,000

【例 8-35】E 單位購買 A 產品 30 件，每件售價 500 元，價款 15,000 元，增值稅稅率為 17%，每件實際成本 400 元。以原預付款抵付，貨已經發出。

這筆經濟業務的發生，企業應收銀行存款 17,550 元，以前期間已經預先收款，所以應該沖減負債類帳戶「預收帳款」，應記入借方；「主營業務收入」增加，即收入類帳戶發生額增加，應記入貸方；「應交稅費」增加，使負債類帳戶發生額增加，記貸方。商品銷售後，「庫存商品」減少，資產類帳戶發生額減少，記貸方；商品銷售成本增加，使費用類帳戶「主營業務成本」增加，記借方。會計分錄如下：

借：預收帳款——E 單位　　　　　　　　　　　　　17,550
　　貸：主營業務收入——A 產品　　　　　　　　　　15,000
　　　　應交稅費——應交增值稅（銷項稅額）　　　　 2,550
借：主營業務成本　　　　　　　　　　　　　　　　12,000
　　貸：庫存商品——A 產品　　　　　　　　　　　　12,000

【例 8-36】出售不需用的甲材料價款 58,000 元，增值稅 9,860 元，存入銀行。

這筆經濟業務的發生，使企業「銀行存款」增加，即資產增加，記借方；「其他業務收入」增加，即收入類帳戶發生額增加，記貸方；「應交稅費」增加，使負債類帳戶發生額增加，記貸方。根據會計要素的帳戶結構，編製會計分錄如下：

借：銀行存款		67,860
貸：其他業務收入		58,000
應交稅費——應交增值稅（銷項稅額）		9,860

【例8-37】結轉上項銷售的甲材料的實際成本49,000元。

材料銷售後，「原材料」減少，資產類帳戶發生額減少，記貸方；同時材料銷售成本增加，使費用類帳戶「其他業務成本」增加，記借方。根據會計要素的帳戶結構，編製會計分錄如下：

借：其他業務成本		49,000
貸：原材料——甲材料		49,000

【例8-38】以存款支付電視廣告費30,000元。

這筆經濟業務的發生，使企業「銀行存款」減少，即資產類帳戶發生額減少，記貸方；「銷售費用」增加，即費用類帳戶發生額增加，記借方。根據會計要素的帳戶結構，編製會計分錄如下：

借：銷售費用——廣告費		30,000
貸：銀行存款		30,000

【例8-39】用現金支付銷售產品的裝運費1,500元。

這筆經濟業務的發生，使企業「銀行存款」減少，即資產類帳戶發生額減少，記貸方；「銷售費用」增加，即費用類帳戶發生額增加，記借方。根據會計要素的帳戶結構，編製會計分錄如下：

借：銷售費用——運費		1,500
貸：庫存現金		1,500

【例8-40】計算得出本月應交的城市維護建設稅5,000元、教育費附加800元。

這筆經濟業務的發生，使企業費用類帳戶「營業稅金及附加」增加，應記借方；負債類帳戶「應交稅費」增加，應記貸方。會計分錄如下：

借：營業稅金及附加		5,800
貸：應交稅費——城市維護建設稅		5,000
——教育費附加		800

第五節　財產清查結果的帳務處理

一、財產清查結果帳務處理的內容

財產清查是指通過對貨幣資金、實物資產和往來款項的盤點或核對，確定其實存數，查明帳存數與實存數是否相符的一種專門方法。

企業在財產清查工作中，如果發現各種財產的帳存數與實存數一致，就不必進行帳務處理；如果發現帳存數和實存數之間存在差異，則必須進行帳務處理，以達到帳實相符。

帳實不符的情形具體分為兩種：當實存數大於帳存數時，即為盤盈，二者差額為盤盈額；當實存數小於帳存數時，即為盤虧，二者差額為盤虧額。財產清查中的帳務處理即是處理各種盤盈和盤虧事項。

二、財產清查結果的帳務處理

(一) 財產清查結果帳務處理的步驟

對於發現的財產盤盈、盤虧情況，在報經有關部門審批後，會計部門應及時入帳以調整帳簿記錄，做到帳實相符。其帳務處理一般分為以下幾個步驟進行：

(1) 核准金額，查明各種差異的性質和原因，提出處理意見。

(2) 調整帳簿，做到帳實相符。根據已查實的財產的盤盈、盤虧和損失等情況，及時編製記帳憑證，調整有關財產的帳面記錄，同時轉入「待處理財產損溢」帳戶，以使帳實相符。

(3) 根據有關部門批准的處理意見，編製記帳憑證，按不同的原因做轉銷帳務處理，並登記有關帳簿。

(二) 財產清查結果帳務處理的帳戶設置

1. 「待處理財產損溢」帳戶

為了核算和監督財產清查中查明的現金和實物財產的盤盈、盤虧和毀損數及其轉銷情況，應設置「待處理財產損溢」帳戶，進行總分類核算。實物財產在運輸途中發生的非正常短缺與損耗，也通過本帳戶核算。企業如有盤盈固定資產的，應作為前期差錯計入「以前年度損益調整」帳戶。

「待處理財產損溢」帳戶屬於資產類帳戶。該帳戶的借方登記財產的盤虧和毀損數以及盤盈的轉銷數，貸方登記財產的盤盈及盤虧與毀損的轉銷數。期末餘額若在借方，為尚未處理的盤虧、毀損數大於尚未處理的盤盈數的差額；期末餘額若在貸方，為尚未處理的盤盈數大於尚未處理的盤虧、毀損數的差額。該帳戶在總分類帳下再設置「待處理流動資產損溢」和「待處理固定資產損溢」兩個明細帳戶。「待處理財產損溢」帳戶的基本結構如圖8-1所示。

待處理財產損溢	
①發生的盤虧（或毀損、短缺）數額 ②轉銷的盤盈（或溢餘）數額	①轉銷的盤虧（或毀損、短缺）數額 ②發生的盤盈（或溢餘）數額
期末尚未轉銷的盤虧（或毀損、短缺）數額	期末尚未轉銷的盤盈（或溢餘）數額

圖8-1 待處理財產損溢帳戶結構

2. 「營業外收入」帳戶

該帳戶屬於損益類帳戶，用來核算企業發生的與其生產經營活動無直接關係的各項收入。當庫存現金出現溢餘，轉銷時一般應作為營業外收入入帳。取得營業外收入時記貸方，期末將其結轉到「本年利潤」時記借方；結轉後期末無餘額。按營業外收

入項目設置明細帳，進行明細核算。

3.「營業外支出」帳戶

該帳戶屬於損益類帳戶，用來核算企業發生的與其生產經營活動無直接關係的各項支出。當處理非常損失時，轉銷的損失一般應作為營業外支出入帳。發生營業外支出時記借方，期末將其結轉到「本年利潤」時記貸方；結轉後期末無餘額。按營業外支出項目設置明細帳，進行明細核算。

4.「其他應付款」帳戶

該帳戶屬於負債類帳戶，用來核算企業應付、暫收其他單位或個人的款項，如應付租入固定資產和包裝物的租金，存入保證金、職工未按期領取的工資，應付、暫收所屬單位、個人的款項等。債務增加時記貸方，債務歸還時記借方，期末餘額一般在貸方，反應到目前為止尚未支付的債務。該帳戶應按其他應付款的不同構成分設明細帳，進行明細核算。

5.「以前年度損益調整」帳戶

該帳戶屬於損益類帳戶，用來核算企業本年度發生的調整以前年度損益的事項以及本年度發現的重要前期差錯更正涉及調整以前年度損益的事項。企業調整增加以前年度利潤或減少以前年度虧損時記貸方，調整減少以前年度利潤或增加以前年度虧損記借方，餘額轉入「利潤分配——未分配利潤」帳戶後期末無餘額。

6.「壞帳準備」帳戶

該帳戶屬於資產類帳戶，是各種應計提壞帳準備的應收款項的抵減調整帳戶。應計提壞帳準備的範圍主要包括應收帳款、預付帳款和其他應收款等。企業按期估計壞帳損失，提取準備金時，貸記本帳戶；實際發生壞帳，用準備金彌補壞帳損失時，借記本帳戶。期末餘額一般在貸方，反應壞帳準備的實有數額。

(三) 財產清查結果的帳務處理

1. 庫存現金清查結果的帳務處理

(1) 庫存現金長款（盤盈）

發現庫存現金長款（盤盈）時，在批准前，按長款金額借記「庫存現金」帳戶，貸記「待處理財產損溢」帳戶。查明原因後，借記「待處理財產損溢」帳戶；屬於應支付給有關人員或單位的，貸記「其他應付款」帳戶；屬於無法查明原因的，經批准後貸記「營業外收入」帳戶。

(2) 庫存現金短缺（盤虧）

發現庫存現金短缺（盤虧）時，按短缺金額借記「待處理財產損溢」帳戶，貸記「庫存現金」帳戶。查明原因後，屬於應由責任人或保險公司賠償的部分借記「其他應收款」帳戶；屬於無法查明原因的部分，根據管理權限批准後借記「管理費用」帳戶，貸記「待處理財產損溢」帳戶。

2. 存貨清查結果的帳務處理

(1) 存貨盤盈

企業發生存貨盤盈時，在報經批准前應借記有關存貨帳戶，貸記「待處理財產損

溢」帳戶；在報經批准後應借記「待處理財產損溢」帳戶，貸記「管理費用」帳戶。

(2) 存貨盤虧

發生存貨的盤虧和毀損，在報經批准前借記「待處理財產損溢」帳戶，貸記有關存貨帳戶。批准後，對於屬於責任人或者保險公司賠償的部分，借記「其他應收款」帳戶；屬於自然災害引起的財產損失，應扣除保險公司賠償部分和殘料價值後由企業自行承擔的部分，借記「營業外支出」帳戶；屬於自然損耗產生的定額內的損耗盤虧，借記「管理費用」帳戶，貸記「待處理財產損溢」帳戶。

3. 固定資產清查結果的帳務處理

(1) 固定資產盤盈

盤盈的固定資產，應作為前期差錯處理，不需要通過「待處理財產損溢」帳戶進行核算。在按管理權限報經批准處理前借記「固定資產」帳戶，貸記「以前年度損益調整」帳戶；等批准後轉銷，借記「以前面度損益調整」帳戶，貸記「利潤分配——未分配利潤」帳戶。盤盈的固定資產，入帳價值按以下規定確定：如果同類或類似固定資產存在活躍市場，按同類或類似固定資產的市場價值，減去按該項資產的新舊程度估計的價值損耗後的餘額，作為入帳價值；如果同類或類似固定資產不存在活躍市場的，按該項固定資產的預計未來現金流量的現值，作為入帳價值。

(2) 固定資產盤虧

發生固定資產盤虧時，在報經批准前按盤虧固定資產的帳面淨值借記「待處理財產損溢」，按已提折舊借記「累計折舊」帳戶，按固定資產原值貸記「固定資產」帳戶；報經批准後轉銷時，借記「營業外支出」帳戶，貸記「待處理財產損溢」帳戶。

4. 往來款項清查結果的帳務處理

企業在財產清查中查明的有關債權、債務的壞帳收入或壞帳損失，經批准後，直接進行轉銷，不需要通過「待處理財產損溢」帳戶。

(1) 應付帳款清查結果的帳務處理

企業在財產清查中查明的因債權單位撤銷等原因而產生的確實無法支付的應付款項，經批准以後應按其帳面價值轉作營業外收入，直接借記「應付帳款」帳戶，貸記「營業外收入」帳戶。

(2) 應收帳款清查結果的帳務處理

企業在財產清查中，對於查明確實無法收回的應收款項，按管理權限報經批准以後作為壞帳，轉銷應收款項。中國《企業會計制度》規定，企業應採用備抵法核算壞帳損失。在備抵法下，應按期（一般在每年年末）估計可能發生的壞帳損失，根據應收帳款餘額的一定比例提取壞帳準備，並計入當期管理費用；當在下一年度發生壞帳時，根據壞帳金額衝減上一年度已經提取的壞帳準備，同時轉銷相應的應收款項。估計壞帳損失的方法有應收帳款餘額百分比法、帳齡分析法、賒銷百分比法和個別認定法等。

企業按期估計壞帳損失時，借記「資產減值損失」帳戶，貸記「壞帳準備」帳戶；實際發生壞帳時，借記「壞帳準備」帳戶，貸記「應收帳款」帳戶。

（四）財產清查結果帳務處理案例

【例8-41】某公司在庫存現金清查中發現長款300元，經核查其中200元是應支付給銷售科李三的差旅費，其餘100元長款原因不明，報經批准轉作營業外收入。其帳務處理如下：

（1）報經批准前：

借：庫存現金	300	
貸：待處理財產損溢——待處理流動資產損溢		300

（2）報經批准後：

借：待處理財產損溢——待處理流動資產損溢	300	
貸：其他應付款——李三		200
營業外收入		100

【例8-42】某公司在庫存現金清查中發現短款185元，經核查其中100元為出納員保管不善遺失，責成其賠償；其餘85元短款原因不明，經批准後轉作當期管理費用。其帳務處理如下：

（1）報經批准前：

借：待處理財產損溢——待處理流動資產損溢	185	
貸：庫存現金		185

（2）報經批准後：

借：其他應收款——出納員	100	
管理費用	85	
貸：待處理財產損溢——待處理流動資產損溢		185

【例8-43】某企業在財產清查中，發現盤盈原材料一批，價值1,600元。經核查是由於收發材料時計量不準造成的，經批准衝減企業的管理費用。

（1）報經批准前：

借：原材料	1,600	
貸：待處理財產損溢——待處理流動資產損溢		1,600

（2）報經批准後：

借：待處理財產損溢——待處理流動資產損溢	1,600	
貸：管理費用		1,600

【例8-44】某企業在財產清查中，發現盤虧原材料5,000元，經核查，應由責任人賠償800元，保險公司賠償2,500元，自然災害損失1,200元，定額內損耗500元。

（1）報經批准前：

借：待處理財產損溢——待處理流動資產損溢	5,000	
貸：原材料		5,000

（2）報經批准後：

借：其他應收款——某責任人	800	
——保險公司	2,500	

營業外支出　　　　　　　　　　　　　　　　　　　　　　1,200
　　管理費用　　　　　　　　　　　　　　　　　　　　　　　　500
　　貸：待處理財產損溢——待處理流動資產損溢　　　　　　　5,000
【例8-45】某企業在財產清查中盤盈帳外設備一臺，同類設備市場價值20,000元，6成新。
　（1）報經批准前：
　借：固定資產　　　　　　　　　　　　　　　　　　　　　12,000
　　貸：以前年度損益調整　　　　　　　　　　　　　　　　12,000
　（2）報經批准後：
　借：以前年度損益調整　　　　　　　　　　　　　　　　　12,000
　　貸：利潤分配——未分配利潤　　　　　　　　　　　　　12,000
【例8-46】某企業在財產清查中，發現短缺設備一臺，帳面原值為18,000元，已提折舊14,600元。
　（1）報經批准前：
　借：待處理財產損溢——待處理固定資產損溢　　　　　　　3,400
　　累計折舊　　　　　　　　　　　　　　　　　　　　　　14,600
　　貸：固定資產　　　　　　　　　　　　　　　　　　　　18,000
　（2）報經批准後：
　借：營業外支出　　　　　　　　　　　　　　　　　　　　3,400
　　貸：待處理財產損溢——待處理固定資產損溢　　　　　　3,400
【例8-47】某企業在年終財產清查中發現長期無法支付的應付帳款5,700元，經核查發現對方單位已解散，經批准核銷。
　（1）報經批准前無需進行帳務處理。
　（2）報經批准後：
　借：應付帳款　　　　　　　　　　　　　　　　　　　　　5,700
　　貸：營業外收入　　　　　　　　　　　　　　　　　　　5,700
【例8-48】某企業在年終財產清查中發現應收帳款實際發生壞帳損失1,560元。
　（1）報經批准前無需進行帳務處理。
　（2）報經批准後：
　借：壞帳準備　　　　　　　　　　　　　　　　　　　　　1,560
　　貸：應收帳款　　　　　　　　　　　　　　　　　　　　1,560

第六節　財務成果形成及分配業務的帳務處理

一、財務成果形成與分配業務概述

　　財務成果是指企業在一定會計期間從事經營活動所取得的經營成果，包括收入減

去費用後的淨額以及直接計入當期利潤的利得和損失等。財務成果是企業經營活動效率與經濟效益的綜合體現，是評價企業經營管理績效的重要指標。

當收入與利得之和大於費用與損失之和時，企業即實現了利潤。利潤在按國家規定上繳所得稅後，還應該在企業與投資人之間進行分配。利潤分配關係到企業與投資人之間的經濟利益，具有很強的政策性。財務成果的帳務處理主要包括以下兩個方面的內容：

（一）利潤的形成

企業的利潤，究其來源，既有通過生產經營活動而獲得，也有通過投資活動而獲得，還包括那些與生產經營無直接聯繫的事項所引起的盈虧。

1. 營業利潤

營業利潤是企業生存發展的基礎，其計算公式為：

營業利潤＝營業收入－營業成本－營業稅金及附加－期間費用－資產減值損失＋投資收益（－損失）＋公允價值變動損益（－損失）

其中：

營業收入＝主營業務收入＋其他業務收入

營業成本＝主營業務成本＋其他業務成本

期間費用＝銷售費用＋管理費用＋財務費用

資產減值損失是指企業計提各項資產減值準備所形成的損失。

投資收益包括企業對外投資的債券利息、股利、利潤、投資到期收回或轉讓所取得價款和投資帳面價值之間的差額等，如果差額為負則表示投資損失。

公允價值變動收益（或損失）是指企業交易性金融資產等的公允價值變動所形成的應記入當期損益的利得或損失。

2. 利潤總額

利潤總額是企業當期的經營成果，其計算公式為：

利潤總額＝營業利潤＋營業外收入－營業外支出

其中：營業外收入是指與企業發生的與生產經營活動沒有直接關係的各種利得。主要包括非流動資產處置利得、政府補助、盤盈利得、捐贈利得、非貨幣性資產交換利得、債務重組利得、確實無法支付的應付帳款等。非流動資產處置利得包括固定資產處置利得和無形資產出售利得。政府補助是指企業從政府無償取得貨幣性資產或非貨幣性資產形成的利得。盤盈利得，是指企業對現金等清查盤點時發生盤盈，報經批准後計入營業外收入的金額。

營業外支出是指與企業生產經營活動無直接的關係，但應從企業實現的利潤總額中扣除的支出，主要包括非流動資產處置損失、公益性捐贈支出、盤虧（固定資產）損失、罰款支出、非貨幣性資產交換損失、債務重組損失、非常損失等。非流動資產處置損失包括固定資產處置損失和無形資產出售損失。公益性捐贈支出是指企業對外進行公益性捐贈發生的支出。非常損失是指企業因客觀因素（如自然災害）造成的損失，扣除保險公司賠償後應計入營業外支出的淨損失。

3. 淨利潤

淨利潤是企業當期利潤總額減去向國家繳納的所得稅後的餘額，即企業稅後利潤。其計算公式為：

淨利潤＝利潤總額－所得稅費用

其中，所得稅費用是指企業應計入當期損益的所得稅額。它是按照稅法規定依據應納稅所得額乘以適用稅率（一般為25%）計算並向國家繳納的稅款，是企業利潤總額的減項。由於會計利潤的計算方法與稅法上應納稅所得額的計算方法不一致。因此，在所得稅額的計算時，應採用資產負債表債務法計算所得稅費用。在一般的會計學原理教材中，為了簡化起見，很多都是假定應納稅所得額就等於本年利潤進行計算。

（二）利潤的分配

企業淨利潤實現後，應按規定進行分配。根據中國有關法規的規定，一般企業和股份制公司當年實現的淨利潤，首先是彌補以前年度尚未彌補的虧損，然後按下列順序進行分配：

（1）提取法定盈餘公積金。按本年實現的淨利潤的10%提取，如累計法定盈餘公積超過註冊資本50%以上的，可不再提取。法定盈餘公積金的主要用途是為以後彌補虧損和轉增資本。

（2）應付優先股股利。即企業按照利潤分配方案分配給優先股股東的現金股利，它是按照約定的股利率計算支付的。

（3）提取任意盈餘公積金。一般按照股東大會決議提取。

（4）應付普通股股利。即企業按照利潤分配方案分配給普通股股東的現金股利，一般按照各股東所持有的股份比例進行分配。如果是非股份制企業，則為分配給投資者的利潤。

（5）轉作資本（或股本）的普通股股利。它是指企業按照利潤分配方案以分派股利的形式轉作資本（或股本），即以利潤轉增的資本。

（三）帳戶設置

1. 反應利潤形成的帳戶

為了總括反應和監督企業利潤的形成情況，除了前述的收入和費用帳戶外，還應設置「投資收益」「所得稅費用」「本年利潤」等帳戶。這些帳戶的性質和結構如下：

（1）「投資收益」帳戶。該帳戶用來核算企業對外投資股票、債券、基金等金融資產實現的收益或者發生的損失而設置的損益類帳戶。實現投資的收益時記貸方，發生投資損失時記借方，不論收益或損失期末結轉到「本年利潤」帳戶後無餘額。

（2）「所得稅費用」帳戶。該帳戶屬於損益類帳戶，用來核算企業應交的所得稅費用類。該帳戶的借方登記發生的所得稅費用額，貸方登記期末結轉到「本年利潤」帳戶的所得稅費用額；期末該帳戶結轉以後無餘額。

（3）「本年利潤」帳戶。該帳戶屬於所有者權益類帳戶，用來核算企業在本年度實現的淨利潤（或發生的淨虧損）。期末將損益類帳戶中的所有收入帳戶發生額結轉到本帳戶的貸方，將損益類帳戶中所有費用類帳戶發生額結轉到本帳戶的借方，餘額在貸

方為盈利，反之為虧損。年終該帳戶結算以後無餘額。其帳戶結構示意圖見圖8-2。

本年利潤

所有費用類帳戶轉入額	所有收入類帳戶轉入額
本年發生的虧損	本年實現的盈利

圖8-2 本年利潤帳戶結構

2. 反應利潤分配的帳戶

為了總括核算和監督企業淨利潤的分配情況，應設置以下帳戶：

（1）「利潤分配」帳戶。該帳戶屬於所有者權益類帳戶，用來核算企業利潤分配（或虧損彌補）的歷年分配（或彌補）後的積存餘額。該帳戶的借方登記利潤分配數或從「本年利潤」帳戶轉入的全年累計虧損額，貸方登記年末從「本年利潤」帳戶轉入的全年實現的淨利潤額或用盈餘公積彌補虧損額等其他轉入。期末餘額在貸方表示歷年未分配利潤，如為借方餘額，為歷年積存的未彌補虧損。該帳戶應按利潤分配的內容設置提取盈餘公積、應付利潤（或股利）、未分配利潤、盈餘公積補虧等明細分類帳戶進行明細核算。其帳戶結構見圖8-3。

利潤分配

①利潤分配數 ②全年累計虧損轉入額	①全年實現的淨利潤轉入額 ②用盈餘公積補虧等其他轉入額
歷年積存的未彌補虧損	歷年未分配利潤

圖8-3 利潤分配帳戶結構

（2）「盈餘公積」帳戶。該帳戶屬於所有者權益類帳戶，用來核算企業從淨利潤中提取的盈餘公積金。該帳戶的貸方登記提取的盈餘公積，借方登記盈餘公積的補虧數額或轉增資本數額；期末餘額在貸方，反應企業盈餘公積結存數額。該帳戶應按盈餘公積的種類設置明細帳，進行明細核算。

（3）「應付股利（或應付利潤）」帳戶。該帳戶屬於負債類帳戶，用來核算企業經股東會、董事會或類似權力機構決議確定分配的現金股利或利潤。該帳戶的貸方登記按規定應分配給投資者的現金股利或利潤，借方登記實際支付給投資者的現金股利或利潤。

二、財務成果形成與分配業務核算

（一）財務成果形成核算

1. 投資收益的核算

【例8-49】迅達公司本月應收短期股票投資收益12,000元。

這筆經濟業務的發生，使企業「應收股利」增加，即資產增加計入借方；「投資收益」增加，即收入類帳戶增加記貸方。會計分錄如下：

借：應收股利 12,000
　　貸：投資收益 12,000

【例8-50】收到上項股利12,000元，存入銀行。

這筆經濟業務的發生，使企業「銀行存款」增加，即資產增加；「應收股利」減少，即資產類帳戶減少。根據會計要素的帳戶結構，編製會計分錄如下：

借：銀行存款 12,000
　　貸：應收股利 12,000

2. 營業外收支的核算

【例8-51】迅達公司收到違約罰金16,000元，存入銀行。

這筆經濟業務的發生，使企業「銀行存款」增加，即資產增加；「營業外收入」增加，即收入類帳戶增加。根據會計要素的帳戶結構，編製會計分錄如下：

借：銀行存款 16,000
　　貸：營業外收入——違約金 16,000

【例8-52】迅達公司以銀行存款捐贈希望工程8,000元。

這筆經濟業務的發生，使企業「營業外支出」增加、費用類帳戶增加，應該記入借方；「銀行存款」減少，即資產減少記貸方。會計分錄如下：

借：營業外支出——捐贈支出 8,000
　　貸：銀行存款 8,000

3. 所得稅費用核算

【例8-53】年末，迅達公司按照稅法規定應繳的所得稅額為750,000元。

這筆經濟業務的發生，使企業「所得稅費用」增加，即費用類帳戶增加，應該記入借方；「應交稅費」增加，即負債增加應該記入貸方。根據會計要素的帳戶結構，編製會計分錄如下：

借：所得稅費用 750,000
　　貸：應交稅費——應交所得稅 750,000

【例8-54】迅達公司用銀行存款繳納上述所得稅750,000元。

這筆經濟業務的發生，使企業「銀行存款」減少，即資產減少；「應交稅費」減少，使負債減少。根據會計要素的帳戶結構，編製會計分錄如下：

借：應交稅費——應交所得稅 750,000
　　貸：銀行存款 750,000

3. 淨利潤形成的核算

【例8-55】迅達公司20×5年11月30日，「本年利潤」帳戶為貸方餘額2,790,383元。20×5年12月31日有關利潤形成核算如下：

（1）期末，結轉本月主營業務收入1,626,500元、其他業務收入58,000元、投資收益12,000元、營業外收入16,000到本年利潤帳戶。

平時收入增加時記貸方，期末結轉收入類帳戶使收入減少應記借方，「本年利潤」增加，相當於所有者權益增加，應記貸方。根據會計要素的帳戶結構，編製會計分錄如下：

借：主營業務收入 1,626,500
　　其他業務收入 58,000
　　投資收益 12,000
　　營業外收入 16,000
　　貸：本年利潤 1,712,500

（2）結轉本月費用類帳戶到本年利潤。包括：主營業務成本 1,302,250 元、營業稅金及附加 5,800 元、其他業務成本 49,000 元、管理費用 91,333、財務費用 5,600 元、銷售費用 41,500 元、營業外支出 8,000 元。

平時費用類帳戶增加時記借方，期末結轉費用類帳戶使費用減少應記貸方，費用增加使利潤減少，利潤減少導致所有者權益減少，「本年利潤」帳戶應記入借方。根據會計要素的帳戶結構，編製會計分錄如下：

借：本年利潤 1,502,883
　　貸：主營業務成本 1,302,250
　　　　營業稅金及附加 5,800
　　　　其他業務成本 49,000
　　　　管理費用 91,333
　　　　財務費用 5,000
　　　　銷售費用 41,500
　　　　營業外支出 8,000

根據上述兩筆結轉分錄，可以得出迅達公司 12 月份利潤總額為 209,617 元（1,712,500-1,502,883），加上月初「本年利潤」帳戶餘額 2,790,383 元，該公司全年實現的利潤總額為 3,000,000 元。

（3）將按照稅法規定應繳的所得稅額 750,000 元結轉到「本年利潤」帳戶。

借：本年利潤 750,000
　　貸：所得稅費用 750,000

迅達公司上繳所得稅後，全年淨利潤為 2,250,000 元。

（二）財務成果分配核算

【例 8-56】年末，迅達公司結轉全年實現的淨利潤 2,250,000 元。

結轉全年本年利潤以後，本年利潤減少，意味著所有者權益減少，本年利潤帳戶記借方；淨利潤增加使所有者享有的未分配利潤增加，所有者權益類帳戶「利潤分配——未分配利潤」記貸方。會計分錄如下：

借：本年利潤 2,250,000
　　貸：利潤分配——未分配利潤 2,250,000

【例 8-57】公司按稅後淨利潤 2,250,000 元的 10% 提取法定盈餘公積金。

提取盈餘公積金，是所有者權益類帳戶「盈餘公積」增加，記貸方；所有者權益類帳戶「利潤分配」減少。根據會計要素的帳戶結構，編製會計分錄如下：

借：利潤分配——法定盈餘公積 225,000

貸：盈餘公積——法定盈餘公積　　　　　　　　　　　　　　　　225,000

【例 8-58】公司計算應支付給投資者的利潤 1,400,000 元。

　　應向投資者分配利潤但還沒有發放，說明欠了投資者的錢，負債類帳戶「應付股利」增加，應該記貸方；分配利潤使所有者權益減少，「利潤分配——應付利潤」記借方。會計分錄如下：

　　借：利潤分配——應付利潤　　　　　　　　　　　　　　　　1,400,000
　　　　貸：應付股利　　　　　　　　　　　　　　　　　　　　　　　　1,400,000

【例 8-59】期末結清利潤分配各明細帳戶，確定本年末未分配利潤

　　「利潤分配——法定盈餘公積」和「利潤分配——應付股利」發生時在借方，結轉後方向相反，應記入貸方，提取盈餘公積和向投資者分配利潤以後，所有者享有的未分配利潤減少，導致所有者權益減少，所以借方應該是「利潤分配——未分配利潤」。會計分錄如下：

　　借：利潤分配——未分配利潤　　　　　　　　　　　　　　　1,625,000
　　　　貸：利潤分配——法定盈餘公積　　　　　　　　　　　　　　　225,000
　　　　　　　　——應付股利　　　　　　　　　　　　　　　　　　1,400,000

　　將上述會計分錄過帳以後，迅達公司「利潤分配——未分配利潤」帳戶餘額 625,000 元。利潤分配的其他明細科目發生額結轉後無餘額。

本章小結

　　本章以製造業從籌集資金開始到利潤形成及其分配業務為止進行帳務處理，具體包括資金籌集、供應過程、產品生產、銷售、財產清查及利潤形成和分配業務。

　　企業要維持正常生產經營的運行，首先面臨的就是籌集資金，籌集資金的方式包括權益資金籌集和負債資金籌集。權益資金籌資業務的帳務處理主要包括兩個方面的內容：一是揭示投入資本的形式和來源；二是反應投資後所有者享有的權益，包括實收資本和資本公積。債務資金籌集是指企業通過發行債券、向銀行借款等方式籌集資金，即吸收債權人資金。借款業務的核算內容一般包括借入款項時、期末計提利息時、到期支付利息時以及期末償還本金時的帳務處理。

　　供應過程（即採購過程，或稱生產準備過程）是製造業企業生產經營過程的第一個階段。在這一階段主要有兩部分業務需要進行：一是購建廠房建築物和機器設備等固定資產；二是採購生產經營所需要的各種材料，作為生產儲備。固定資產應以取得時的實際成本計價。如果是購置的固定資產，其成本具體包括買價、運輸費、保險費、包裝費、安裝成本及相關稅金等；如果是自行建造完成的固定資產，應按建造該項固定資產達到預定可使用狀態前所發生的一切合理的、必要的支出作為其入帳價值。購進材料的實際採購成本即是由材料買價和採購費用構成。

　　生產企業從投入材料進行生產開始，到產品完工入庫為止的全部過程稱為生產過程，它是工業企業生產經營活動的中心環節。生產業務是指企業產品生產過程中發生

的經濟業務。由於生產過程既是生產要素的耗用過程，又是產品的製造過程（產品成本的形成過程）。因此，生產業務就應包括生產費用的發生和產品成本的形成兩個方面的內容。

銷售過程是企業出售產品或勞務，按售價取得銷售收入，並按商品成本結轉庫存商品增加銷售成本的過程，即產品價值實現過程。

企業在財產清查工作中，如果發現各種財產的帳存數與實存數一致，就不必進行帳務處理；如果發現帳存數和實存數之間存在差異，則必須進行帳務處理，以達到帳實相符。

財務成果是指企業在一定會計期間從事經營活動所取得的經營成果，包括收入減去費用後的淨額以及直接計入當期利潤的利得和損失等。營業利潤是企業生存發展的基礎。其計算公式為：營業利潤＝營業收入－營業成本－營業稅金及附加－期間費用－資產減值損失＋投資收益（－損失）＋公允價值變動損益（－損失）。利潤總額是企業當期的經營成果。其計算公式為：利潤總額＝營業利潤＋營業外收入－營業外支出。淨利潤是企業當期利潤總額減去向國家繳納的所得稅後的餘額，即企業稅後利潤。其計算公式為：淨利潤＝利潤總額－所得稅費用。

企業淨利潤實現後，應按規定進行分配。根據中國有關法規的規定，一般企業和股份制公司當年實現的淨利潤，首先是彌補以前年度尚未彌補的虧損，然後提取法定盈餘公積金、支付優先股股利、提取任意盈餘公積金、支付普通股股利。

復習題

1. 資金籌集的方式有哪些？會計處理有什麼規定？
2. 增值稅的含義是什麼？一般納稅人關於增值稅計繳的規定是什麼？
3. 製造費用的核算要求是什麼？如何做相應的會計處理？
4. 簡述生產成本的核算程序。
5. 銷售業務核算包括哪環節？銷售成本的結轉時間是如何規定的？
6. 財產清查結果的帳務處理有哪些？
7. 利潤分配的順序是什麼？

練習題

（一）練習資金籌集業務的核算

資料：騰飛公司20××年1月發生下列資金籌集業務：

1. 接受A公司投資4,700,000元，存入銀行。
2. 收到國家增撥的投資200,000元，存入銀行。
3. 收到B公司投資，其中設備協議價180,000元，交付使用，材料價值100,000元，已驗收入庫。
4. 從銀行取得借款500,000元，期限6個月，年利率為5.8%，利息於季度末結算，所得款項存入銀行。
5. 收到C公司投入的生產線，雙方協議價為580,000元。

6. 用銀行存款 250,000 元償還到期的銀行短期借款。
7. 經協商簽訂協議，紅升電機廠將某專利權以 1,200,000 元向本公司做長期投資。
8. 公司因建造廠房向銀行借入長期借款 4,500,000 元用於購買基建材料。
9. 公司收到 D 公司投入專利技術一項，雙方確認價為 500,000 元。
10. 用銀行存款 300,000 元償還到期的長期借款。

要求：編製相關會計分錄。

(二) 練習材料採購業務的核算

資料：騰飛公司 20××年 4 月發生下列材料採購業務：

1. 向海寧廠購入甲材料 15,000 千克，每千克 6.00 元，採購價格 90,000 元；乙材料 2,500 千克，每千克 12.00 元，採購價 30,000 元，貨款共計 120,000 元，增值稅稅額為 20,400 元，所有款項以銀行存款支付。材料入庫時，以現金支付甲、乙材料的裝卸費 1,350 元。按購入甲、乙材料的重量比例分配裝卸費用。

2. 向東聯廠購進甲材料 5,000 千克，每千克 10.00 元，增值稅稅額為 8,500 元，對方代墊運輸費 2,400 元，開出期限為 3 個月的商業承兌匯票交給東聯廠。

3. 預付給東方工廠購買乙材料貨款 10,000 元。

4. 預付給東方廠貨款的乙材料到貨，數量 3,000 千克，每千克 20.00 元，對方代墊運雜費 600 元，增值稅稅額 10,200 元。餘款暫欠。

5. 向海寧廠購進甲材料 2,000 千克，每千克 7 元；乙材料 5,000 千克，每千克 15 元，貨款 89,000 元及增值稅 15,130 元。對方代墊甲、乙材料的運雜費 1,800 元。按購入甲、乙材料的重量比例分配運雜費。材料已經收到驗收入庫，以銀行存款支付款項。

要求：

(1) 根據上述資料，計算分配材料採購費用並計算入庫材料的採購總成本和單位成本。

(2) 編製相應會計分錄。

(三) 練習生產經營業務的核算

資料：騰飛公司 20××年 4 月發生下列生產經營業務：

1. 領用材料和人工費用的核算

某企業生產甲、乙兩種產品，20××年 4 月的有關經濟業務如下：

(1) 本月生產車間領用材料及用途匯總見表 8-11。

表 8-11　　　　　　　　　　領用材料消耗情況表　　　　　　　　　單位：元

項目	A 材料	B 材料	C 材料	合計
生產產品耗用	50,000	40,000	10,000	100,000
其中：甲產品	35,000	12,000	4,000	51,000
乙產品	15,000	28,000	6,000	49,000
車間一般耗用	700	–	200	900
管理部門耗用		100		100
合計	50,700	40,100	10,200	101,000

（2）結算本月應付職工工資 360,000 元。其中，製造甲產品工人工資 200,000 元，製造乙產品工人工資 100,000 元，車間管理人員工資 20,000 元，廠部管理人員工資 40,000元。

（3）以銀行存款發放職工工資 360,000 元。

要求：根據上項資料編製會計分錄。

2. 練習製造費用的歸集和分配

資料：某企業 20××年 5 月份發生製造費用如下：

（1）以銀行存款支付生產部門用電費 1,660 元。

（2）計提本月份生產部門固定資產折舊費 8,000 元。

（3）本月應付生產部門管理人員工資 58,000 元。

（4）用銀行存款支付由生產部門負擔的財產保險費 300 元。

（5）按產品生產工時比例分配製造費用。甲、乙、丙產品本月生產工時分別為 10,000工時、30,000 工時和 40,000 工時。

要求：

（1）根據上述經濟業務編製有關會計分錄。

（2）計算分配製造費用的結轉。

3. 練習計算和結轉完工產品成本業務

資料：某企業 20××年 6 月生產車間製造甲產品和乙產品，期初無在產品。本期所發生的費用見表 8-12。

表 8-12

產品名稱	投產數量（件）	完工數量（件）	直接材料（元）	直接人工（元）	製造費用（元）	費用合計（元）
A 產品	3,000		860,000	330,000		150,000
B 產品	2,000	2,000	350,000	170,000		
合計	5,000		1,210,000	500,000	150,000	1,860,000

要求：

（1）根據上述資料計算分配製造費用（按直接人工比例分配）。

（2）計算乙產品的完工產品總成本及單位成本。

（3）編製結轉完工入庫產品成本的會計分錄。

（四）練習銷售業務的核算

資料：騰飛公司 20××年 4 月發生下列銷售業務：（產品成本採用月末集中結轉法）

（1）4 日，向甲工廠出售 A 產品 500 件，每件售價 60 元，增值稅稅率為 17%。貨款已收到，存入銀行。

（2）7 日，向乙公司出售 B 產品 300 件，每件售價 150 元，增值稅稅率為 17%。貨款尚未收到。

（3）15 日，收到乙公司支付的 B 產品的貨款和增值稅款，存入銀行。

（4）17 日預收購貨單位丙工廠貨款 30,000 元，預收丁工廠貨款 60,000 元，預收貨款均存入銀行。

（5）20 日，向丙工廠提供 A 產品 400 件，每件售價 60 元，增值稅稅率為 17%，貨款抵付前收的預收款，多收的款項用現金退回。

（6）向丁工廠提供 B 產品 400 件，每件售價 150 元，增值稅稅率為 17%，貨款抵付前收的預收款，不足的款項丁工廠用銀行存款轉帳支付。

（7）25 日，向戊公司出售 A 產品 100 件，每件售價 60 元，增值稅稅率為 17%。戊公司簽發一張商業匯票以支付貨款和增值稅。

（8）30 日，按出售的兩種產品的實際成本結轉銷售成本（A 產品每件 40 元，B 產品每件 115 元）。

（9）30 日，按本月流轉稅的一定比例計提應交城市維護建設稅為 6,050 元，應交教育費附加 960 元。

要求：根據上述資料編製會計分錄。

（五）練習財產清查的核算

資料：騰飛公司 20××年 4 月末發生下列財產清查業務：

1. 在清查中發現現金短缺 80 元，原因待查。
2. 在財產清查中盤盈甲材料 2,000 元，盤虧乙材料 30,000 元。
3. 在財產清查中發現短少機床一臺，該設備帳面原值為 100,000 元，已提折舊 70,000 元。
4. 上述短款無法查明原因，經批准做管理費用處理。
5. 經查，上述甲材料盤盈系因計量器具不準確造成的，乙材料盤虧系非正常損失。
6. 經批准，上述短少機床的損失做營業外支出處理。

要求：根據上述經濟業務編製會計分錄。

（六）練習財務成果形成及其分配的核算

資料：某企業 12 月初，「本年利潤」帳戶餘額為貸方餘額 4,500,000 元，12 月份發生以下經濟業務：

1. 出售產品一批，售價 25,500,00 元，增值稅稅率為 17%，貨款收到存入銀行。
2. 結轉出售產品的實際銷售成本 2,010,000 元。
3. 按 10% 的稅率計算銷售產品應繳納的消費稅 120,000 元。
4. 向丙工廠出售材料物資 200 千克，每千克售價 15 元，增值稅稅率為 17%，貨款收到存入銀行。
5. 結轉出售的材料物資的實際銷售成本（單位成本為每千克 11 元）。
6. 以現金支付產品銷售過程中承擔的運雜費 500 元。
7. 以銀行存款支付短期借款利息 1,700 元。
8. 以銀行存款支付違約金 4,500 元。
9. 以銀行存款支付管理部門辦公經費 5,300 元。
10. 將本月各損益類帳戶的餘額轉入「本年利潤」帳戶，結出 12 月份的利潤。
11. 按稅法規定計算的所得稅稅額為 1,227,200 元，並將「所得稅」帳戶的餘額轉

入「本年利潤」帳戶。

12. 將本年淨利潤轉至「利潤分配」帳戶。
13. 按全年淨利潤的10%計提法定盈餘公積金。
14. 按淨利潤的15%計算出應支付給投資者的利潤，並計算本期的未分配利潤。

要求：編製相應的會計分錄。

（七）綜合練習工業企業主要經濟業務的核算

資料：鴻運公司20××年12月初各總分類帳戶餘額如下：

表8-13

帳戶名稱	借方餘額	帳戶名稱	貸方餘額
庫存現金	4,500	短期借款	500,000
銀行存款	1,400,000	應付帳款	350,000
應收帳款	460,000	應交稅費	12,000
其他應收款	8,500	應付職工薪酬	160,000
原材料	540,000	應付利息	9,000
生產成本	65,000	長期借款	1,500,000
庫存商品	1,950,000	實收資本	6,974,000
長期股權投資	230,000	資本公積	1,200,000
固定資產	7,200,000	盈餘公積	800,000
無形資產	860,000	本年利潤	1,100,000
長期待攤費用	12,000	累計折舊	125,000
合計	11,730,000	合計	11,730,000

鴻運公司20××年12月發生下列業務：

（1）1日，從銀行取得短期借款100,000元存入銀行。

（2）2日，中華公司增加投資200,000元，款項已收到並存入銀行。

（3）3日，從環球公司購進甲材料5,000千克，單價18元/千克，乙材料3,000千克，單價25元/千克，增值稅稅額28,050元。款項以銀行存款支付，材料尚未收到。

（4）3日，以現金支付上述甲、乙兩種材料的運費800元，按材料重量比例分攤運費。

（5）5日，上述材料運到，經驗收入庫，計算並結轉採購成本。

（6）6日，以銀行存款歸還前欠豐城公司貨款20,000元。

（7）8日，購買辦公用品1,200元，以現金支付。

（8）10日，從環球公司購進甲材料8,000千克，單價18元/千克，增值稅稅額24,480元，運費500元。材料收到，並驗收入庫，付款結算憑證已經收到，貨款尚未支付。

（9）10日，生產車間領用甲材料3,500千克，單價18.20元/千克，領用乙材料

2,000千克，單價25.20元/千克。該批材料均用於A產品的生產。

（10）11日，為生產A產品領用甲材料15,000元，B產品領用乙材料12,000元的生產，車間管理領用乙材料2,000元，公司管理部門領用甲材料3,000元。

（11）12日，用銀行存款發放職工工資230,000元。

（12）15日，向海寧公司銷售A產品18,000件，售價50元/件，計900,000元，增值稅稅額153,000元。款項已收到並存入銀行。

（13）15日，開出轉帳支票支付廣告費52,000元。

（14）18日，職工王剛預借差旅費3,000元，以現金支付。

（15）19日，開出轉帳支票支付公司水電費5,000元。其中，車間承擔3,000元，行政管理部門承擔2,000元。

（16）20日，以銀行存款支付固定資產大修理費18,000元。

（17）22日，向海寧公司銷售B產品10,000件，售價55元/件，計550,000元，增值稅稅額93,500元。商品已發出，貨款尚未收到。

（18）25日，王剛報銷差旅費3,200元，補付現金200元。

（19）26日，以銀行存款支付罰款支出6,500元。

（20）27日，應收短期股票投資股利15,000元。

（21）31日，計提本月固定資產折舊16,000元。其中，車間9,000元，公司管理部門7,000元。

（22）31日，攤銷租入辦公樓的裝修費500元。

（23）31日，分配本月工資費用，其中，A產品生產工人工資80,000元，B產品生產工人工資70,000元，車間管理人員工資30,000元，公司管理人員工資50,000元。

（24）31日，攤銷應由本月承擔的無形資產價值5,800元。

（25）31日，結轉A產品18,000件、B產品10,000件的銷售成本，A產品單位生產成本為35元/件，B產品單位生產成本為38元/件。

（26）31日，按A、B產品生產工人工資比例分配製造費用。

（27）31日，A產品2,300件全部完工並驗收入庫，結轉完工產品的生產成本。乙產品尚未完工。

（28）31日，結轉本月的收入類帳戶發生額。

（29）31日，結轉本月的費用類帳戶發生額。

（30）31日，按照稅法規定本年應交所得稅額為300,000元。

（31）31日，結轉本年的所得稅費用。

（32）31日，結轉全年實現的淨利潤。

（33）31日，按照本年淨利潤的10%提取法定盈餘公積。

（34）31日，按照淨利潤的30%向投資者分配利潤。

要求：

（1）根據12月期初各帳戶資料，開設各帳戶的總分類帳戶，並登記期初餘額。

（2）根據12月發生的經濟業務編製會計分錄，並登記總分類帳戶。

（3）結算出各總分類帳戶的本期發生額及期末餘額，並編製試算平衡表。

第九章　會計記帳載體

學習目標

1. 理解會計憑證的概念與意義；
2. 掌握會計憑證的種類；
3. 掌握原始憑證和記帳憑證的基本內容、填製要求、審核要求；
4. 瞭解會計憑證的傳遞與保管；
5. 理解會計帳簿的概念與意義；
6. 掌握會計帳簿的種類；
7. 掌握會計帳簿的登記規則和登記方法；
8. 掌握錯帳更正方法；
9. 理解對帳和結帳；
10. 掌握財產清查的具體方法以及銀行存款餘額調節表的編製；
11. 掌握兩種盤存制度的具體操作；
12. 瞭解會計帳簿的更換與保管。

第一節　會計憑證

一、會計憑證的意義和種類

（一）會計憑證的意義

會計憑證是記錄經濟業務事項發生或完成情況、明確經濟責任的書面證明，也是登記帳簿的依據。

填製和審核會計憑證是會計核算基本方法之一，也是會計核算工作的起點。任何單位在處理任何經濟業務時，都必須由執行和完成該項經濟業務的有關人員從外單位取得或自行填製有關憑證，以書面形式記錄和證明所發生經濟業務的性質、內容、數量、金額等，並在憑證上簽名或蓋章，從而對經濟業務的合法性和憑證的真實性、完整性、正確性負責。所有會計憑證都必須經過有關人員的審核，審核無誤的會計憑證才能作為登記帳簿的依據。

填製和審核會計憑證是一項重要的基礎性的會計核算工作，對保證會計信息的真實性、完整性、正確性，提高會計核算質量，有效實施會計監督都具有十分重要的意義。具體體現在以下三個方面：

1. 記錄經濟業務，提供記帳依據

會計憑證記錄著經濟業務事項發生或完成的時間、性質、數量、金額等信息，通過對會計憑證的認真填製和嚴格審核，以保證各項經濟業務能夠真實、可靠、及時反應，進而為分類、匯總登記帳簿提供可靠的依據。

2. 明確經濟責任，強化內部控制

會計憑證除了記錄經濟業務事項的基本內容之外，還必須由有關部門和人員簽名或蓋章，對會計憑證所記錄經濟業務事項的合法性、真實性、完整性、正確性負責，以使相關責任人在其職權範圍內各司其職、各負其責，進而防止舞弊行為，強化內部控制。

3. 監督經濟活動，控制經濟運行

通過會計憑證的審核，可以檢查和監督經濟業務事項的合法性、合理性、有效性，是否符合國家有關法律法規和制度的規定，是否符合會計主體業務經營和財務收支計劃、預算的規定，是否能夠確保會計主體財產的合理有效使用，進而監督經濟業務事項的發生、發展，控制經濟業務事項的有效實施。

(二) 會計憑證的種類

會計憑證的形式多種多樣，可以按照不同的標準進行分類。會計憑證按其用途和填製程序不同，可以分為原始憑證和記帳憑證兩類。

1. 原始憑證

原始憑證又稱為單據，是在經濟業務事項發生或完成時取得或填製的，用以記錄或證明經濟業務事項的發生或完成情況、明確有關經濟責任、具有法律效力、並作為記帳原始依據的書面證明。它是記載經濟業務事項發生或完成具體內容的最初證明，是整個會計信息系統運行的起點。如銀行進帳單、出差乘坐的車船票、採購材料的發貨票、到倉庫領料的領料單等，都是原始憑證。

需要特別注意的是，原始憑證用以證明經濟業務事項的發生或完成情況，因此，凡是不能證明經濟業務事項已經發生或已經完成的書面文件，如購銷合同、請購單、派工單等，都不是原始憑證，不能單獨作為會計記帳的依據，而只能當作主要原始憑證的附件。

2. 記帳憑證

記帳憑證又稱為記帳憑單，是會計人員根據審核無誤的原始憑證，按照經濟業務事項的內容加以歸類，並據以確定會計分錄後所填製的、作為記帳直接依據的書面文件。它將原始憑證中的經濟信息轉化為會計語言，是介於原始憑證與會計帳簿之間的中間環節。如收款憑證、付款憑證、轉帳憑證等，都是記帳憑證。

原始憑證與記帳憑證均屬於會計憑證，但性質大不相同。原始憑證記錄的是經濟信息，它是編製記帳憑證的依據，是登記會計帳簿的原始依據；而記帳憑證記錄的是會計信息，它是登記會計帳簿的直接依據。

原始憑證和記帳憑證又可以進一步按照一定的標準分類，具體如圖 9-1 所示。

```
                          ┌ 按來源劃分  ┌ 外來原始憑證
                          │            └ 自制原始憑證
                          │            ┌ 一次原始憑證
              ┌ 原始憑證 ┤ 按填製手續劃分┤ 累計原始憑證
              │           │            └ 匯總原始憑證
              │           │ 按格式劃分  ┌ 通用原始憑證
              │           └            └ 專用原始憑證
  會計憑證 ┤
              │                        ┌                ┌ 收款憑證
              │                        │ 專用記帳憑證  ┤ 付款憑證
              │           ┌ 按適用範圍劃分                └ 轉帳憑證
              └ 記帳憑證 ┤            │
                          │            └ 通用記帳憑證
                          │ 按填列方式劃分 ┌ 復式記帳憑證
                          └                └ 單式記帳憑證
```

圖 9-1　會計憑證的種類

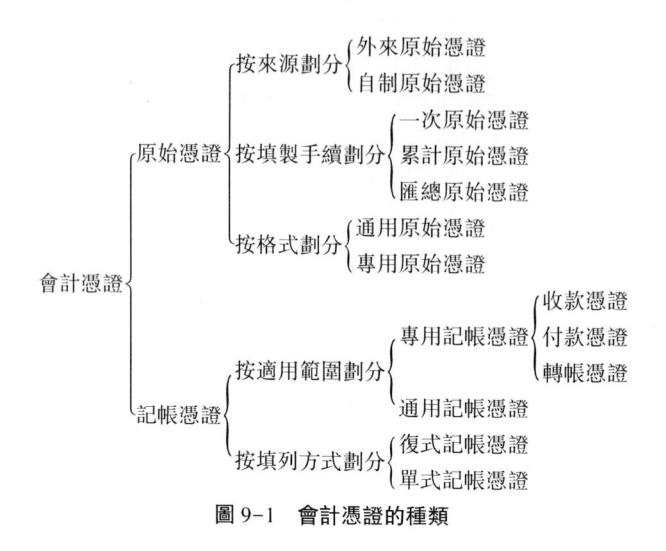

二、原始憑證

（一）原始憑證的種類

　　1. 按取得來源不同分類

　　（1）外來原始憑證

　　外來原始憑證是指在經濟業務發生或完成時，從其他單位或個人直接取得的原始憑證。外來原始憑證一般由稅務局等部門統一印製，或經稅務部門批准由經濟單位印製，在填製時加蓋出其憑證單位公章方有效，對於一式多聯的原始憑證必須用復寫紙套寫。常見的外來原始憑證有購買材料時取得的增值稅專用發票、銀行轉來的各種結算憑證、職工外出學習支付學費時取得的收據、職工出差取得的飛機票、車船票、住宿發票等。部分外來原始憑證格式如表 9-1、表 9-2 所示。

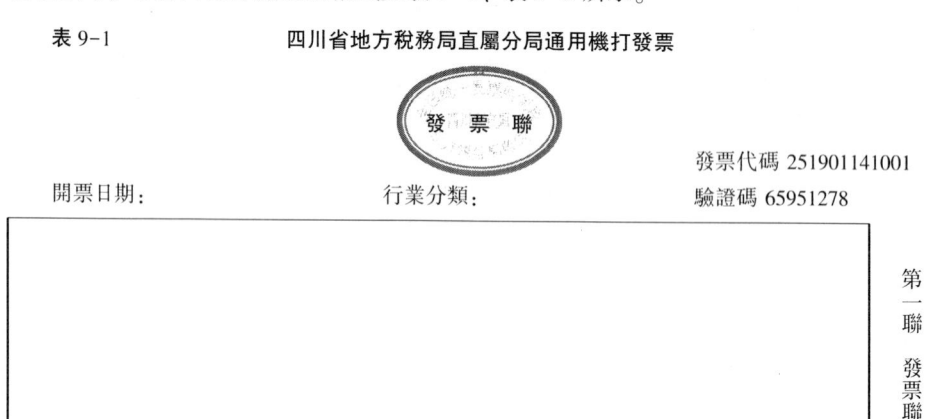

表 9-1　　　　　　　　四川省地方稅務局直屬分局通用機打發票

發　票　聯

發票代碼 251901141001
驗證碼 65951278

開票日期：　　　　　行業分類：

第一聯　發票聯

表9-2

四川增值稅專用發票

5100000000　　　　　　此聯不作報銷、扣稅憑證使用　　　　　　No. 00000000

購貨單位	名稱： 納稅人識別號： 地址、電話： 開戶行及帳號：			密碼區				
貨物或應稅勞務名稱		規格型號	單位	數量	單價	金額	稅率	稅額
合計								
價稅合計（大寫）					（小寫）			
銷貨單位	名稱： 納稅人識別號： 地址、電話： 開戶行及帳號：			備註				

第一聯：記帳聯 銷貨方記帳憑證

（2）自製原始憑證

自製原始憑證是指由本單位內部經辦業務的部門和人員，在執行或完成某項經濟業務時填製的、僅供本單位內部使用的原始憑證。常見的自製原始憑證有收料單、領料單、入庫單、工資結算單、製造費用分配表、固定資產折舊計算表、差旅費報銷單等。部分自製原始憑證格式如表9-3、表9-4所示。

表9-3　　　　　　　　　　　　　**收料單**

供貨單位：　　　　　　　　　年　月　日　　　　　　　憑證編號：

材料編號	材料名稱	材料規格	計量單位	數量		單價	金額	備註
				應收	實收			

採購員：　　　　檢驗員：　　　　保管員：　　　　製單：

表9-4　　　　　　　　　　**固定資產折舊計算表**

供貨單位：　　　　　　　　　年　月　日　　　　　　　憑證編號：

類別	部門	上月計提額	上月增加應計提額	本月減少應計提額	本月應計提額
設備	車間				
房屋	廠部				

主管：　　　　　　　　　　　　　　　　　　　　　　　製單：

2. 按填製手續不同分類

（1）一次憑證

一次憑證是指一次填製完成，只記錄一筆經濟業務且僅一次有效的原始憑證。所有的外來原始憑證和大部分自制原始憑證都屬於一次憑證，如發票、收據、銀行結算憑證、收料單、領料單、入庫單等。領料單的一般格式如表 9-5 所示。

表 9-5　　　　　　　　　　　　　　領料單

領料部門：　　　　　　　　　　年　月　日　　　　　　　憑證編號：

材料編號	材料名稱	材料規格	計量單位	數量		單位成本	金額	備註
				請領	實領			

審批人：　　　　領料人：　　　　發料人：　　　　製單：

（2）累計憑證

累計憑證是指在一定時期內多次記錄發生的同類型經濟業務且多次有效的原始憑證。最具有代表性的累計憑證是限額領料單。累計憑證的特點是在一張憑證內可以連續登記相同性質的經濟業務，雖填製手續需要多次填製完成，但可以減少憑證張數，同時累計憑證可以隨時計算出累計發生數和結餘數，並按照限額數量進行費用控制，起到加強成本管理、降低材料損耗的作用，是企業進行計劃管理的手段之一。限額領料單的一般格式如表 9-6 所示。

表 9-6　　　　　　　　　　　　　　限額領料單

領料部門：　　　　　　　　　　年　月　日　　　　　　　憑證編號：

材料類別	材料編號	材料名稱	規格	計量單位	領用限額	實際領用	單位成本	金額

日期	領用數量				限額結餘	退料數量		
	請領	實發	發料人簽章	領料人簽章		數量	退料人簽章	收料人簽章

（3）匯總憑證

匯總憑證是指對一定時期內反應同類經濟業務內容的若干張原始憑證，按照一定標準綜合填製而成的原始憑證。常見的匯總憑證有發出材料匯總表、工資結算匯總表、差旅費報銷單等。匯總原始憑證合併了同類型經濟業務，簡化了記帳的工作。發出財

料匯總表就是企業根據一定時期內的領料單，按照材料的用途加以歸類整理編製而成的匯總憑證，其格式如表9-7所示。

表9-7　　　　　　　　　　　　發出材料匯總表
　　　　　　　　　　　　　　　年　月　日　　　　　　　　憑證編號：

會計科目	領料部門	領料單張數	原材料			週轉材料		合計
			甲材料	乙材料	……	包裝物	低值易耗品	
生產成本	一車間							
	二車間							
	小計							
合計								

會計主管：　　　　　　　　　　復核：　　　　　　　　　　製表：

3. 按格式不同分類

（1）通用憑證

通用憑證是由有關部門統一印製、在一定範圍內使用的具有統一格式和使用方法的原始憑證。通用憑證的使用範圍因製作部門不同而不同，可以是某一地區、某一行業使用，也可以是全國通用，如某省（市）印製的在該省（市）通用的發票、收據，由中國人民銀行製作的在全國通用的銀行結算憑證，由國家稅務總局統一印製的全國通用的增值稅專用發票等。銀行電匯憑證的格式如表9-8所示。

表9-8　　　　　　　　　　　　銀行電匯憑證
　　　　　　　　　　　　　　　電匯憑證
幣別：　　　　　　　　　　年　月　日　　　　　　　　流水號：

匯款方式	□普通　□加急										
匯款人	全稱		收款人	全稱						
金額	帳號（大寫）		帳　　號								
	匯出行名稱		匯入行名稱								
				億	千	百	十	萬	千	百	十	元	角	分

會計主管　　　　授權　　　　復核　　　　錄入

第一聯　銀行記帳憑證

（2）專用憑證

專用憑證是由單位自行印製、僅在本單位內部使用的原始憑證，如領料單、折舊計算表、工資分配表、差旅費報銷單等。差旅費報銷單的格式如表9-9所示。

表9-9　　　　　　　　　　　　差旅費報銷單

部門：　　　　　　　　　　　年　月　日　　　　　　　　編號：

姓名		職別		出差事由						附單據　　張
出　差	起止日期	自	年	月	日起至	年	月	日	止共	
月　日	起訖地點	天數	機票費	車船費	市內交通費	住宿費	出差補助	其他	合計	
（大寫）										

（二）原始憑證的基本內容

原始憑證的基本內容又稱為原始憑證要素。儘管原始憑證的格式和內容因經濟業務性質的不同而有所不同，但客觀、真實、及時、完整地記錄經濟業務事項的發生或完成情況是所有原始憑證都必須做到的。因此，各種原始憑證都應當具備以下一些基本內容：

（1）憑證的名稱；
（2）填製憑證的日期；
（3）填製憑證單位名稱或者填製人姓名；
（4）經辦人員的簽名或者蓋章；
（5）接受憑證單位名稱；
（6）經濟業務內容；
（7）數量、單價和金額。

（三）原始憑證的填製要求

原始憑證是編製記帳憑證的依據，是會計核算最基礎的原始資料。要保證會計核算工作的質量，必須從保證原始憑證的質量做起，正確填製原始憑證。

1. 記錄要真實

原始憑證所填列的日期、經濟業務內容、數量、金額等必須真實可靠，符合實際情況。任何單位不得以虛假的經濟業務事項或者資料進行會計核算。

2. 內容要完整

原始憑證所要求填列的項目必須逐項填列齊全，不得遺漏和省略。需要注意的是，

年、月、日要按照填製原始憑證的實際日期填寫；名稱要齊全，不能簡化；品名或用途要填寫明確，不能含糊不清；有關人員的簽章必須齊全。

3. 手續要完備

單位自製的原始憑證必須有經辦單位相關負責人的簽名或蓋章；對外開出的原始憑證必須加蓋本單位公章；從外部取得的原始憑證，必須蓋有填製單位的公章；從個人取得的原始憑證，必須有填製人員的簽名或蓋章。總之，取得原始憑證必須符合手續完備要求，以明確經濟責任，確保憑證的合法性、真實性。

4. 書寫要清楚、規範

原始憑證要按規定填寫，文字要簡明，字跡要清楚，易於辨認，不得使用未經國務院公布的簡化漢字。大小寫金額必須符合填寫規範，小寫金額用阿拉伯數字逐個書寫，不得寫連筆字。在金額前要填寫人民幣符號「￥」，且與阿拉伯數字之間不得留有空白。金額數字一律填寫到角分，無角分的，寫「00」或符號「—」；有角無分的，分位寫「0」，不得用符號「—」。大寫金額用漢字壹、貳、叁、肆、伍、陸、柒、捌、玖、拾、佰、仟、萬、億、元、角、分、零、整等，一律用正楷或行書字書寫。大寫金額前未印有「人民幣」字樣的，應加寫「人民幣」三個字且和大寫金額之間不得留有空白。大寫金額到元或角為止的，後面要寫「整」或「正」字；有分的，不寫「整」或「正」字。如小寫金額為￥1,008.00，大寫金額應寫成「壹仟零捌元整」。

5. 編號要連續

各種憑證要連續編號，以便查考。如果憑證已預先印定編號，如發票、支票等重要憑證，在寫壞作廢時，應加蓋「作廢」戳記，妥善保管，不得撕毀。

6. 不得塗改、刮擦、挖補

原始憑證有錯誤的，應當由出具單位重開或更正，更正處應當加蓋出具單位印章。原始憑證金額有錯誤的，應當由出具單位重開，不得在原始憑證上更正。

7. 填製要及時

各種原始憑證一定要及時填寫，並按規定的程序及時送交會計部門審核。

除了上述填製要求之外，《會計基礎工作規範》中還有如下的一些要求：凡填有大寫和小寫金額的原始憑證，大寫與小寫金額必須相符。購買實物的原始憑證，必須有驗收證明。支付款項的原始憑證，必須有收款單位和收款人的收款證明。一式幾聯的原始憑證，應當註明各聯的用途，只能以一聯作為報銷憑證。一式幾聯的發票和收據，必須用雙面復寫紙（發票和收據本身具備復寫紙功能的除外）套寫，並連續編號。作廢時應當加蓋「作廢」戳記，連同存根一起保存，不得撕毀。發生銷貨退回的，除填製退貨發票外，還必須有退貨驗收證明；退款時，必須取得對方的收款收據或者匯款銀行的憑證，不得以退貨發票代替收據。職工公出借款憑據，必須附在記帳憑證之後。收回借款時，應當另開收據或者退還借據副本，不得退還原借款收據。經上級有關部門批准的經濟業務，應當將批准文件作為原始憑證附件。如果批准文件需要單獨歸檔的，應當在憑證上註明批准機關名稱、日期和文件字號。

（四）原始憑證的審核

為了如實反應經濟業務事項的發生和完成情況，充分發揮會計的監督職能，保證

會計信息的真實、合法、完整和準確,會計機構、會計人員必須對原始憑證進行嚴格審核。只有經審核無誤的原始憑證,才能作為填製記帳憑證和登記帳簿的依據。原始憑證審核的內容主要包括以下幾個方面:

1. 審核原始憑證的真實性

原始憑證作為會計信息的基本信息源,其真實性對會計信息的質量具有決定性的影響,其真實性的審核包括憑證日期是否真實、業務內容是否真實、數據是否真實等。對外來原始憑證,必須有填製單位公章和填製人員簽章;對自制原始憑證,必須有經辦部門和經辦人員的簽名或蓋章。此外,對通用原始憑證,還應審核憑證本身的真實性,以防假冒。

2. 審核原始憑證的合法性

審核原始憑證所反應的經濟業務事項是否符合國家有關政策、法規、制度等的規定,是否履行了規定的憑證傳遞和審核程序,是否有貪污腐化、違法亂紀等行為。

3. 審核原始憑證的合理性

審核原始憑證所記載的經濟業務事項是否符合企業生產經營活動的需要、是否符合有關的計劃和預算等。

4. 審核原始憑證的完整性

審核原始憑證各項基本內容是否填列齊全,是否有漏項情況,日期是否完整,數量、單價、金額是否清晰,文字是否工整,有關人員簽章是否齊全,憑證聯次是否正確等。

5. 審核原始憑證的正確性

審核原始憑證所記錄的各項基本內容是否正確,包括:接受原始憑證單位的名稱是否正確;阿拉伯數字金額分位逐個填寫,不得連筆書寫;小寫金額前要標明「￥」字樣,中間不能留有空位;大寫金額前要加「人民幣」字樣,大寫金額與小寫金額要相符;憑證中有書寫錯誤的,應採用正確的方法更正,不能採用塗改、刮擦、挖補等不正確方法。

6. 審核原始憑證的及時性

原始憑證的及時性是保證會計信息及時性的基礎。為此,要求在經濟業務事項發生或完成時及時填製有關原始憑證,及時進行憑證的傳遞。審核時應注意審查憑證的填製日期,尤其是支票、銀行匯票、銀行本票等時效性較強的原始憑證,更應仔細驗證其簽發日期。

原始憑證的審核是一項十分重要的工作,經審核的原始憑證應根據不同情況處理:①對於完全符合要求的原始憑證,應及時據以編製記帳憑證入帳;②對於真實、合法、合理但內容不夠完整、填寫有錯誤的原始憑證,應退回給有關經辦人員,由其負責將有關憑證補充完整、更正錯誤或重開後,再辦理正式會計手續;③對於不真實、不合法的原始憑證,會計機構、會計人員有權不予接受,並向單位負責人報告。

三、記帳憑證

(一) 記帳憑證的種類

1. 按用途不同分類

記帳憑證按用途不同，分為專用記帳憑證和通用記帳憑證。

（1）專用記帳憑證。專用記帳憑證是指分類反應經濟業務內容的記帳憑證，按其反應的經濟業務內容，可進一步具體分為收款憑證、付款憑證和轉帳憑證。

①收款憑證是指專門用於記錄現金和銀行存款收款業務的記帳憑證。收款憑證是出納人員根據有關庫存現金和銀行存款收入業務的原始憑證填製的，是登記現金日記帳、銀行存款日記帳以及有關明細帳和總帳等帳簿的依據。收款憑證的格式如表9-10所示。

表9-10　　　　　　　　　　　　　**收款憑證**

應借科目＿＿＿＿＿　　　　　　年　月　日　　　　　　　＿＿＿收字第＿＿＿號

摘要	應貸科目	√	√	金額
	合計			

附件　　張

會計主管　　　　記帳　　　　稽核　　　　出納　　　　填製

②付款憑證是指專門用於記錄現金和銀行存款付款業務的記帳憑證。付款憑證是出納人員根據有關庫存現金和銀行存款支付業務的原始憑證填製的，是登記現金日記帳、銀行存款日記帳以及有關明細帳和總帳等帳簿的依據。付款憑證的格式如表9-11所示。

表9-11　　　　　　　　　　　　　**付款憑證**

應貸科目＿＿＿＿＿　　　　　　年　月　日　　　　　　　＿＿＿付字第＿＿＿號

摘要	應借科目	√	√	金額
	合計			

附件　　張

會計主管　　　　記帳　　　　稽核　　　　出納　　　　填製

③ 轉帳憑證是指用於記錄不涉及現金和銀行存款業務的記帳憑證。在經濟業務中，凡是不涉及現金和銀行存款收付的業務，稱之為轉帳業務，如計提固定資產折舊、車間領用原材料、期末結轉成本等。轉帳憑證是會計人員根據有關轉帳業務的原始憑證填製的，是登記有關明細帳和總帳等帳簿的依據。轉帳憑證的格式如表 9-12 所示。

表 9-12　　　　　　　　　　　　　**轉帳憑證**
　　　　　　　　　　　　　　　　　年　月　日　　　　　　　　　轉字第＿＿＿號

摘要	會計科目	√	借方	貸方
	合計			

附件　　張

會計主管　　　　　記帳　　　　　稽核　　　　　填製

（2）通用記帳憑證。通用記帳憑證是指用來反應所有經濟業務內容的記帳憑證，採用通用記帳憑證的單位不再區分收款、付款和轉帳業務，而是將所有經濟業務統一編號，在同一格式的記帳憑證中進行記錄。通用記帳憑證的格式與轉帳憑證基本相同。記帳憑證的格式如表 9-13 所示。

表 9-13　　　　　　　　　　　　　**記帳憑證**
　　　　　　　　　　　　　　　　　年　月　日　　　　　　　　　順序號第＿＿＿號

摘要	總帳科目	明細科目	√	借方	貸方
		合計			

附件　　張

會計主管　　　　　記帳　　　　　稽核　　　　　填製

2. 按填列方法不同分類

記帳憑證按填列方法不同，分為復式記帳憑證和單式記帳憑證。

（1）復式記帳憑證

復式記帳憑證也稱多項記帳憑證，是指將每一筆經濟業務事項所涉及的全部會計

科目及其發生額均在同一張記帳憑證中反應的一種記帳憑證。它是會計實際工作中應用最普遍的記帳憑證。如上述表9-10、表9-11、表9-12的收款憑證、付款憑證、轉帳憑證等專用記帳憑證，以及表9-13的通用記帳憑證均為復式記帳憑證。

　　復式記帳憑證能夠全面地反應經濟業務的帳戶對應關係，能夠清晰地反應經濟業務事項的來龍去脈，有利於檢查會計分錄的正確性，有利於減少記帳憑證的張數，降低編製記帳憑證的工作量；但在使用過程中不便於憑證的傳遞、匯總，不便於會計崗位上的分工記帳。

（2）單式記帳憑證

　　單式記帳憑證也稱為單項記帳憑證，是指每一張記帳憑證只填列經濟業務事項所涉及的一個會計科目及其金額的一種記帳憑證。某項經濟業務事項涉及幾個會計科目，就編製幾張單式記帳憑證。填列借方科目的稱為借項記帳憑證，填列貸方科目的稱為貸項記帳憑證。在借項記帳憑證和貸項記帳憑證中所列示的對應總帳科目只起參考作用，不作為登記帳簿的依據。單式記帳憑證的格式如表9-14、表9-15所示。

表9-14　　　　　　　　　　　借項記帳憑證
　　　　　　　　　　　　　　年　月　日　　　　　　　憑證編號第＿＿＿號

摘要	總帳科目	明細科目	√	金額
對應總帳科目		合計		

附件　　張

會計主管　　　　記帳　　　　稽核　　　　出納　　　　填製

表9-15　　　　　　　　　　　貸項記帳憑證
　　　　　　　　　　　　　　年　月　日　　　　　　　憑證編號第＿＿＿號

摘要	總帳科目	明細科目	√	金額
對應總帳科目		合計		

附件　　張

會計主管　　　　記帳　　　　稽核　　　　出納　　　　填製

單式記帳憑證反應經濟業務內容單一，便於分工記帳，便於按會計科目匯總；但一張憑證不能反應每一筆經濟業務的全貌，不能反應經濟業務事項的來龍去脈，不便於檢查會計分錄的正確性，憑證資料過於分散，不能集中反應經濟業務的概況，而且記帳憑證的張數過多，相對而言會增加編製記帳憑證的工作量。

(二) 記帳憑證的基本內容

記帳憑證的基本內容又稱為記帳憑證要素。儘管記帳憑證的格式因其所反應經濟業務內容的不同、各單位規模大小不同及對會計核算繁簡程度的要求不同而有所不同。但為了滿足登記帳簿的基本要求，記帳憑證應當具備以下一些基本內容：

(1) 記帳憑證的名稱。記帳憑證的名稱通常分為收款憑證、付款憑證和轉帳憑證。

(2) 填製記帳憑證的日期。記帳憑證在哪一天編製就寫哪一天。記帳憑證的填製日期與原始憑證的填製日期可能相同也可能不同，一般稍後於原始憑證。

(3) 記帳憑證的編號。記帳憑證要根據經濟業務事項發生的先後順序按月連續編號，按編號順序記帳。企業既可以按收款、付款、轉帳三類業務分收、付、轉三類編號，也可以細分為現收、現付、銀收、銀付、轉帳五類編號。若一筆經濟業務涉及兩張以上記帳憑證的，可以採用分數編號法編號，如「1/3」「2/3」「3/3」等。記帳憑證編號，既便於裝訂保管和登記帳簿，也便於日後檢查。

(4) 經濟業務事項的內容摘要。摘要應能清晰地揭示經濟業務事項的內容，同時也要簡明扼要。

(5) 經濟業務事項所涉及的會計科目及其記帳方向。

(6) 經濟業務事項的金額。

(7) 記帳標記。

(8) 所附原始憑證張數。原始憑證是編製記帳憑證的原始依據，審核記帳憑證是否正確離不開所附的原始憑證。

(9) 會計主管、記帳、稽核、填製等有關人員簽名或者蓋章。收款憑證和付款憑證還應當由出納人員簽名或者蓋章。

(三) 記帳憑證的填製要求

記帳憑證是登記帳簿的直接依據，記帳憑證的填製是否正確將直接關係著帳簿登記的質量。記帳憑證將原始憑證中記載的經濟信息轉化為會計信息，除了應嚴格遵守前述填製原始憑證所要求的真實可靠、內容完整、手續完備、書寫清楚、連續編號、填製及時以外，還應注意遵守以下填製要求：

(1) 記帳憑證可以根據每一張原始憑證填製，或根據若干張同類原始憑證匯總填製，也可以根據原始憑證匯總表填製。但不得將不同內容和類別的原始憑證匯總填製在一張記帳憑證上。

(2) 除結帳和更正錯誤的記帳憑證可以不附原始憑證外，其他記帳憑證必須附有原始憑證。如果一張原始憑證涉及幾張記帳憑證，可以把原始憑證附在一張主要的記帳憑證後面，並在其他記帳憑證上註明附有該原始憑證的記帳憑證的編號或者附原始憑證複印件。

一張原始憑證所列支出需要幾個單位共同負擔的，應當將其他單位負擔的部分，開給對方原始憑證分割單，進行結算。原始憑證分割單必須具備原始憑證的基本內容：憑證名稱、填製憑證日期、填製憑證單位名稱或者填製人姓名、經辦人的簽名或者蓋章、接受憑證單位名稱、經濟業務內容、數量、單價、金額和費用分攤情況等。

　　(3) 如果在填製記帳憑證時發生錯誤，應當重新填製。已經登記入帳的記帳憑證，在當年內發現填寫錯誤時，可以用紅字填寫一張與原內容相同的記帳憑證，在摘要欄註明「註銷某月某日某號憑證」字樣，同時再用藍字重新填製一張正確的記帳憑證，註明「訂正某月某日某號憑證」字樣；如果會計科目沒有錯誤，只是金額錯誤，也可以將正確數字與錯誤數字之間的差額，另編製一張調整的記帳憑證，調增金額用藍字，調減金額用紅字。發現以前年度記帳憑證有錯誤的，應當用藍字填製一張更正的記帳憑證。

　　(4) 記帳憑證填製完經濟業務事項後，如有空行，應當自金額欄最後一筆金額數字下的空行處至合計數上的空行處劃線註銷。

　　(5) 實行會計電算化的單位，對於機制記帳憑證，要認真審核，做到會計科目使用正確，數字準確無誤。打印出的機制記帳憑證要加蓋製單人員、審核人員、記帳人員及會計機構負責人、會計主管人員印章或者簽字。

(四) 記帳憑證的審核

　　為了保證會計信息的質量，在登記帳簿之前應由有關稽核人員對記帳憑證進行嚴格的審核。記帳憑證審核的內容主要包括以下幾個方面：

　　1. 內容是否真實

　　審核記帳憑證是否以原始憑證為依據，所附原始憑證的內容與記帳憑證的內容是否一致，記帳憑證匯總表的內容與其所依據的記帳憑證的內容是否一致等。

　　2. 項目是否齊全

　　審核記帳憑證各項目的填寫是否齊全，如日期、憑證編號、摘要、會計科目、金額、所附原始憑證張數及有關人員簽章等。這些都屬於記帳憑證必備的內容要素，均需填寫齊全。

　　3. 科目是否正確

　　審核記帳憑證的應借、應貸科目是否正確，是否有明確的帳戶對應關係，所使用的會計科目是否符合國家統一的會計制度的規定等。

　　4. 金額是否正確

　　審核記帳憑證所記錄的金額與原始憑證的有關金額是否一致、計算是否正確，記帳憑證匯總表的金額與記帳憑證的金額合計是否相符等。

　　5. 書寫是否正確

　　審核記帳憑證中的記錄是否文字工整、數字清晰，是否按規定進行更正等。

　　6. 手續是否完備

　　出納人員在辦理收款或付款業務後，應在憑證上加蓋「收訖」或「付訖」的戳記，以避免重收重付。

記帳憑證的審核是一項十分重要的工作，經審核的記帳憑證應根據不同情況處理：①對於完全符合要求的記帳憑證，應及時據以登記帳簿；②對於尚未登記入帳的記帳憑證錯誤，應當重新填製；③對於已經登記入帳的記帳憑證，在當年內發現填寫錯誤時，應及時查明原因，按紅字更正法或補充登記法及時做出更正處理；④對於發現以前年度記帳憑證有錯誤的，應當用藍字填製一張更正的記帳憑證。

四、會計憑證的管理

（一）會計憑證的傳遞

會計憑證的傳遞是指從會計憑證的取得或填製時起至歸檔保管過程中，在單位內部有關部門和人員之間的傳送程序。

會計憑證的傳遞應當能夠滿足內部控制制度的要求，使傳遞程序合理有效，同時盡量節約傳遞時間，減少傳遞的工作量。單位應根據具體情況制定每一種憑證的傳遞程序和方法。會計憑證的傳遞一般包括傳遞程序和傳遞時間兩個方面。

各種會計憑證所記載的經濟業務事項不同，涉及的部門和人員不同，據以辦理業務的手續也不同，在各環節停留的時間也不同。正確組織會計憑證的傳遞，就是要為各種會計憑證規定合理的傳遞程序和傳遞時間，目的是使各個工作環節環環相扣，相互監督，以提高工作效率。各單位在制定會計憑證的傳遞程序、規定其傳遞時間時，通常要考慮以下兩點內容：

1. 確定傳遞線路

根據各單位經濟業務的特點、內部機構設置、人員分工情況以及經營管理的要求等，從完善內部控制制度的角度出發，具體規定各種會計憑證的聯次及其傳遞流程，使有關部門及人員及時辦理各種憑證手續，既符合內容控制原則又能避免不必要的環節，加快傳遞速度，提高工作效率。

2. 規定傳遞時間

根據有關部門和人員辦理經濟業務的必要手續時間，同有關部門和人員協商制定會計憑證在各經辦環節的停留時間，以便合理確定辦理經濟業務的最佳時間，及時反應、記錄經濟業務的發生和完成情況。既要防止不必要的延誤，又要避免時間定得過緊，影響業務手續的完成。

（二）會計憑證的保管

會計憑證的保管是指會計憑證記帳後的整理、裝訂、歸檔和存查工作。

會計憑證是記帳的依據，是重要的會計檔案和經濟資料。因此，任何單位在完成經濟業務手續和記帳之後，必須將會計憑證按規定的立卷歸檔制度形成會計檔案資料，妥善保管，防止丟失，不得任意銷毀，以便於日後隨時查閱。

會計憑證的保管，既要做到會計憑證的完整無缺，又要便於會計憑證的日後翻閱查找。會計憑證的保管應遵守以下幾點要求：

（1）會計憑證應定期裝訂成冊，防止散失。會計部門在根據會計憑證記帳後，應定期對各種會計憑證進行分類整理，將各種記帳憑證按照編號順序，連同所附的原始

憑證一起加具封面、封底，裝訂成冊，並在裝訂線上加貼封簽，由裝訂人員在裝訂線封簽處簽名或蓋章。

從外單位取得的原始憑證遺失時，應取得原開出單位蓋有公章的證明，並註明原來憑證的號碼、金額和內容等，由經辦單位會計機構負責人、會計主管人員和單位領導人批准後，才能代作原始憑證。如果確實無法取得證明的，如火車、輪船、飛機票等憑證，由當事人寫出詳細情況，由經辦單位會計機構負責人、會計主管人員和單位領導人批准後，代作原始憑證。

（2）會計憑證封面應註明單位名稱、憑證種類、憑證張數、起止號數、年度、月份、會計主管人員、裝訂人員等有關事項，會計主管人員和保管人員應在封面上簽章。會計憑證封面的一般格式如表9-16所示。

表9-16　　　　　　　　**會計憑證封面**

冊數號	本月共　　冊
	本冊第　　冊

自　　年　　月　　日起至　　月　　日止

記帳憑證種類	憑單起訖號數				附原始憑證張數	
收款憑證	共	張自第	號至第	號	共	張
付款憑證	共	張自第	號至第	號	共	張
轉帳憑證	共	張自第	號至第	號	共	張
記帳憑證	共	張自第	號至第	號	共	張
備註						

20　　年　　月　　日裝訂

（3）會計憑證應加貼封條，防止抽換憑證。原始憑證不得外借，其他單位如有特殊原因確實需要使用時，經本單位會計機構負責人、會計主管人員批准，可以複製。向外單位提供的原始憑證複製件，應在專設的登記簿上登記，並由提供人員和收取人員共同簽名或蓋章。

（4）原始憑證較多時，可單獨裝訂，但應在憑證封面註明所屬記帳憑證的日期、編號和種類，同時在所屬的記帳憑證上註明「附件另訂」及原始憑證的名稱和編號，以便查閱。對各種重要的原始憑證，如押金收據、提貨單等，以及各種需要隨時查閱和退回的單據，應另編目錄，單獨保管，並在有關的記帳憑證和原始憑證上分別註明日期和編號。

每年裝訂成冊的會計憑證，在年度終了時可暫由單位會計機構保管一年，期滿後應當移交本單位檔案機構統一保管；未設立檔案機構的，應當在會計機構內部指定專人保管。出納人員不得兼管會計檔案。

（5）嚴格遵守會計憑證的保管期限要求，期滿前不得任意銷毀。企業的會計憑證類會計檔案保管期限為15年。會計檔案的保管期限，從會計年度終了後的第一天

算起。

對於保管期滿但未結清的債權債務原始憑證以及涉及其他未了事項的原始憑證，不得銷毀，應單獨抽出，另行立卷，由檔案部門保管到未了事項完結時為止。單獨抽出立卷的會計檔案，應當在會計檔案銷毀清冊和會計檔案保管清冊中列明。正在項目建設期間的建設單位，其保管期滿的會計檔案不得銷毀。

第二節　會計帳簿

一、會計帳簿的意義和種類

(一) 會計帳簿的意義

會計帳簿是指由一定格式帳頁組成的，以經過審核的會計憑證為依據，全面、系統、連續地記錄各項經濟業務事項的簿籍。會計帳簿是會計資料的主要載體之一。各單位應當按照國家統一會計制度的規定和會計業務的需要設置會計帳簿。

設置和登記帳簿是編製會計報表的基礎，是連接會計憑證與會計報表的中間環節，在會計核算中具有重要意義。具體體現在以下四個方面：

1. 設置和登記帳簿，可以記載、儲存會計信息

將會計憑證所記錄的經濟業務事項逐筆逐項記入有關帳簿，可以全面反應一定時期發生的各項經濟活動，及時儲存所需要的各項會計信息。

2. 設置和登記帳簿，可以分類、匯總會計信息

通過帳簿記錄，可以將分散在會計憑證上的大量核算資料，按其不同性質加以歸類、整理和匯總，以便全面、系統、連續和分門別類地提供企業資產、負債、所有者權益、收入、費用和利潤等會計要素的增減變化和期末結存情況，及時提供各方所需的總括會計信息，為管理決策提供依據。

3. 設置和登記帳簿，可以檢查、校正會計信息

會計帳簿記錄是對會計憑證的進一步整理，帳簿記錄也是會計分析、會計檢查的重要依據。如會計帳簿中記錄的財產物資的帳存數可以通過實地盤點的方法，與實存數進行核對，來檢查財產物資是否妥善保管，帳實是否相符。

4. 設置和登記帳簿，可以編報、輸出會計信息

會計帳簿是對會計憑證的系統化，提供的是全面、系統、連續、分類的會計信息，因而會計帳簿記錄是編製會計報表的主要資料來源，會計帳簿所提供的資料，是編製會計報表的主要依據。會計人員通過定期結帳，計算出各有關帳戶的本期發生額和期末餘額，並據以編製會計報表，從而向有關各方提供所需要的會計信息。

(二) 會計帳簿的種類

會計帳簿的種類多種多樣，為了便於瞭解和使用，必須對帳簿進行分類。帳簿一般可以按照其用途、帳頁格式和外形特徵進行分類。

1. 按用途分類

會計帳簿按其用途不同,可分為序時帳簿、分類帳簿和備查帳簿三種。

(1) 序時帳簿

序時帳簿又稱為日記帳,是指按照經濟業務發生或完成時間的先後順序逐日逐筆進行登記的會計帳簿。序時帳簿按其記錄經濟業務的範圍不同,又可分為普通日記帳和特種日記帳。普通日記帳是用來登記全部經濟業務發生情況的會計帳簿,又稱為分錄簿;特種日記帳是用來登記某一類經濟業務發生情況的會計帳簿,包括現金日記帳、銀行存款日記帳、轉帳日記帳。在中國會計實際工作中,一般很少採用普通日記帳,也較少採用特種日記帳中的轉帳日記帳,應用較為廣泛的是特種日記帳中專門用來記錄和反應現金、銀行存款收付業務及其結存情況的現金日記帳和銀行存款日記帳。普通日記帳的格式如表9-17所示。

表9-17　　　　　　　　　　　　普通日記帳

第　頁

年		憑證		會計科目	摘要	借方金額	貸方金額
月	日	字	號				

(2) 分類帳簿

分類帳簿是對全部經濟業務事項按照會計要素的具體類別而設置的分類帳戶進行登記的會計帳簿。分類帳簿按照分類的概括程度不同,又可以分為總分類帳和明細分類帳。總分類帳按照總分類科目設置,總括分類登記經濟業務事項的會計帳簿,簡稱總帳;明細分類帳按照明細分類科目設置,明細分類登記經濟業務事項的會計帳簿,簡稱明細帳。總帳具有對明細帳控制和統馭的作用,明細帳具有對總帳補充說明和具體化的作用。分類帳簿提供的會計核算信息是編製會計報表的主要依據。

(3) 備查帳簿

備查帳簿簡稱備查簿,是對某些在序時帳簿和分類帳簿等主要帳簿中都不予登記或登記不夠詳細的經濟業務事項進行補充登記時使用的會計帳簿。備查帳簿可以為某項經濟業務事項的內容提供必要的參考資料,也可以加強企業對使用和保管的屬於他人的財產物資的監督。如應收票據備查簿、租入固定資產登記簿等。備查帳簿可以由各單位根據需要進行設置。

備查帳簿與序時帳簿和分類帳簿相比,存在兩點不同之處:一是備查帳簿的登記可以不需要依據記帳憑證,甚至可以不需要依據一般意義上的原始憑證;二是備查帳簿的格式和登記方法不要求統一,備查帳簿不要求必須記錄金額,可以只用文字來表述某項經濟業務事項的發生情況。應收票據備查簿的一般格式如表9-18所示。

表 9-18　　　　　　　　　　應收票據備查簿

第　　頁

種類	號數	出票日期	出票人	票面金額	到期日	利率	付款人	承兌人	背書人	貼現		收回		註銷	備註
										日期	貼現率	貼現額	日期	金額		

2. 按帳頁格式分類

會計帳簿按其帳頁格式不同，可分為三欄式、多欄式和數量金額式三種。

（1）三欄式帳簿

三欄式帳簿是指設有借方欄、貸方欄和餘額欄三個基本欄目的會計帳簿。現金日記帳、銀行存款日記帳、各種總帳以及債權、債務、資本類明細帳一般都採用三欄式帳簿。三欄式帳簿按照是否設有「對方科目」欄，又可以分為設對方科目的三欄式帳簿和不設對方科目的三欄式帳簿。

（2）多欄式帳簿

多欄式帳簿是指在會計帳簿的兩個基本欄目借方欄和貸方欄，按需要分設若干專欄的會計帳簿。現金日記帳、銀行存款日記帳、各種總帳以及收入、費用、成本、利潤類明細帳可以採用多欄式帳簿。多欄式帳簿的專欄設置在借方還是貸方，還是兩方同時設置，以及專欄設置的數量，可以根據需要確定。

（3）數量金額式帳簿

數量金額式帳簿是指在會計帳簿的借方欄、貸方欄和餘額欄三個基本欄目內，都分設數量、單價和金額三小欄，借以同時反應財產物資的實物數量和價值量的會計帳簿。原材料、庫存商品等存貨類財產物資明細帳一般採用數量金額式帳簿。

3. 按外形特徵分類

會計帳簿按其外形特徵不同，可分為訂本帳、活頁帳和卡片帳三種。

（1）訂本帳

訂本帳是指啟用之前就已經將帳頁裝訂在一起，並對帳頁進行了連續編號的會計帳簿。訂本帳的優點是能夠避免帳頁散失和防止抽換帳頁；其缺點是不能準確地為各帳戶預留帳頁。現金日記帳、銀行存款日記帳和各種總帳必須採用訂本帳形式。

（2）活頁帳

活頁帳是指在會計帳簿登記完畢之前並不固定裝訂在一起，而是裝在活頁帳夾中，當帳簿登記完畢之後，通常是一個會計年度結束之後，才將帳頁予以裝訂，加具封面，並給各帳頁連續編號的會計帳簿。活頁帳的優點是記帳時可以根據實際需要，隨時將空白帳頁裝入帳簿，或抽去不需用的帳頁，便於分工記帳；其缺點是若管理不善，可能會造成帳頁散失或故意抽換帳頁。通常大部分明細帳一般採用活頁帳形式。

(3) 卡片帳

卡片帳是指將帳戶所需格式印刷在硬卡片上的會計帳簿。其實卡片帳也可以說是一種活頁帳，只不過它不是裝在活頁帳夾中。因此，卡片帳的優缺點與活頁帳相似。在中國，單位一般只對固定資產明細帳採用卡片帳形式。

會計帳簿的總體分類情況，如圖9-2所示。

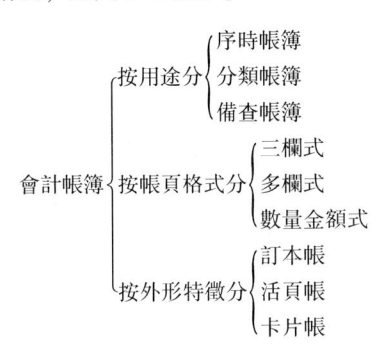

```
                        ┌ 序時帳簿
         ┌ 按用途分     ┤ 分類帳簿
         │              └ 備查帳簿
         │              ┌ 三欄式
會計帳簿 ┤ 按帳頁格式分 ┤ 多欄式
         │              └ 數量金額式
         │              ┌ 訂本帳
         └ 按外形特徵分 ┤ 活頁帳
                        └ 卡片帳
```

圖9-2　會計帳簿的種類

二、會計帳簿的設置和登記

(一) 會計帳簿的基本內容

會計實際工作中，由於各種會計帳簿所記錄的經濟業務事項不同，帳簿的格式也多種多樣，但各種會計帳簿都應具備以下基本內容：

1. 封面

封面主要用來標明單位名稱和會計帳簿名稱。如現金日記帳、銀行存款日記帳、各種總帳、各種明細帳等。

2. 扉頁

扉頁主要用於列明科目索引、帳簿啟用和經管人員一覽表。帳簿啟用和經管人員一覽表的一般格式如表9-19所示。

表9-19　　　　　　　　　　帳簿啟用和經管人員一覽表

單位名稱							公　章	
帳簿名稱				（第　　冊）				
帳簿編號								
帳簿頁數				本帳簿共計　　頁				
啟用日期				年　　月　　日				
經營人員	單位負責人		會計主管		復核		記帳	
^	姓名	蓋章	姓名	蓋章	姓名	蓋章	姓名	蓋章
^								

表9-19(續)

接交記錄	經管人員		接管		移交	
	職別	姓名	日期	蓋章	日期	蓋章
備註							

3. 帳頁

帳頁是會計帳簿用來記錄經濟業務事項的載體，包括帳戶名稱、日期欄、會計憑證種類和號數欄、摘要欄、金額欄、總頁次和分戶頁次等基本內容。

(二) 會計帳簿的登記規則

為了保證會計帳簿記錄的真實性、準確性，會計人員應當根據審核無誤的會計憑證登記會計帳簿。登記會計帳簿的基本規則是：

（1）登記會計帳簿時，應當將會計憑證日期、編號、業務內容摘要、金額和其他有關資料逐項記入帳內，做到數字準確、摘要清楚、登記及時、字跡工整。每一項會計事項，一方面要記入有關總帳，另一方面要記入該總帳所屬的明細帳。會計帳簿記錄中的日期，應該填寫記帳憑證上的日期；以自制原始憑證作為記帳依據的，會計帳簿記錄中的日期應該按照有關自制原始憑證上的日期填列。

（2）會計帳簿登記完畢後，要在記帳憑證上簽名或者蓋章，並在記帳憑證的「過帳」欄內註明會計帳簿頁數或打對勾，註明已經登帳的符號，表示已經記帳完畢，避免重記、漏記。

（3）會計帳簿中書寫的文字和數字上面要留有適當的空格，不要寫滿格，一般應占格距的二分之一。一旦發生會計帳簿登記錯誤時，方便用劃線更正法對會計帳簿錯誤記錄進行更正。

（4）為了保持會計帳簿記錄的持久性、防止塗改，登記會計帳簿必須使用藍黑墨水或者碳素墨水書寫，不得使用圓珠筆（銀行的復寫帳簿除外）或者鉛筆書寫。

（5）下列情況，可以用紅色墨水記帳：①按照紅字衝帳的記帳憑證，衝銷錯誤記錄；②在不設借貸等欄的多欄式帳頁中，登記減少數；③在三欄式帳戶的餘額欄前，如未印明餘額方向的，在餘額欄內登記負數餘額；④根據國家統一的會計制度的規定可以用紅字登記的其他會計記錄。

（6）各種會計帳簿應按頁次順序連續登記，不得跳行、隔頁。如果發生跳行、隔頁情況，應當在空行、空頁處用紅色墨水劃對角線註銷，註明「此行空白」「此頁空白」字樣，並由記帳人員簽名或者蓋章。

（7）凡需要結出餘額的帳戶，結出餘額後，應當在「借或貸」欄內註明「借」或「貸」字樣，以示餘額所在方向。對於沒有餘額的帳戶，應當在「借或貸」欄內註明「平」字樣，並在餘額欄內用「0」表示。現金日記帳和銀行存款日記帳必須逐日結出

（8）每一帳頁登記完畢結轉下頁時，應當結出本頁合計數及餘額，寫在本頁最後一行和下頁第一行有關欄內，並在摘要欄內註明「過次頁」和「承前頁」字樣；也可以將本頁合計數及金額只寫在下頁第一行有關欄內，並在摘要欄內註明「承前頁」字樣，以保持會計帳簿記錄的連續性，便於對帳和結帳。

對需要結計本月發生額的帳戶，結計「過次頁」的本頁合計數應當為自本月初起至本頁末止的發生額合計數；對需要結計本年累計發生額的帳戶，結計「過次頁」的本頁合計數應當為自年初起至本頁末止的累計數；對既不需要結計本月發生額也不需要結計本年累計發生額的帳戶，可以只將每頁末的餘額結轉次頁。

（9）實行會計電算化的單位，總帳和明細帳應當定期打印。發生收款和付款業務的，在輸入收款憑證和付款憑證的當天必須打印出現金日記帳和銀行存款日記帳，並與庫存現金核對無誤。

(三) 會計帳簿的格式和登記方法

1. 日記帳的格式和登記方法

日記帳是按照經濟業務發生或完成的時間先後順序逐日逐筆進行登記的會計帳簿。設置日記帳的目的是為了使經濟業務事項的時間順序清晰地反應在會計帳簿記錄中。

（1）現金日記帳的格式和登記方法

① 現金日記帳的格式

現金日記帳是用來核算和監督庫存現金每天的收入、支出和結存情況的會計帳簿，其格式有三欄式和多欄式兩種。在會計實際工作中，企業一般更多地採用設有借方、貸方和餘額三個基本金額欄的三欄式現金日記帳。多欄式現金日記帳則是在借方、貸方和餘額三個基本金額欄下都按對方科目分設專欄，用來反應現金收入的來源和現金支出的用途。為了避免帳頁過長，多欄式現金日記帳也可以按現金收入業務和現金支出業務分設「現金收入日記帳」和「現金支出日記帳」兩本帳。無論採用三欄式現金日記帳還是多欄式現金日記帳，都必須使用訂本帳。三欄式現金日記帳的一般格式如表 9-20 所示。

表 9-20　　　　　　　　　　　　**現金日記帳**

會計主管	年		憑證		摘要	對方科目	日頁	借方金額						√	貸方金額						√	借或貸	餘　額					
	月	日	字	號				千	百	十	元	角	分		千	百	十	元	角	分			千	百	十	元	角	分
復核																												
記帳																												

② 現金日記帳的登記方法

現金日記帳由出納人員根據與現金收付業務有關的記帳憑證，按時間先後順序逐日逐筆進行登記，逐日結出現金餘額，與庫存現金實存數核對，以檢查每日現金收付是否有誤。

每日終了，應分別計算現金日記帳現金收入和現金支出的合計數，結出餘額，同時將餘額與出納人員保管的庫存現金核對，即通常說的「日清」；月終，同樣要計算現金全月收入、支出和結存的合計數，即通常說的「月結」。

(2) 銀行存款日記帳的格式和登記方法

① 銀行存款日記帳的格式

銀行存款日記帳是用來核算和監督銀行存款每日的收入、支出和結存情況的會計帳簿。銀行存款日記帳應按企業在銀行開立的帳戶和幣種分別設置，每個銀行帳戶設置一本日記帳。銀行存款日記帳的格式也有三欄式和多欄式兩種。在會計實際工作中，企業一般也是更多地採用設有借方、貸方和餘額三個基本金額欄的三欄式銀行存款日記帳。多欄式銀行存款日記帳也是在借方、貸方和餘額三個基本金額欄下都按對方科目分設專欄，用來反應銀行存款收入的來源和銀行存款支出的用途。為了避免帳頁過長，多欄式銀行存款日記帳也可以按銀行存款收入業務和銀行存款支出業務分設「銀行存款收入日記帳」和「銀行存款支出日記帳」兩本帳。無論採用三欄式還是多欄式銀行存款日記帳，也都必須使用訂本帳。三欄式銀行存款日記帳的一般格式如表9-21所示。

表9-21　　　　　　　　　　　銀行存款日記帳

開戶行
帳號

會計主管	年		憑證		銀行憑證		摘要	對方科目	借方金額						貸方金額						借或貸	餘　額						√
	月	日	字	號	種類	號數			千	百	十	元	角	分	千	百	十	元	角	分		千	百	十	元	角	分	
復核																												
記帳																												

② 銀行存款日記帳的登記方法

銀行存款日記帳由出納人員根據與銀行存款收付業務有關的記帳憑證，按時間先後順序逐日逐筆進行登記，逐日結出銀行存款餘額。

每日終了，應分別計算銀行存款日記帳銀行存款收入和銀行存款支出的合計數，結出餘額，做到「日清」；月終，應計算銀行存款全月收入、支出和結存的合計數，做到「月結」。

2. 總帳的格式和登記方法

總帳是按照總分類科目設置，對各項經濟業務事項進行總分類核算登記，以提供總括會計信息的會計帳簿。設置總帳的目的是為了全面、系統、綜合地反應所有經濟業務事項，為編製會計報表提供所需資料。每一個企業都應設置總帳。

（1）總帳的格式

總帳的格式也有三欄式和多欄式兩種。在會計實際工作中，企業一般最常採用的是設有借方、貸方和餘額三個基本金額欄的三欄式總帳。多欄式總帳則是在借方、貸方和餘額三個基本金額欄下都按對方科目分設專欄。無論採用三欄式還是多欄式總帳，都必須使用訂本帳。三欄式總帳的一般格式如表 9-22 所示。

表 9-22　　　　　　　　　　　　　　總　　帳　　　　　　　　分第＿＿頁總第＿＿頁
會計科目或編號＿＿＿＿＿＿＿＿＿

會計主管　復核　記帳	年 月 日	憑證 字 號	摘要	對方科目	日頁	借方金額 千百十元角分	√	貸方金額 千百十元角分	√	借或貸	餘　額 千百十元角分

（2）總帳的登記方法

總帳的登記方法因登記的依據不同而有所不同。經濟業務事項較少、規模較小的單位可以根據記帳憑證逐筆登記；經濟業務事項較多、規模較大的單位可以根據匯總記帳憑證或科目匯總表定期匯總登記。

3. 明細帳的格式和登記方法

明細帳是按照二級分類科目或明細分類科目設置，對經濟業務事項進行明細分類核算登記，以提供更加詳細會計信息的會計帳簿。設置明細帳的目的是為了對總帳進行補充說明，分類、連續、詳細地反應經濟業務事項，明細帳所提供的會計資料同樣也是編製會計報表的重要依據。因此，各企業單位在設置總帳的同時，還應設置必要的明細帳。明細帳的外形特徵通常為活頁式、卡片式。

（1）明細帳的格式

明細帳的格式最常見的主要有三欄式、多欄式、數量金額式三種。

① 三欄式明細帳的格式

三欄式明細帳是設有借方、貸方和餘額三個基本金額欄，用以分類核算各項經濟業務事項，提供詳細核算資料的會計帳簿。三欄式明細帳適用於只需要進行金額核算的帳戶，如應收帳款、應付帳款、實收資本等債權、債務、資本類明細帳帳戶。三欄式明細帳的一般格式如表 9-23 所示。

表 9-23　　　　　　　　　　　　　　　　明細帳

　　　　　　　　　　　　　　　　　　　　　　一級科目＿＿＿＿＿＿＿
　　　　　　　　　　　　　　　　　　　　　　二級或明細科目＿＿＿＿＿

會計主管 復核 記帳	年 月 日	憑證 字 號	摘要	對方科目	日頁	借方金額 千百十元角分	√	貸方金額 千百十元角分	√	借或貸	餘　額 千百十元角分

② 多欄式明細帳的格式

多欄式明細帳是將同屬於一個總帳科目的各個明細科目合併在一張帳頁上進行登記，在借方金額欄或貸方金額欄內按照明細項目設若干專欄的會計帳簿。多欄式明細帳適用於收入、費用、成本、利潤類明細帳帳戶以及應交增值稅明細帳帳戶的明細核算。會計實際工作中，多欄式明細帳具體又有三種格式：一是只按借方（或貸方）發生額設置專欄，貸方（或借方）發生額由於每月發生的筆數很少，可以在借方（或貸方）發生額下直接用紅字衝銷；二是在借方（或貸方）發生額設置專欄的同時，在貸方（或借方）發生額設置一個總的金額欄，再設置一個餘額欄；三是同時在借方和貸方發生額設置專欄，再設置一個餘額欄。這三種多欄式明細帳的一般格式如表 9-24、表 9-25、表 9-26、圖 9-27 所示。

表 9-24　　　　　　　　　　　　　　　　明細帳

　　　　　　　　　　　　　　　　　　　　　　一級科目＿＿＿＿＿＿＿
　　　　　　　　　　　　　　　　　　　　　　二級或明細科目＿＿＿＿＿

會計主管 復核 記帳	年 月 日	憑證 字 號	摘要	千百十元角分	千百十元角分	千百十元角分	千百十元角分	千百十元角分

表 9-25　　　　　　　　　　　　　　　　　　明細帳

一級科目＿＿＿＿＿＿＿

二級或明細科目＿＿＿＿＿＿＿

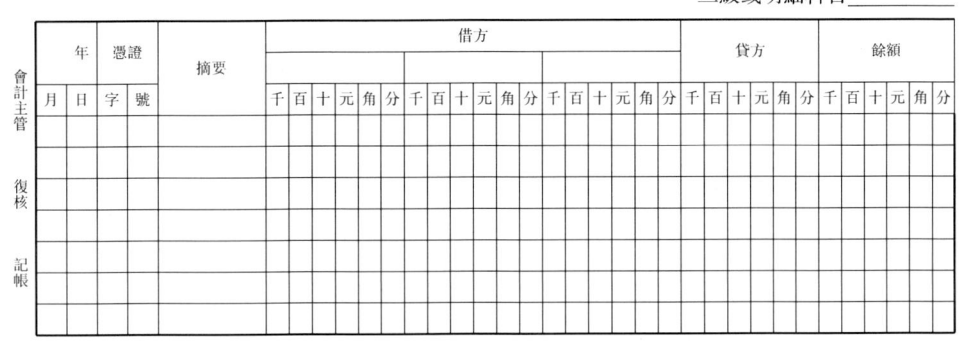

表 9-26　　　　　　　應交稅費——應交增值稅明細帳

表 9-27　　　　　　　應交稅費——應交增值稅明細帳

③ 數量金額式明細帳的格式

　　數量金額式明細帳是在借方、貸方和餘額三個基本金額欄下都分別設置數量、單價和金額三個小專欄的會計帳簿。數量金額式明細帳適用於既要進行金額核算又要進行數量核算的帳戶，如原材料、庫存商品等存貨類財產物資明細帳帳戶。數量金額式明細帳的一般格式如表 9-28 所示。

表 9-28　　　　　　　　　　　　　　　　　　明細帳

最高儲備量＿＿＿＿　類　別＿＿＿＿　儲備定額＿＿＿＿　編　號＿＿＿＿　規格＿＿＿＿
最低儲備量＿＿＿＿　存放地點＿＿＿＿　計劃單價＿＿＿＿　計量單位＿＿＿＿　名稱＿＿＿＿

會計主管	年		憑證		摘要	借方			貸方			借或貸	餘額		
	月	日	字	號		數量	單價	金額（千百十元角分）	數量	單價	金額（千百十元角分）		數量	單價	金額（千百十元角分）
復核															
記帳															

（2）明細帳的登記方法

明細帳的登記通常有幾種方法：一是根據原始憑證直接登記；二是根據匯總原始憑證登記；三是根據記帳憑證登記。不同類型經濟業務事項的明細帳，可以根據經營管理需要，依據原始憑證、匯總原始憑證或記帳憑證逐日逐筆登記或定期匯總登記。在會計實際工作中，固定資產、債權、債務等明細帳應逐日逐筆登記；原材料、庫存商品明細帳以及收入、費用明細帳既可以逐日逐筆登記也可以定期匯總登記。

三、對帳

對帳就是核對帳目，是指在會計核算過程中，為了保證會計帳簿記錄正確可靠，對會計帳簿中記載的有關數據進行檢查和核對的工作。通過對帳，應當做到帳證相符、帳帳相符、帳實相符。

（一）帳證核對

帳證核對是指將會計帳簿記錄與原始憑證、記帳憑證等會計憑證記錄進行核對，以檢查時間、憑證字號、經濟業務事項內容、金額、記帳方向等是否存在錯誤。帳證核對同時也是保證帳帳相符、帳實相符的基礎。

一般來說，日記帳應與收款憑證、付款憑證相核對，總帳應與記帳憑證相核對，明細帳應與記帳憑證或原始憑證相核對。通常，這些核對工作是在日常制證和記帳工作中一併進行的。

（二）帳帳核對

帳帳核對是指將各種不同會計帳簿之間的帳簿記錄進行核對，以檢查總帳與總帳之間、總帳與明細帳之間、總帳與日記帳之間、明細帳與明細帳之間是否能夠核對相符。具體核對的內容如下：

1. 總帳與總帳之間的核對

所有總帳帳戶借方發生額合計應等於所有總帳帳戶貸方發生額合計。所有總帳帳

戶借方餘額合計應等於所有總帳帳戶貸方餘額合計，或資產類總帳餘額應等於權益類總帳餘額。

2. 總帳與明細帳之間的核對

總帳帳戶發生額應等於其所屬明細帳帳戶發生額合計。總帳帳戶餘額應等於其所屬明細帳帳戶餘額合計。

3. 總帳與日記帳之間的核對

現金日記帳和銀行存款日記帳帳戶發生額應與有關總帳帳戶發生額核對相符。現金日記帳和銀行存款日記帳帳戶餘額應與有關總帳帳戶餘額核對相符。

4. 明細帳與明細帳之間的核對

會計部門各種財產物資明細帳帳戶發生額應與財產物資保管或使用部門相關財產物資明細帳帳戶發生額核對相符。會計部門各種財產物資明細帳帳戶餘額應與財產物資保管或使用部門相關財產物資明細帳帳戶餘額核對相符。

(三) 帳實核對

帳實核對是指將貨幣資金、財產物資、債權債務等帳戶的帳面餘額與實有數額進行核對，以檢查貨幣資金、財產物資、債權債務等帳戶的帳存數與實存數之間是否能夠核對相符。具體核對的內容如下：

1. 現金日記帳帳面餘額與庫存現金數額之間的核對

現金日記帳帳面餘額應於每日終了與庫存現金實有數相核對，不準以借條抵充現金或挪用現金，要做到日清月結。

2. 銀行存款日記帳帳面餘額與銀行對帳單餘額之間的核對

銀行存款日記帳帳面餘額與銀行對帳單一般至少每月核對一次。

3. 各項財產物資明細帳帳面餘額與財產物資的實有數額之間的核對

原材料、庫存商品等財產物資明細帳帳面餘額應與它們的實有數額相核對。

4. 有關債權債務明細帳帳面餘額與對方單位的帳面記錄之間的核對

各項應收帳款、應付帳款、銀行借款等結算款項以及應交稅費等，應定期寄送對帳單同有關單位進行核對。在會計實際工作中，造成帳實不符的原因多種多樣，一般通過定期或不定期的財產清查進行核對。

四、錯帳更正

會計帳簿記錄應力求準確清晰，盡量避免出現差錯。若會計帳簿記錄發生錯誤，必須按照規定的方法予以更正，不準塗改、挖補、刮擦或者用藥水消除字跡，不準重新抄寫。錯帳更正方法通常有劃線更正法、紅字更正法和補充登記法等。

(一) 劃線更正法

劃線更正法又稱為紅線更正法，適用於更正會計帳簿記錄中發生的文字或數字錯誤，而記帳憑證本身沒有錯誤。更正時，應將會計帳簿中錯誤的文字或者數字劃一條紅線註銷，但必須使原有字跡仍可辨認；然後在劃紅線上方預留的二分之一空白處填寫正確的文字或者數字，並由記帳人員在更正處蓋章。對於錯誤的數字，應當全部劃

紅線更正，不得只更正其中的錯誤數字。對於文字錯誤，可只劃去錯誤的部分。

【例9-1】2015年4月8日，企業對生產設備計提累計折舊853元，編製轉帳憑證（見表9-29）。

表9-29 劃線更正法更正圖示

轉帳憑證

2015年4月8日　　　　　　　　　　　　　　　轉字第 7 號

摘要	會計科目		√	借方	貸方	
				百 十 元 角 分	百 十 元 角 分	
計提生產設備折舊	製造費用	折舊費	√	8 5 3 0 0		附件1張
	累計折舊	生產設備	√		8 5 3 0 0	
	合計			8 5 3 0 0	8 5 3 0 0	

會計主管　　　　　記帳　王平　　　　稽核　　　　　填製　張丹

記帳人員根據上述轉帳憑證登記有關帳簿如下，因記帳憑證無誤，只是帳簿錯誤，所以用劃線更正法更正（見表9-30）。

表9-30 劃線更正法過帳圖

總　　帳

　　　　　　　　　　　　　　　　　　　　　　　　分第 3 頁總第＿＿頁
　　　　　　　　　　　　　　　　　　　　　會計科目或編號 累計折舊

2015年	憑證		摘要	對方科目	日頁	借方金額	√	貸方金額	√	借或貸	餘　額
月 日	字	號				千 百 十 元 角 分		千 百 十 元 角 分			千 百 十 元 角 分
4 8			承前頁			2 5 5 9 0 0				貸	2 5 5 9 0 0
	轉	7	計提折舊	製造費用 管理費用				8 5 3 0 0 8 3 5 0 0	√		

（二）紅字更正法

　　紅字更正法是指用紅字衝銷原有錯誤的帳戶記錄或憑證記錄，以更正或調整會計帳簿記錄的一種錯帳更正方法。紅字更正法適用於更正年內發現已經登記入帳的記帳憑證填寫錯誤，進而使帳簿記錄發生同樣錯誤。具體包括以下兩種情況：

　　1. 科目錯誤

　　科目錯誤是指年內發現已經登記入帳的記帳憑證中會計科目填寫錯誤，進而使帳

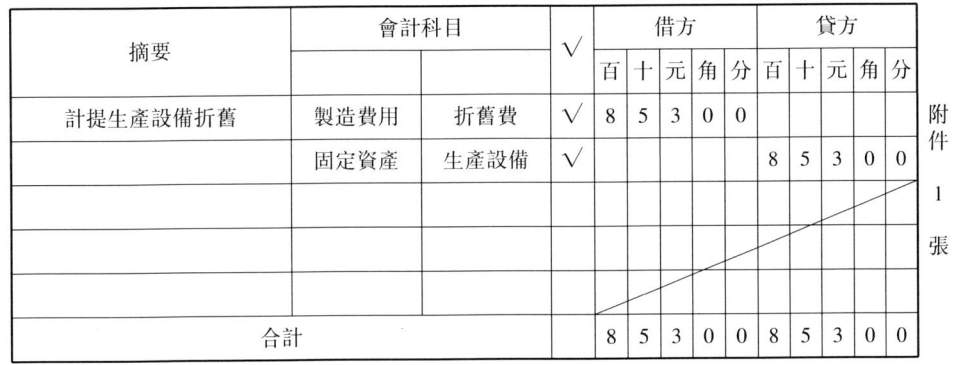

簿記錄發生同樣的錯誤。更正方法是：用紅字金額填寫一張與原錯誤內容完全相同的記帳憑證，在摘要欄註明「註銷某月某日某號憑證」字樣，並據以紅字登記入帳；然後再用藍字金額重新填製一張正確的記帳憑證，在摘要欄註明「訂正某月某日某號憑證」字樣，並據以藍字登記入帳。

【例9-2】假設上例中2015年4月8日企業對生產設備計提累計折舊時，編製的轉帳憑證見表9-31，並已經登記在有關會計帳簿中（見表9-32）。

表9-31　　　　　　　　　　　　　錯誤憑證
　　　　　　　　　　　　　　　　轉帳憑證
　　　　　　　　　　　　　　2015年4月8日　　　　　　　　　　　轉字第 7 號

摘要	會計科目	√	借方	貸方	
			百 十 元 角 分	百 十 元 角 分	
計提生產設備折舊	製造費用	折舊費	√	8 5 3 0 0		附件1張
	固定資產	生產設備	√		8 5 3 0 0	
合計			8 5 3 0 0	8 5 3 0 0	

會計主管　　　　　記帳　王平　　　　　稽核　　　　　填製　張丹

表9-32　　　　　　　　　　　　　錯誤帳簿記錄
　　　　　　　　　　　　　　　　　總　帳　　　　　　　　　分第 2 頁總第＿＿頁
　　　　　　　　　　　　　　　　　　　　　　　　　　　　　會計科目或編號 固定資產

會計主管	2015年	憑證	摘要	對方科目	日頁	借方金額	√	貸方金額	√	借或貸	餘額
	月 日	字 號				千百十元角分		千百十元角分			千百十元角分
	4 8		承前頁							借	9 5 9 6 0 0
復核		轉 7	生產設備折舊	製造費用				8 5 3 0 0	√		
記帳 王平											

假設會計人員於2015年4月9日發現了這筆錯帳，因其屬於年內發現已經登記入帳的記帳憑證中會計科目填寫錯誤，進而使帳簿記錄發生同樣的錯誤，所以應採用紅字更正法進行更正。更正方法如下：

首先，用紅字金額填寫一張與原錯誤內容完全相同的記帳憑證，在摘要欄註明「註銷某月某日某號憑證」字樣（見表9-33），並據以紅字登記入帳（見表9-34）。

173

表 9-33　　　　　　　　　　　衝銷錯誤憑證
轉帳憑證

2015 年 4 月 8 日　　　　　　　　　　　　　轉字第　8　號

摘要	會計科目		√	借方					貸方				
				百	十	元	角	分	百	十	元	角	分
註銷 4 月 8 日轉字	製造費用	折舊費	√	8	5	3	0	0					
第 7 號憑證	固定資產	生產設備	√						8	5	3	0	0
合計				8	5	3	0	0	8	5	3	0	0

附件　　張

會計主管　　　　記帳　王平　　　　稽核　　　　填製　張丹

表 9-34　　　　　　　　　衝銷錯誤帳簿記錄
總　帳

　　　　　　　　　　　　　　　　　　　　　　　分第　2　頁總第＿＿頁
　　　　　　　　　　　　　　　　　　　　　　　會計科目或編號 固定資產

2015 年		憑證		摘要	對方科目	日頁	借方金額						貸方金額					借或貸	餘　額				
月	日	字	號				千	百	十	元	角	分		千	百	十	元	角	分		千	百	十	元	角	分
4	8			承前頁																借		9	5	9	6	0	0
		轉	7	生產設備折舊	製造費用										8	5	3	0	0	√							
	9	轉	8	註銷錯誤憑證	製造費用										8	5	3	0	0	√							

會計主管　復核　記帳　王平

然後，再用藍字金額重新填製一張正確的記帳憑證，在摘要欄註明「訂正某月某日某號憑證」字樣（見表 9-35），並據以藍字登記入帳（見表 9-36）。

表 9-35　　　　　　　　　　填製正確憑證
轉帳憑證

2015 年 4 月 9 日　　　　　　　　　　　　　轉字第　8　號

摘要	會計科目		√	借方					貸方				
				百	十	元	角	分	百	十	元	角	分
訂正 4 月 8 日轉字	製造費用	折舊費	√	8	5	3	0	0					
第 7 號憑證	累計折舊	生產設備	√						8	5	3	0	0
合計				8	5	3	0	0	8	5	3	0	0

附件　　張

會計主管　　　　記帳　王平　　　　稽核　　　　填製　張丹

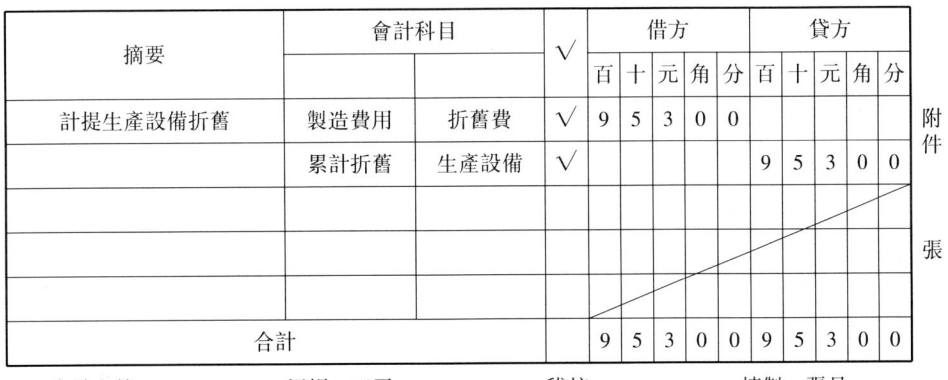

表 9-36　　　　　　　　　　　　　　重新過帳
　　　　　　　　　　　　　　　　　　總　　帳　　　　　　　　　　　分第 3 頁總第___頁
　　　　　　　　　　　　　　　　　　　　　　　　　　　　　　　會計科目或編號 累計折舊

會計主管	2015年		憑證		摘要	對方科目	日頁	借方金額							√	貸方金額							√	借或貸	餘　額						
	月	日	字	號				千	百	十	元	角	分			千	百	十	元	角	分				千	百	十	元	角	分	
復核	4	8			承前頁				2	5	5	9	0	0										貸		2	5	5	9	0	0
記帳 王平		9	轉	9	訂正錯誤憑證	製造費用											8	5	3	0	0		√								

2. 金額錯誤

金額錯誤是指年內發現已經登記入帳的記帳憑證中會計科目無誤而所記金額大於應記金額，進而使帳簿記錄發生同樣的錯誤。更正方法是：按正確數字與錯誤數字之間的差額用紅字金額填寫一張與原記帳憑證應借、應貸科目完全相同的記帳憑證，以衝銷調減多記的金額，在摘要欄註明「衝銷調減某月某日某號憑證多記金額」字樣，並據以紅字登記入帳。

【例 9-3】繼續沿用前述例題，假設原例題中 2015 年 4 月 8 日企業對生產設備計提累計折舊 853 元時，編製的轉帳憑證見表 9-37，並已經登記在有關會計帳簿中（見表 9-38）。

表 9-37　　　　　　　　　　　　　　錯誤憑證
　　　　　　　　　　　　　　　　　　轉帳憑證
　　　　　　　　　　　2015 年 4 月 8 日　　　　　　　　　　　　　　轉字第 7 號

摘要	會計科目		√	借方					貸方					
				百	十	元	角	分	百	十	元	角	分	
計提生產設備折舊	製造費用	折舊費	√	9	5	3	0	0						附件
	累計折舊	生產設備	√						9	5	3	0	0	張
	合計			9	5	3	0	0	9	5	3	0	0	

會計主管　　　　　記帳　王平　　　　　稽核　　　　　填製　張丹

表 9-38   錯誤帳簿記錄

總　　帳　　　　　　　　　　　　　　　　　　　　　分第 3 頁總第 ___ 頁

會計科目或編號 累計折舊

2015年		憑證		摘要	對方科目	日頁	借方金額					√	貸方金額					√	借或貸	餘　額				
月	日	字	號				千	百	十	元	角	分		千	百	十	元	角	分			千	百	十	元	角	分
4	8			承前頁											2	5	5	9	0	0		貸	2	5	5	9	0	0
		轉	7	生產設備折舊	製造費用										9	5	3	0	0	√							

（會計主管　　複核　　記帳 王平）

　　　依然假設會計人員於 2015 年 4 月 9 日發現了這筆錯帳，因其屬於年內發現已經登記入帳的記帳憑證中會計科目無誤而所記金額大於應記金額，進而使帳簿記錄發生同樣的錯誤，所以應採用紅字更正法進行更正。更正方法如下：按正確數字與錯誤數字之間的差額用紅字金額填寫一張與原記帳憑證應借、應貸科目完全相同的記帳憑證，以衝銷調減多記的金額，在摘要欄註明「衝銷調減某月某日某號憑證多記金額」字樣，並據以紅字登記入帳，見表 9-39、表 9-40。

表 9-39   更正憑證
轉帳憑證
2015 年 4 月 9 日　　　　　　　　　　　　　　　　　　　　　轉字第 8 號

摘要	會計科目		√	借方					貸方				
				百	十	元	角	分	百	十	元	角	分
衝銷調減 4 月 8 日	製造費用	折舊費	√	1	0	0	0	0					
轉字第 7 號憑證	累計折舊	生產設備	√						1	0	0	0	0
多記金額													
合計				1	0	0	0	0	1	0	0	0	0

附件　張

會計主管　　　　　記帳 王平　　　　　稽核　　　　　填製 張丹

176

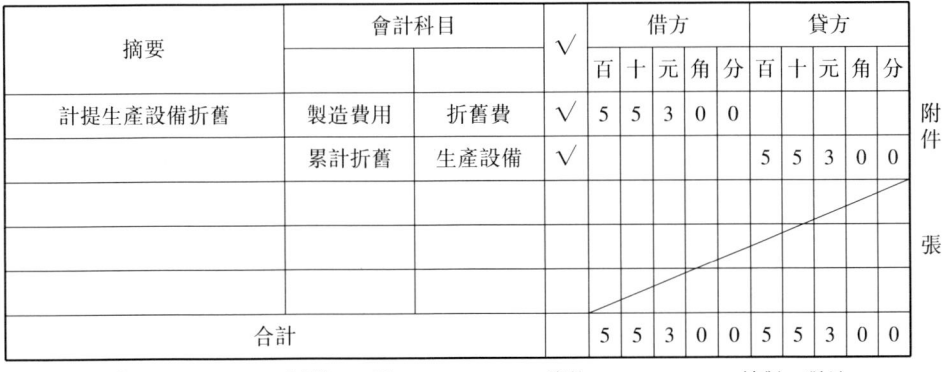

表 9-40　　　　　　　　　　更正帳簿記錄
　　　　　　　　　　　　　　　總　　帳　　　　　　　　　分第　3　頁總第＿＿頁
　　　　　　　　　　　　　　　　　　　　　　　　　　　　會計科目或編號累計折舊

2015年	憑證	摘要	對方科目	日頁	借方金額 千百十元角分	√	貸方金額 千百十元角分	√	借或貸	餘額 千百十元角分
4　8		承前頁					2 5 5 9 0 0		貸	2 5 5 9 0 0
	轉　7	生產設備折舊	製造費用				9 5 3 0 0	√		
9	轉　8	衝銷多記金額	製造費用				[1 0 0 0 0]	√		

註：「□」代表負數。

（三）補充登記法

補充登記法是指年內發現已經登記入帳的記帳憑證中會計科目無誤而所記金額小於應記金額，進而使帳簿記錄發生同樣的錯誤時，所採用的一種錯帳更正方法。更正方法是：按正確數字與錯誤數字之間的差額用藍字金額填寫一張與原記帳憑證應借、應貸科目完全相同的記帳憑證，以補充調增少記的金額，在摘要欄註明「補充調增某月某日某號憑證少記金額」字樣（見表 9-41），並據以藍字登記入帳（見表 9-42）。

【例 9-4】繼續沿用前述例題，假設原例題中 2015 年 4 月 8 日企業對生產設備計提累計折舊 853 元時，編製的轉帳憑證見表 9-41，並已經登記在有關會計帳簿中。

表 9-41　　　　　　　　　　　錯誤憑證
　　　　　　　　　　　　　　轉帳憑證
　　　　　　　　　　　　2015 年 4 月 8 日　　　　　　　　　　轉字第　7　號

摘要	會計科目		√	借方 百十元角分	貸方 百十元角分
計提生產設備折舊	製造費用	折舊費	√	5 5 3 0 0	
	累計折舊	生產設備	√		5 5 3 0 0
合計				5 5 3 0 0	5 5 3 0 0

附件　張

會計主管　　　　記帳　王平　　　　稽核　　　　填製　張丹

表 9-42   錯誤帳簿記錄

總　　帳　　　　　　　　　　　　　　　分第 3 頁總第___頁

會計科目或編號　累計折舊

2015年		憑證		摘要	對方科目	日頁	借方金額						√	貸方金額						√	借或貸	餘　額					
月	日	字	號				千	百	十	元	角	分		千	百	十	元	角	分			千	百	十	元	角	分
4	8			承前頁										2	5	5	9	0	0		貸	2	5	5	9	0	0
		轉	7	生產設備折舊	製造費用										5	5	3	0	0	√							

會計主管　　　　復核　　　　記帳　王平

　　　繼續假設會計人員於 2015 年 4 月 9 日發現了這筆錯帳，因其屬於年內發現已經登記入帳的記帳憑證中會計科目無誤而所記金額小於應記金額，進而使帳簿記錄發生同樣的錯誤，所以應採用補充登記法進行更正。更正方法如下：按正確數字與錯誤數字之間的差額用藍字金額填寫一張與原記帳憑證應借、應貸科目完全相同的記帳憑證，以補充調增少記的金額，在摘要欄註明「補充調增某月某日某號憑證少記金額」字樣，（見表 9-43），並據以藍字登記入帳（見表 9-44）。

表 9-43   **更正憑證**
轉帳憑證
2015 年 4 月 9 日　　　　　　　　　　轉字第　8　號

摘要	會計科目		√	借方					貸方				
				百	十	元	角	分	百	十	元	角	分
補充調增 4 月 8 日	製造費用	折舊費	√	3	0	0	0	0					
轉字第 7 號憑證	累計折舊	生產設備	√						3	0	0	0	0
少記金額													
合計				3	0	0	0	0	3	0	0	0	0

附件　　張

會計主管　　　　記帳　王平　　　　稽核　　　　填製　張丹

178

表 9-44

更正帳簿
總　　帳

分第 3 頁總第＿＿頁
會計科目或編號 <u>累計折舊</u>

會計主管	2015年		憑證		摘要	對方科目	日頁	借方金額							√	貸方金額							√	借或貸	餘　額					
	月	日	字	號				千	百	十	元	角	分			千	百	十	元	角	分			千	百	十	元	角	分
復核	4	8			承前頁												2	5	5	9	0	0		貸		2	5	5	9	0	0
			轉	7	生產設備折舊	製造費用												5	5	3	0	0	√								
記帳 王平		9	轉	8	補充少記金額	製造費用												3	0	0	0	0	√								

五、財產清查

(一) 財產清查的概念

財產清查是指通過對實物資產、庫存現金進行實地盤點，對各項銀行存款和往來款項進行詢證核對，以確定各項實物資產、貨幣資金及往來款項的實存數，並查明實存數與帳存數是否相符的一種會計核算方法。

企業在日常生產經營活動中發生各項財產物資的增減變動時，在會計核算中要及時填製和審核會計憑證，並根據審核無誤的會計憑證登記帳簿。從理論上講，會計帳簿上所記載的各項財產增減和結存的數量及金額，應該與實際各項財產的收、發和結存金額及數量相符。但是，在實際工作中，有許多客觀原因、隱形因素等造成各項財產帳面數額與實際結存數額發生差異，造成帳實不符。引起帳實不符的原因歸納起來主要有以下幾個方面：

（1）實物財產保管過程中的自然損耗而導致的數量或者質量上的變化；

（2）實物財產收發時，由於計量、檢驗不準確而發生的品種、數量、質量上的差錯；

（3）由於管理不善或工作人員失職而造成實物財產損壞、變質或短缺，以及貨幣資金、往來款項的差錯；

（4）自然災害造成的非常損失；

（5）結算過程中由於未達帳項或拒付等原因造成債權、債務與往來單位帳面記錄不一致引起的帳實不符；

（6）實物財產由於企業外部環境變化，而產生了價值的貶值，應收帳款因長期未經清償而成為壞帳等；

（7）由於不法分子貪污盜竊、營私舞弊等造成的財產的損失。

以上原因，有些可以避免，而有些是不能完全避免的。因此，為了正確掌握各項財產的真實情況，保證會計資料的準確、可靠，就必須在帳簿記錄的基礎上，運用財產清查這一專門方法，對各項財產進行定期或不定期的清查，並與帳簿記錄核對相符，

以確保帳實相符。

(二) 財產清查的意義

　1. 保護企業各項財產的安全完整

　　通過財產清查，可以查明各項財產的收發、領退或保管情況，有無因管理不善造成的收發差錯，財產霉爛、變質、損失浪費或被非法挪用、貪污盜竊等情況，以便採取措施，切實加強財產的管理。

　2. 保證會計核算資料的真實可靠

　　通過財產清查，可以查明各項財產的實有數，確定實有數額與帳面數額的差異，查找發生差異的原因和責任，以及時調整帳面的記錄，從而達到帳實相符，保證會計核算資料的準確、真實、可靠，為編製財務報表提供真實數據，為領導決策提供可靠依據。

　3. 促進遵守財經法紀和結算制度

　　通過財產清查，可以查明企業是否切實遵守財經紀律，按期繳納稅費和是否遵守結算制度，對各項往來款項的結算及現金的使用情況是否正常，有無違反國家的信貸政策和現金管理的規定，自覺維護和遵守財經紀律，可以使企業減少壞帳損失。

　4. 挖掘財產潛力和提高使用效率

　　通過財產清查，可以查明各項財產的儲備和利用情況，有無儲備不足或積壓、呆滯等現象，以便採取措施，及時處理，提高財產使用效率。對儲備不足的，應設法補充，確保生產需要；對積壓、呆滯等財產，應及時提供給有關部門加以利用或積極處理，避免積壓和浪費，發揮各項財產的使用效能，加速資金週轉。

(三) 財產清查的種類

　1. 按照清查的範圍，可以分為全面清查和局部清查

　(1) 全面清查

　　全面清查是指對企業所有的全部財產進行的清查、盤點和核對。對製造業企業而言，清查的對象主要包括以下內容：

　　①貨幣資金，包括庫存現金、銀行存款和各種有價證券等；

　　②固定資產，包括機器設備、廠房及建築物、運輸設備等；

　　③存貨及在途資產，包括原材料、在產品、半成品、庫存商品、低值易耗品等存貨及各項在途物資、在途商品、委託其他單位加工或保管物資等；

　　④往來款項，包括各項往來結算款項、繳撥款項；

　　⑤投資，包括長期投資和短期投資等；

　　⑥各項租賃使用、受託保管、代購代銷的實物資產。

　　全面清查涉及的清查範圍廣，工作量大，參加人員多，有時還會影響企業生產經營的正常進行，因此，不能經常進行全面清查。一般在如下幾種情況時需要進行全面清查：

　　①年終結算前；

　　②單位在合資、聯營、合併、停辦、撤銷或改變隸屬關係時；

　　③在開展清產核資時；

④企業實行承包經營，在核定承包任務以前及承包到期核實承包任務完成情況時。

(2) 局部清查

局部清查是根據需要對企業各項資產中的某一部分進行的清查、盤點與核對。清查對象主要是流動性較大的財產，因此，局部清查範圍小、時間短、但專業性較強。局部清查的對象主要包括以下內容：

①庫存現金應由出納人員在每日終了，自行清查一次，做到日清月結；

②銀行存款和銀行借款，應由出納人員至少每月同銀行核對一次；

③對於各種貴重實物財產，每月至少應清查一次；

④對各種材料、在產品和庫存商品等，除了年度清查外，年內應有計劃輪流盤點或重新抽查一次；

⑤各種債權、債務，應在會計年度內至少要核對一兩次。

另外，對發現某種物品被盜或者由於自然災害造成物品毀損，以及其他責任事故造成物品損失等，都應及時進行局部清查，以便查明原因，及時處理，並調整帳簿記錄。

2. 按照清查的時間，可以分為定期清查和不定期清查

(1) 定期清查

定期清查是按照預先安排的時間，對企業財產所進行的清查，一般是在年終、季末、月末結帳時進行，其清查對象和範圍視實際需要而定。通常情況下，年終決算前進行全面清查，季末和月末進行局部清查。

(2) 不定期清查

不定期清查是指事先並不規定清查時間，而是根據實際需要臨時決定對企業財產所進行的清查核對。不定期清查一般在如下幾種情況時進行：

①更換實物財產和現金保管人員時，為分清經濟責任，需要對有關人員所保管的實物財產和現金進行清查；

②發生非常災害和意外損失時，要對受災損失的財產進行清查，以查明損失情況；

③上級主管部門、財政和審計部門，要對本單位進行會計檢查時，應按檢查要求及範圍進行清查，以驗證會計資料的真實可信；

④按照有關規定，進行臨時性的清產核資工作，以摸清企業的家底；

⑤企業撤銷或者合併時。

根據上述情況進行不定期清查，可以是全面清查，也可以是局部清查，應根據實際需要而定。

3. 按照清查執行的單位，可以分為內部清查和外部清查

(1) 內部清查

內部清查是指由企業自行組織清查工作小組對企業財產所進行的清查工作。多數的財產清查都屬於內部清查。

(2) 外部清查

外部清查是指由企業外的部門或人員根據國家的有關規定或情況的需要組織實施的對本企業財產的清查。企業外的部門或人員主要包括上級主管部門、審計機關、司法部門、註冊會計師等。如註冊會計師對企業報表進行審計、審計、司法機關對企業

在檢查、監督中所進行的清查工作等。

(四) 財產清查前的準備工作

1. 組織準備

財產清查涉及管理部門、財務會計部門、實物財產保管部門以及與本單位有業務和資金往來的外部有關單位和個人。因此，為了保證財產清查工作有條不紊地進行，在財產清查工作開展前，首先應建立由單位有關負責人、會計主管人員、專業人員和職工代表參加的財產清查領導小組，具體負責財產清查的組織工作。財產清查領導小組的主要任務是：①在財產清查前，根據本單位的實際情況和有關方面的要求，制訂出財產清查的詳細計劃，確定清查對象、範圍，明確清查方式和進程，配備清查人員，明確清查任務；②在清查過程中，做好檢查督促工作，以及研究處理在清查過程中出現的有關問題；③清查結束後，要認真編寫好財產清查工作報告，將清查的結果和處理意見上報企業高層管理者和有關部門審批處理。

2. 業務準備

(1) 會計部門。會計部門和會計人員應將總帳和明細分類帳等有關帳戶登記齊全，核對正確，結算出餘額，做到記錄完整，計算準確，確保帳證相符、帳帳相符，為財產清查提供正確可靠的數據；對銀行存款、銀行借款和結算款項，需要取得對帳單，以便查對；要準備好有關財產清查時使用的登記報表、帳冊。

(2) 保管部門。實物財產保管部門和保管人員，對所保管的各種實物財產，按類別、組別等排列整齊，分別掛上標籤，並註明實物名稱、規格、型號和數量，以備查對；並將截至財產清查盤點前的各種實物財產的收入、發出辦好手續，全部登記入保管帳，結出餘額，並與會計部門的有關帳簿記錄核對相符，作為財產清查的依據；要準備好各種度量衡器具，並校正準備，以保證計量的準確可靠。

(五) 財產清查的具體方法

1. 貨幣資金的清查方法

(1) 庫存現金的清查

①清查方法

庫存現金的清查，主要採取實地盤點法，即採用實地盤點來確定庫存現金的實存數，然後再與庫存現金日記帳的帳面餘額相核對，以查明帳實是否相符。

庫存現金清查一般有兩種情況：一是由出納員每日清點庫存現金的實有數，並與庫存現金日記帳結餘額相核對，以確保帳實相符；二是由清查人員定期或者不定期地進行清查。清查時，出納員必須在場，清查人員要認真審核收、付款憑證和帳簿記錄，檢查經濟業務是否合理合法、帳簿記錄有無錯誤，以確定帳實是否相符。另外，清查人員還應檢查企業是否有臨時挪用和借給個人的現金，是否有「白條」收據抵庫的現象；對於超過銀行核定限額的現金是否及時送存開戶銀行，是否有人坐支現金等。

②清查手續

現金盤點結束後，應根據實地盤點的結果及與庫存現金日記帳核對的情況及時填製「庫存現金盤點報告表」。「庫存現金盤點報告表」是重要的原始憑證，它既起「實

物盤存單」的作用，又起「實存帳存對比表」的作用。也就是說，「庫存現金盤點報告表」既是調整帳面記錄的原始憑證，又是分析現金餘缺的依據。所以，「庫存現金盤點報告表」應由盤點人員和出納員認真填寫，共同簽章。「庫存現金盤點報告表」的一般格式如表 9-45 所示。

表 9-45　　　　　　　　　　　庫存現金盤點報告表

單位名稱　　　　　　　　　　　　　　　　　　　　　　　　年　月　日

實存金額	帳存金額	對比結果		備註
		盤盈	盤虧	

盤點人員：（簽章）　　　　　　　　　　　　　　　　　出納員：（簽章）

(2) 銀行存款的清查

①清查方法

銀行存款的清查，主要是通過對開戶銀行提供的銀行存款對帳單的餘額與本單位銀行存款日記帳的帳面餘額相核對的方法。

核對前，應檢查截止清查日的所有涉及銀行存款收、付業務是否已全部登記入帳，餘額計算是否正確，並檢查本單位銀行存款日記帳的正確性和完整性。然後，與銀行提供的對帳單逐筆核對。

②清查手續

將對帳單餘額與本單位銀行存款日記帳餘額核對時，若發現不相符的情況，一般是由以下兩種原因造成的：一是雙方在記帳中可能發生錯帳、漏帳等；二是由於未達帳項的存在。如果是錯帳、漏帳，應及時更正；如果是未達帳項，則應於查明後編製「銀行存款餘額調節表」。

③未達帳項

所謂未達帳項，是指企業和銀行之間由於收、付款結算憑證傳遞時間的不一致，導致了雙方記帳時間不一致，對同一項交易或者事項，一方已收到有關結算憑證已登記入帳，而另一方由於尚未收到有關結算憑證尚未登記入帳的款項。企業與銀行之間的未達帳項有以下四種類型：

a. 企業已收銀行未收。企業已收款登記入帳，而開戶銀行尚未辦妥手續，尚未記入企業存款戶。如企業收到現金支票後送存銀行，即可根據銀行蓋章退回的「進帳單」回聯登記銀行存款的增加，而銀行要等款項收妥後才記增加，若此時對帳，便會形成未達帳項。

b. 企業已付銀行未付。企業已付款登記入帳，而開戶銀行尚未支付或辦理，尚未記入企業存款戶。如企業開出支票支付購料款，企業可以根據支票存根、發票及收料單憑證，登記銀行存款減少，但持票單位尚未將支票送存銀行轉帳，而銀行尚未登記

銀行存款的減少，若此時對帳，便會形成未達帳項。

c. 銀行已收企業未收。銀行已收款登記入帳，而企業沒有接到有關憑證尚未入帳。如從外地某企業信匯的貨款，銀行收到匯款單後已登記銀行存款增加，但企業由於尚未收到銀行轉來的收款憑證，尚未登記銀行存款增加，若此時對帳，便會形成未達帳項。

d. 銀行已付企業未付。銀行已付款登記入帳，但企業沒有接到通知尚未入帳。如銀行代企業支付水電費，銀行已取得支款憑證登記了銀行存款減少，但企業由於尚未收到銀行轉來的支款憑證，尚未登記銀行存款減少，若此時對帳，便會形成未達帳項。

未達帳項的存在就會導致銀行提供的對帳單餘額與企業銀行存款日記帳餘額不符，為了查明銀行存款的實有數，檢查帳簿記錄是否正確，如果發現有未達帳項，應通過編製「銀行存款餘額調節表」予以調節，使雙方的餘額取得一致。

④銀行存款調節表的編製

銀行存款餘額調節表的編製，就是在企業、銀行兩方面餘額的基礎上，補記一方已入帳，而另一方尚未入帳的數額，以消除未達帳項的影響。消除未達帳項的影響後，企業銀行存款日記帳的餘額與銀行對帳單的餘額應該相等，而且是企業實際可以動用的款項。

「銀行存款餘額調節表」的編製原理可用公式表示如下：

企業銀行存款日記帳餘額+銀行已收而企業未收的款項-銀行已付而企業未付的款項=銀行對帳單餘額+企業已收而銀行未收的款項-企業已付而銀行未付的款項。

【例9-5】某企業2014年6月30日的銀行存款日記帳帳面餘額為286,000元，而銀行對帳單上的餘額為278,000元。經逐筆核對，發現有以下未達帳項：

①企業委託銀行代收某單位購貨款24,500元，銀行已收妥並登記企業銀行存款增加，企業尚未收到銀行的收款通知，因而尚未入帳。

②企業委託銀行代繳水電費5,500元，銀行已付款並登記企業銀行存款減少，企業尚未收到銀行的付款通知，因而尚未入帳。

③企業收到一張金額為36,000元的轉帳支票，送存銀行後登記銀行存款增加，但銀行尚未辦理轉帳手續，因而銀行尚未入帳。

④企業開出一張金額為9,000元的轉帳支票用於支付材料款，並已登記銀行存款減少，但持票人尚未到銀行辦理轉帳手續，因而銀行尚未入帳。

根據上述未達帳項，編製「銀行存款餘額調節表」（見表9-46）。

表9-46　　　　　　　　　　銀行存款餘額調節表
2014年6月30日　　　　　　　　　　　　　單位：元

項目	金額	項目	金額
企業銀行存款日記帳餘額	286,000	銀行對帳單餘額	278,000
加：銀行已收企業未收 減：銀行已付企業未付	24,500 5,500	加：企業已收銀行未收 減：企業已付銀行未付	36,000 9,000
調節後的存款餘額	305,000	調節後的存款餘額	305,000

調整後的存款餘額已消除了未達帳項的影響，雙方餘額如果相同，則說明雙方帳目都沒有錯誤；如果調整後的存款餘額不同，則說明雙方帳目發生了其他錯誤，應查明予以更正。此外，還應注意的是，「銀行存款餘額調節表」的編製只是銀行存款清查的方法，它只起到對帳的作用，不能作為帳務處理的原始依據。「銀行存款餘額調節表」與銀行對帳單一併附在當月銀行存款日記帳後保存。

2. 實物資產的清查方法

(1) 存貨的盤存制度

實物資產是指企業所擁有的具有實物形態的各種財產，包括固定資產、存貨、在建工程項目等。財產清查中需要清查核對實物資產的實存數量，特別是存貨的實存數量。存貨的盤存制度就是指在日常會計核算中以什麼方法確定各項財產物資的期末帳面餘額。在會計實務中，存貨的盤存制度有兩種：永續盤存制和實地盤存制。

①永續盤存制

a. 永續盤存制的概念

永續盤存制又稱為帳面盤存制，是指平時對各項實物財產的增減變動數量和金額都必須根據會計憑證在有關帳簿中連續進行登記，並隨時結出帳面結存數量及金額的一種盤存制度。採用這種制度，按品種規格設置存貨明細分類帳，在明細分類帳中，除登記收入、發出，結存數量外，一般還要登記金額，其計算公式如下：

發出存貨金額＝發出存貨數量×存貨單價

期末帳面結存金額＝期初帳面結存金額＋本期增加金額－本期減少金額

b. 永續盤存制的優缺點

永續盤存制的優點主要有以下幾方面：一是能隨時提供財產物資的收入、發出、結存動態信息；二是可以通過盤點，及時發現帳實不符等情況；三是可以隨時將帳存數與實存數相比較，有利於購銷決策，降低庫存，加速資金。

永續盤存制的主要缺點是：平時財產物資明細帳的核算工作量大，耗費較多的人力和物力。

和實地盤存制相比較，永續盤存制在核算的準確性方面，具有明顯的優越性。因此，在實際工作中，除少數特殊情況外，企業均應採用永續盤存制。

②實地盤存制

a. 實地盤存制的概念

實地盤存制，也稱定期盤存制，是指對各種財產物資進行日常核算時，只在明細帳簿中登記增加的數量和金額，不登記其減少數量和金額；月末對財產物資進行實地盤點，確定財產物資的實存數量和金額，並以盤點結果作為帳存數量和金額，然後倒推出財產物資的減少數量和金額，並據以登記有關帳簿，即「以存計耗」「以存計銷」。

在實地盤存制下，計算本期發出存貨成本和期末結存存貨成本的公式如下：

本期發出存貨成本＝期初結存存貨成本＋本期入庫存貨成本－期末結存存貨成本

期末結存存貨成本＝期末存貨實地盤存數（結存數量）×單價

b. 實地盤存制的優缺點

實地盤存制的主要優點：記帳簡單。平時只記財產物資的增加數，不記減少數和結存數，月末匯總計算減少數，一次登記總帳，從而大大簡化了日常核算工作量。

實地盤存制的主要缺點：一是不能隨時反應財產物資的收入、發出、結存動態信息；二是「以存計耗」或「以存計銷」掩蓋了如非正常、貪污盜竊等引起的損失，影響經營成果的核算，進而影響會計核算的真實性，不利於企業加強對財產物資的管理和控制；三是不能隨時結轉銷售或耗用財產物資的成本，只能月末定期一次結轉，加大了期末會計核算工作量。

由於實地盤存制存在上述缺點，因此，企業一般不能採用這種盤存制度。實地盤存制一般只適用於一些價值低、品種雜、進出頻繁的商品或材料物資。

【例 9-6】中興公司 20××年 11 月有關乙材料的收入、發出和結存情況如下：月初結存 200 千克，計 4,000 元；本月 5 日購進入庫 300 千克，實際成本 6,000 元，本月 10 日購進入 100 千克，實際成本 2,000 元；本月 3 日生產領用 150 千克，計 3,000 元，本月 15 日生產領用 200 千克，計 4,000 元；月末實地盤點乙材料實存 200 千克，計 4,000 元。

要求：分別按「永續盤存制」和「實地盤存制」填列乙材料明細帳（見表 9-47、表 9-48）。

表 9-47　　　　　　　乙材料明細帳（永續盤存制）

20××年		憑證號數	摘要	收入			付出			餘額		
月	日			數量	單價	金額	數量	單價	金額	數量	單價	金額
11	1		期初結存							200	20	4,000
	3		領用				150	20	3,000	50	20	1,000
	5		購入	300	20	6,000				350	20	7,000
	10		購入	100	20	2,000				450	20	9,000
	15		領用				200	20	4,000	250	20	5,000
	30		合計	400	20	8,000	350	20	7,000	250	20	5,000

表 9-48　　　　　　　乙材料明細帳（實地盤存制）

20××年		憑證號數	摘要	收入			付出			餘額		
月	日			數量	單價	金額	數量	單價	金額	數量	單價	金額
11	1		期初結存							200	20	4,000
	5		購入	300	20	6,000						
	10		購入	100	20	2,000						
	30		領用				400	20	8,000			
	30		結存							200	20	4,000
	30		合計	400	20	8,000	400	20	8,000	200	20	4,000

（2）實物資產的清查方法

①實物資產清查的內容

實物資產清查包括對存貨（如原材料、低值易耗品、在產品、庫存商品、包裝物等）和固定資產（如房屋、建築物以及各種設備等）在數量和質量上進行的清查。實物資產在企業資產中佔有的比重大，是財產清查的主要內容。一般應按實物資產的特點，如體積、形狀、重量、數量及堆放方式不同，採用不同的方法來查明實物資產的實存數量。

②實物資產清查的方法

進行存貨清查的基本做法是實地盤點法。由於存貨資產的實物形態和存放地點或使用方式等各不相同，進行實地盤點的做法又有所不同。具體的方法有：

a. 全面盤點法。全面盤點法是對企業的所有存貨資產通過點數、過磅和丈量等方法確定其實有數。這種方法一般適用於原材料、包裝物、在產品和庫存商品等存貨資產的清查。

b. 技術推算法。技術推算法是指利用技術推斷方法確定存貨資產實有數的一種方法。這種方法一般適用於零散堆放的大宗材料等存貨資產的清查。

c. 抽樣盤存法。抽樣盤存法是指採用抽取一定數量樣品的方式確定存貨資產實有數的一種方法。這種方法一般適用於數量比較多，重量和體積等比較均衡的實物資產的清查。

d. 函證核對法。函證核對法是指採用向對方發函的方式對實物資產的實有數進行確定的一種方法。這種方法一般適用於委託外單位加工或保管的存貨資產的清查。將通過實地盤點得到的各種存貨的實有數分別與其帳面的結存數進行核對，以確定是否帳實相符。

固定資產清查的基本方法也是實地盤點法，一般採用全面盤點法。將通過實地盤點得到的各種固定資產的實有數分別與其帳面的結存數進行核對，以確定是否帳實相符。

③實物資產清查的手續

進行實物資產的清查應填寫「盤存單」和「實存帳存對比表」。盤存單是在對實物資產進行清查的過程中所填寫的單據，反應的是實物資產的實存數量，填寫「盤存單」的目的是為了與各種實物資產的帳面數量進行核對提供依據。「實存帳存對比表」是在「盤存單」上的實存數量與帳存數量核對以後，根據實物資產存在的帳實不符的情況所填製的單據。「盤存單」和「實存帳存對比表」的一般格式如表 9-49 和表 9-50 所示。

表 9-49　　　　　　　　　　　　　盤存單

單位名稱：　　　　　　　盤點時間：　　　　　　　編號：
財產類別：　　　　　　　存放地點：

序號	名稱	規格型號	計量單位	實存數量	單價	金額	備註

表 9-50　　　　　　　　　　　　實存帳存對比表

單位名稱：　　　　　　　　　　　　　　　　　　　　　　　　　年　月　日

| 財產名稱 | 實存金額 | 帳存金額 | 實存與帳存對比 || 備註 |
			盤盈	盤虧	
	（盤點後確認的實際餘額）	（帳面現有餘額）	（實存餘額大於帳面餘額）	（實存餘額小於帳面餘額）	

盤點人簽章：　　　　　　　　　　　　　　　　　　　　保管人員簽章：

「盤存單」反應的只是實物資產的實存數量，不能作為調整帳面記錄的依據。而「實存帳存對比表」反應了實物資產在清查過程中發現的問題，因而是進行實物資產清查結果處理的重要原始憑證，可以作為調整有關存貨帳面記錄的依據。

3. 往來款項清查的內容及方法

（1）往來款項清查的內容

往來款項主要包括各種應收帳款、應付帳款、預收帳款、預付帳款、其他應收款和其他應付款等。往來款項清查的目的主要是查明各種往來款項的實際狀況與帳面記錄情況是否相符。

（2）往來款項清查的方法與清查的手續

往來款項的清查一般採取「函證核對法」進行清查。清查企業應按每一個經濟往來單位編製「往來款項對帳單」，寄發或派人送交債務人或債權人，以便對方進行核對，並提出確認或不確認的意見，並寄回往來款項對帳單（回聯單），借以確定企業帳面記錄與實際情況是否相符。

在往來款項清查的過程中，要編製的「往來款項對帳單」的一般格式如表 9-51 所示。

表 9-51　　　　　　　　　　　往來款項對帳單

往來款項對帳單
H 公司：
　你單位 2014 年 10 月購入我司 N 產品 30 件，總貨款為 351,000 元，已付 250,000 元，尚有 101,000 元未付，請核對後將回聯單寄回。

　　　　　　　　　　　　　　　　　　　　　　　　核查單位：G 公司（蓋章）
　　　　　　　　　　　　　　　　　　　　　　　　　　　　2014 年 12 月 15 日

　　　　沿此虛線裁開，將以下回聯單寄回。

往來款項對帳單（回聯）
G 公司：
　你公司寄來的往來款項對帳單已收到，經核對無誤。

　　　　　　　　　　　　　　　　　　　　　　　　　　　　H 公司（蓋章）
　　　　　　　　　　　　　　　　　　　　　　　　　　　　2014 年 12 月 30 日

清查企業接到對方單位退還的對帳單後，如果存在餘額不符的情況，應編製「往來款項清查報告表」，分別註明產生差異的原因，並提出處理意見。對於有爭議的款項和沒有希望收回的或無法支付的款項等，應及時查明原因報領導批准後另行處理。「往來款項清查報告表」的一般格式如表9-52所示。

表9-52　　　　　　　　　　　　往來款項清查報告表

企業名稱：　　　　　　　　　　　年　月　日　　　　　　　　　　　單位：元

明細科目		清查結果		不符單位及原因分析					備註
名稱	金額	相符	不符	不符單位名稱	爭執中款項	未達帳項	無法收回	拖付帳項	

記帳人員：（簽章）　　　　　　　　　　　　　　　　　　　　清查人員：（簽章）

六、結帳

結帳是指為了總結某一會計期間內發生的經濟業務事項，定期將會計帳簿記錄結算清楚，據以編製會計報表的帳務工作。具體地說，就是在會計期末（月末、季末、年末）將本會計期間內所發生的全部經濟業務事項登記入帳的基礎上，將各種帳簿的記錄結算出本期發生額和期末餘額的過程。

結帳工作是建立在會計分期前提下的，由於企業經濟活動連續不斷，相應的會計記錄也是連續不斷的，為瞭解某一會計期間（月度、季度、年度）的經濟活動情況，評價考核經營成果，在每一會計期間終了時，各單位應當按照規定定期結帳。

（一）結帳的內容

結帳的內容通常包括兩個方面：一是結清各種損益類帳戶，並據以計算確定本期利潤；二是結清各資產、負債和所有者權益帳戶，分別結出本期發生額合計和餘額。

（二）結帳的程序

（1）將本期內日常發生的經濟業務事項全部登記入帳，並保持其正確性。若發現漏帳或錯帳，應及時補記或更正。為保證會計報表信息的真實性，必須按正確劃分的會計期間結帳，不得為了趕編會計報表而提前結帳，把本期發生的經濟業務事項延至下期入帳，也不得先編製會計報表後結帳。

（2）按照權責發生制的要求，進行有關帳項調整的帳務處理，以合理計算確定本期的成本、費用、收入和財務成果。例如：將各種待攤費用按規定攤配記入該由本期承擔的有關帳戶；將各種預提費用按規定計提記入該由本期承擔的有關帳戶等。

（3）將損益類科目轉入「本年利潤」科目，結平所有損益類科目。在本期全部經濟業務事項登記入帳的基礎上，結清各損益類帳戶，合理計算確定本期利潤或虧損，

評價考核本期經營成果。

(4) 結算出資產、負債和所有者權益帳戶的本期發生額合計和期末餘額，並結轉下期。

(三) 結帳的方法

(1) 對不需按月結計本期發生額的帳戶，每次記帳以後，都要隨時結出餘額，每月最後一筆餘額為月末餘額。月末結帳時，只需要在最後一筆經濟業務事項記錄之下劃通欄單紅線，不需要再結計一次餘額。

(2) 現金日記帳、銀行存款日記帳和需要按月結計發生額的收入、費用等明細帳，每月結帳時，要結出本月發生額和餘額，在摘要欄內註明「本月合計」字樣，並在下面劃通欄單紅線。

(3) 需要結計本年累計發生額的某些明細帳戶，每月結帳時，應在「本月合計」行下結出自年初起至本月末止的累計發生額，登記在月份發生額下面，在摘要欄內註明「本年累計」字樣，並在下面劃通欄單紅線。12月末的「本年累計」就是全年累計發生額，全年累計發生額下劃通欄雙紅線。

(4) 總帳帳戶平時只需結出月末餘額。年終結帳時，將所有總帳帳戶結出全年發生額和年末餘額，在摘要欄內註明「本年合計」字樣，並在合計數下劃通欄雙紅線。

(5) 年度終了結帳時，有餘額的帳戶，要將其餘額結轉下年，並在摘要欄註明「結轉下年」字樣；在下一會計年度新建有關會計帳戶的第一行餘額欄內填寫上年結轉的餘額，並在摘要欄註明「上年結轉」字樣。

七、會計帳簿的管理

(一) 會計帳簿的更換

會計帳簿的更換通常在新的會計年度建帳時進行。一般來說，總帳、日記帳和大部分明細帳應每年更換一次，在年度終了時更換新帳簿，並將各帳戶的餘額結轉到新的會計年度，即在新會計年度的會計帳簿中的第一行餘額欄內填上上年結轉的餘額，並註明方向，同時在摘要欄內註明「上年結轉」字樣。

但有些存貨類財產物資明細帳由於品種、規格和往來單位較多等原因，更換新帳需要重抄一遍的工作量比較大，可以不必每個新的會計年度更換一次。另外，對於像固定資產卡片式明細帳這種年度內變動較小的明細帳，也可以連續使用，不必每年更換。另外，各種備查帳簿也可以連續使用，不必每年更換。

(二) 會計帳簿的保管

會計帳簿的保管是指會計年度終了建立新帳後，舊帳的歸檔和存查工作。會計帳簿是編製會計報表的依據，是重要的會計檔案和經濟資料。因此，任何單位必須將會計帳簿按規定的歸檔制度形成會計檔案資料，妥善保管，防止丟失，不得任意銷毀，以便於日後隨時查閱。

各種帳戶在結轉下年建立新帳後，一般要把舊帳送交總帳會計集中管理。年度終

了時會計帳簿可以暫由單位會計機構保管一年，期滿之後應當移交本單位檔案機構統一保管；未設立檔案機構的，應當在會計機構內部指定專人保管。出納人員不得兼管會計檔案。

企業應嚴格遵守會計帳簿的保管期限要求，期滿前不得任意銷毀。企業大部分會計帳簿類會計檔案的保管期限一般為 15 年，現金日記帳和銀行存款日記帳的保管期限為 25 年，固定資產卡片帳的保管期限為固定資產報廢清理後保管 5 年。會計檔案的保管期限，從會計年度終了後的第一天算起。

本章小結

會計憑證是記錄經濟業務事項發生或完成情況、明確經濟責任的書面證明，也是登記帳簿的依據。填製和審核會計憑證是會計核算基本方法之一，也是會計核算工作的起點。

會計憑證按其用途和填製程序不同，可以分為原始憑證和記帳憑證兩類。

原始憑證又稱為單據，是在經濟業務事項發生或完成時取得或填製的，用以記錄或證明經濟業務事項的發生或完成情況、明確有關經濟責任、具有法律效力、並作為記帳原始依據的書面證明。其中，外來原始憑證是指在經濟業務發生或完成時，從其他單位或個人直接取得的原始憑證。自制原始憑證是指由本單位內部經辦業務的部門和人員，在執行或完成某項經濟業務時填製的、僅供本單位內部使用的原始憑證。為了如實反應經濟業務事項的發生和完成情況，保證會計信息的真實、合法、完整和準確，會計機構、會計人員必須對原始憑證進行嚴格審核。原始憑證審核的內容主要包括審核原始憑證的真實性、合法性、合理性、完整性、正確性和及時性。

記帳憑證又稱為記帳憑單，是會計人員根據審核無誤的原始憑證，按照經濟業務事項的內容加以歸類，並據以確定會計分錄後所填製的、作為記帳直接依據的書面文件。記帳憑證按用途不同，可以分為專用記帳憑證和通用記帳憑證。專用記帳憑證是指分類反應經濟業務內容的記帳憑證，按其反應的經濟業務內容，可進一步具體分為收款憑證、付款憑證和轉帳憑證。通用記帳憑證是指用來反應所有經濟業務內容的記帳憑證，採用通用記帳憑證的單位不再區分收款、付款和轉帳業務，而是將所有經濟業務統一編號，在同一格式的記帳憑證中進行記錄。為了保證會計信息的質量，在登記帳簿之前應由有關稽核人員對記帳憑證進行嚴格的審核。記帳憑證審核的內容主要包括內容是否真實、項目是否齊全、科目是否正確、金額是否正確、書寫是否正確以及手續是否完備。

會計憑證的傳遞是指從會計憑證的取得或填製時起至歸檔保管過程中，在單位內部有關部門和人員之間的傳送程序。會計憑證的傳遞應當能夠滿足內部控制制度的要求，使傳遞程序合理有效，同時盡量節約傳遞時間，減少傳遞的工作量。單位應根據具體情況制定每一種憑證的傳遞程序和方法。會計憑證的傳遞一般包括傳遞程序和傳遞時間兩個方面。

會計憑證的保管是指會計憑證記帳後的整理、裝訂、歸檔和存查工作。

會計帳簿是指由一定格式帳頁組成的，以經過審核的會計憑證為依據，全面、系統、連續地記錄各項經濟業務事項的簿籍。會計帳簿按其用途不同，可分為序時帳簿、分類帳簿和備查帳簿三種。序時帳簿又稱為日記帳，是指按照經濟業務發生或完成時間的先後順序逐日逐筆進行登記的會計帳簿。分類帳簿是對全部經濟業務事項按照會計要素的具體類別而設置的分類帳戶進行登記的會計帳簿。分類帳簿按照分類的概括程度不同，又可分為總分類帳和明細分類帳。備查帳簿簡稱備查簿，是對某些在序時帳簿和分類帳簿等主要帳簿中都不予登記或登記不夠詳細的經濟業務事項進行補充登記時使用的會計帳簿。會計帳簿按其帳頁格式不同，可分為三欄式、多欄式和數量金額式三種。會計帳簿按其外形特徵不同，可分為訂本帳、活頁帳和卡片帳三種。

對帳就是核對帳目，是指在會計核算過程中，為了保證會計帳簿記錄正確可靠，對會計帳簿中記載的有關數據進行檢查和核對的工作。通過對帳，應當做到帳證相符、帳帳相符、帳實相符。

會計帳簿記錄應力求準確清晰，盡量避免出現差錯。若會計帳簿記錄發生錯誤，必須按照規定的方法予以更正，不準塗改、挖補、刮擦或者用藥水消除字跡，不準重新抄寫。錯帳更正方法通常有劃線更正法、紅字更正法和補充登記法等。

財產清查是指通過對實物資產、庫存現金進行實地盤點，對各項銀行存款和往來款項進行詢證核對，以確定各項實物資產、貨幣資金及往來款項的實存數，並查明實存數與帳存數是否相符的一種會計核算方法。按照清查的範圍，可分為全面清查和局部清查；按照清查的時間，可分為定期清查和不定期清查；按照清查執行的單位，可分為內部清查和外部清查。清查的基本做法有全面盤點法、技術推算法、抽樣盤存法和函證核對法等。

所謂未達帳項，是指企業和銀行之間，由於收、付款結算憑證傳遞時間的不一致，導致了雙方記帳時間不一致，對同一項交易或者事項，一方已收到有關結算憑證已登記入帳，而另一方由於尚未收到有關結算憑證尚未登記入帳的款項。如果發現有未達帳項，應通過編製「銀行存款餘額調節表」予以調節，使雙方的餘額取得一致。

在會計實務中，存貨的盤存制度有兩種：永續盤存制和實地盤存制。永續盤存制又稱為帳面盤存制，是指平時對各項實物財產的增減變動數量和金額都必須根據會計憑證在有關帳簿中連續進行登記，並隨時結出帳面結存數量及金額的一種盤存制度。實地盤存制又稱為定期盤存制，是指對各種財產物資進行日常核算時，只在明細帳簿中登記增加的數量和金額，不登記其減少數量和金額；月末對財產物資進行實地盤點，確定財產物資的實存數量和金額，並以盤點結果作為帳存數量和金額，然後倒推出財產物資的減少數量和金額，並據以登記有關帳簿，即「以存計耗」「以存計銷」。

結帳是指為了總結某一會計期間內發生的經濟業務事項，定期將會計帳簿記錄結算清楚，據以編製會計報表的帳務工作。具體地說，就是在會計期末（月末、季末、年末）將本會計期間內所發生的全部經濟業務事項登記入帳的基礎上，將各種帳簿的記錄結算出本期發生額和期末餘額的過程。

會計帳簿的更換通常在新的會計年度建帳時進行。會計帳簿的保管是指會計年度

終了建立新帳後，舊帳的歸檔和存查工作。

重要名詞

會計憑證（accounting voucher）　　原始憑證（source document）
記帳憑證（evidence of keeping accounting）　　會計帳簿（account ledger）
日記帳（chronological book）　　總帳（general ledger）
明細帳（detail ledger）　　對帳（checking）
劃線更正法（correction by drawing a straight line）
紅字更正法（correction by using red ink）
補充登記法（correction by extra recording）
結帳（closing accounts）
全面清查（complete check）
局部清查（partial check）
永續盤存制（perpetual inventory system）
實地盤存制（periodic inventory system）

拓展閱讀

簿記

簿記（bookkeeping）包括填製憑證、登記帳目、結算帳目、編製報表等。會計工作的初級階段，僅限於事後的記帳、算帳，並沒有形成記帳、算帳的理論，那時的簿記等於全部的會計。隨著會計循環理論的建立和會計職能作用的不斷擴大，會計工作從單純的記帳、算帳，發展到對經濟活動的事前預測、決策，事中控制、監督，事後分析、考核，簿記就成為會計工作的一個組成部分。

中國「簿記」一詞最早見於宋代。在西方國家，英文簿記（bookkeeping）是在本子上保持記錄，即記帳的意思，而會計（accounting）則是敘述理由，即說明為什麼要這樣記帳。俄文在20世紀30年代有「簿記」和「會計」二詞，30年代後出現「簿記核算」一詞，由於蘇聯把會計作為經濟核算的一個組成部分，因而傳到中國翻譯為簿記核算。20世紀50年代的中國會計中，一般將會計與簿記混用，這與當時把會計的作用局限於記帳、算帳的範圍有關。20世紀80年代初，隨著對會計職能作用認識的拓寬，人們又逐漸恢復了簿記的概念，並大大縮小了簿記的範圍，僅僅是指會計工作中對事後記帳、算帳那部分工作。

簿記按其採用的記帳方法不同，分為單式簿記和復式簿記；按其源頭不同，分為中式簿記和西式簿記；按其經濟主體的經濟活動不同，分為商業簿記和工業簿記。

單式簿記是復式簿記的對稱，是指採用單式記帳法的簿記。單式簿記在歐洲中世紀之前和中國明代以前曾普遍採用。復式簿記是單式簿記的對稱，是指採用復式記帳法的簿記。復式簿記產生於公元13世紀的義大利，現被世界各國會計實務廣泛採用。

中式簿記是西式簿記的對稱，是指中國歷史上傳統的記帳、算帳方法體系，其歷

史源遠流長。《周禮·天官篇》有「歲會」「月要」「日成」的敘述；兩漢時出現名為「簿書」的帳冊；宋元以後，官廳官吏辦理報銷或移交時編製「四柱清冊」，簿記方法初具規模，以後傳民間，逐漸發展成完整的中式簿記體系。早期的中式簿記，多為單式簿記。明清後，出現具有復式簿記性質的「龍門帳」「天地合帳」；19世紀末受西式簿記影響，進一步發生變化；20世紀30年代，徐永祚等提倡「改良中式簿記」，因其不能適應處理日益複雜的經濟業務的要求，新中國成立後逐漸被淘汰。西式簿記是中式簿記的對稱，是指西方各國的記帳、算帳方法體系。早期的西式簿記，多為單式簿記。1494年，義大利數學家盧卡·帕喬利在其《算術·幾何·比及比例概要》最早論述簿記的世界名著中，系統地總結並提出復式簿記理論。清末，西式簿記通過日本傳入中國。

商業簿記屬於輸入成品進行銷售的公司的一種記帳方式，是最基本的簿記。工業簿記屬於記錄購入材料、製作商品、販賣成品的公司的一種記帳方式，主要用於計算商品製作所必需的原料費用，包括材料費、製作人員的薪金、製造器械的損耗費用等。

思考題

1. 會計憑證的概念和意義是什麼？會計憑證如何分類？
2. 原始憑證的基本內容包括哪些？記帳憑證的基本內容包括哪些？
3. 原始憑證的填製要求包括哪些？記帳憑證的填製要求包括哪些？
4. 原始憑證的審核要求包括哪些？記帳憑證的審核要求包括哪些？
5. 會計帳簿的概念和意義是什麼？會計帳簿如何分類？
6. 會計帳簿應遵循哪些登記規則？
7. 錯帳更正方法有哪些？適用範圍有何區別？具體的更正方法分別是什麼？
8. 什麼是對帳？具體包括哪些內容？
9. 什麼是財產清查？財產清查的意義是什麼？
10. 財產清查是如何分類的？
11. 比較說明永續盤存制和實地盤存制的優缺點及適用範圍。
12. 什麼是未達帳項？未達帳項有哪幾種情況？
13. 如何編製「銀行存款餘額調節表」？
14. 如何進行實物資產和往來款項的清查？

練習題

練習一

1. 某企業為一般納稅人，適用增值稅稅率為17%。該企業2015年1月5日銷售商品一批，價款10,000元，收到購貨方簽發的支票一張，收訖存入銀行。會計人員根據審核無誤的原始憑證填製記帳憑證。請根據題目所述經濟業務將下列收款憑證填寫完整。

表 9-53   **收款憑證**

應借科目_____   年　月　日   ____收字第____號

摘要	應貸科目	√	√	金額
	合計			

附件　　張

會計主管　　　　記帳　　　　稽核　　　　出納　　　　填製

2. 某企業會計人員在結帳前進行帳目核對時，查找出以下錯帳：

（1）購進包裝物一批，價款 5,000 元，增值稅 850 元，貨物已經驗收入庫，價稅合計金額以銀行存款支付。編製會計分錄如下，並已登記入帳。

借：固定資產　　　　　　　　　　　　　　　　　　　　　5,000
　　應交稅費——應交增值稅（進項稅額）　　　　　　　　850
　　貸：銀行存款　　　　　　　　　　　　　　　　　　　5,850

（2）計提車間生產用固定資產折舊 5,300 元。編製會計分錄如下，並已登記入帳。

借：製造費用　　　　　　　　　　　　　　　　　　　　　3,500
　　貸：累計折舊　　　　　　　　　　　　　　　　　　　3,500

（3）計提本月應負擔的借款利息 1,000 元。編製會計分錄如下，並已登記入帳。

借：財務費用　　　　　　　　　　　　　　　　　　　　　10,000
　　貸：應付利息　　　　　　　　　　　　　　　　　　　10,000

（4）生產車間生產產品領用原材料 86,000 元。編製會計分錄如下，並已登記入帳。

借：生產成本　　　　　　　　　　　　　　　　　　　　　86,000
　　貸：原材料　　　　　　　　　　　　　　　　　　　　86,000

在過帳時，「生產成本」帳戶記錄為 68,000 元。

練習二

【目的】練習「銀行存款餘額調節表」的編製。

【資料】恒昌公司 2014 年 10 月 31 日收到開戶銀行對帳單，餘額為 146,000，當日「銀行存款日記帳」餘額為 112,000 元。經逐筆核對，發現如下未達帳項：

（1）10 月 28 日，企業收到轉帳支票一張 2,000 元送存銀行，企業已登記銀行存款增加，但銀行尚未登記企業存款增加。

（2）10 月 29 日，企業委託銀行代收貨款 21,000 元，款項已到帳，銀行已登記企業存款增加，企業尚未收到收款通知書，未登記入帳。

（3）10月30日，銀行代企業繳納水電費14,000元，銀行已登記企業存款減少，企業尚未收到付款通知書，未登記入帳。

（4）10月30日，企業開出轉帳支票一張支付材料款29,000元，持票人尚未到銀行辦理轉帳手續。企業已登記銀行存款減少，銀行尚未登記企業存款減少。

要求：根據上述資料編製「銀行存款餘額調節表」，並回答如下兩個問題：①編製銀行存款餘額調節表時，企業可動用的銀行存款餘額是多少？②銀行存款餘額調節表編製完成後，企業是否需要根據該表更正帳簿記錄？為什麼？

第十章　財務會計報告

學習目標

1. 瞭解財務會計報告的概念、構成和作用；
2. 瞭解財務會計報告的編製要求；
3. 掌握資產負債表的基本格式、項目內容和填製方法；
4. 掌握利潤表的基本格式、項目內容和填製方法；
5. 瞭解現金流量表、所有者權益變動表的基本格式和項目內容；
6. 瞭解會計報表附註披露的內容和基本要求。

第一節　財務會計報告概述

一、財務會計報告的概念

財務會計報告又稱為財務報告，是指企業對外提供的反應企業某一特定日期財務狀況和某一會計期間經營成果、現金流量及所有者權益等會計信息的總結性書面文件。它是會計主體對經濟活動進行預測、決策、控制和檢查、分析的重要依據。財務會計報告的目標是向財務會計報告使用者提供與企業財務狀況、經營成果和現金流量等有關的會計信息，反應企業管理層受託責任履行情況，有助於財務會計報告使用者做出經濟決策。

二、財務會計報告的組成

按中國財政部 2006 年 2 月頒布的《企業會計準則第 30 號——財務報表列報》的規定，企業財務會計報告主要包括對外報送的會計報表、會計報表附註和其他應當在財務會計報告中披露的相關信息和資料。

（一）對外報送的財務會計報表

1. 財務會計報表的含義

財務會計報表是財務會計報告的主體和核心，財務會計最有用的信息就集中在財務會計報表中。企業應該對外提供的財務會計報表主要包括資產負債表、利潤表、現金流量表和所有者權益表。其中：資產負債表是反應企業在報告期末資產、負債和所有者權益情況的會計報表；利潤表是反應企業在報告期內收入、費用和利潤情況的會計報表；現金流量表是反應企業在報告期內現金流入、現金流出和現金淨流量情況的會計報表；所有者權益變動表是反應企業在報告期內構成所有者權益的各組成部分增

減變動情況的會計報表。除以上會計報表外，還有一些根據各行業特點編製的，用以說明某一方面情況的附表，如資產減值準備明細表、應交增值稅明細表等。

2. 財務會計報表的分類

企業的財務會計報表按照報表的編製時間、編製單位、服務對象等可分為不同的種類。

(1) 按照編製時間分類，可分為中期財務報表和年度財務報表

中期財務報表是指以短於一個完整會計年度的報告期間為基礎編製的財務報表，包括月份報表、季度報表和半年度報表等。月份報表是月份終了後利用月份有關資料所編製的財務會計報表，如資產負債表、利潤表均應按月編製；季度報表是在每季度結束後利用季度內各月份資料編製的財務會計報表；半年度報表是企業在每個會計年度的前六個月結束後編製的財務會計報表。

年度財務會計報表，亦稱年終決算報表，是指會計主體在年度終了後編製的報表，包括規定對外報送的全部財務會計報表。

至於哪些報表應按月編報，哪些報表應按季編報，哪些報表應按半年度編報，哪些報表應按年編報，則應根據不同行業的要求和現行會計準則的要求進行安排。

(2) 按照編製單位分類，可分為單位報表、匯總報表和合併報表

單位報表是指獨立核算單位所編製的財務會計報表；匯總報表是指主管部門根據各個單位財務會計報表和自身的報表匯總編製而成的財務會計報表；合併報表是控股公司將其本身與被投資公司看成一個統一的經濟實體而編製的財務會計報表，它反應了控股公司與被投資公司共同的財務狀況和經營成果。

(3) 按照其提供服務的對象分類，可分為內部報表和外部報表

內部報表是根據企業內部管理的需要而編製的供本單位內部使用的財務會計報表，如管理費用明細表、產品生產成本表等。這類報表的種類、格式、內容和報送時間均由企業自行決定。

外部報表是企業向外部的會計信息使用者報告經濟活動和財務收支情況的會計報表，這類報表一般有國家統一的種類、格式、內容、編製要求和報送時間。中國企業對外報送的財務會計報表，按其反應的經濟內容，可以分為資產負債表、利潤表、現金流量表和所有者權益變動表及相關報表的附註。

(二) 會計報表附註

附註是財務會計報表的重要組成部分，企業應當按照規定披露附註信息。企業會計報表附註一般包括下列內容：①企業的基本情況；②財務報表的編製基礎；③遵循企業會計準則的聲明；④重要會計政策和會計估計；⑤會計政策和會計估計變更以及前期差錯更正的說明；⑥報表重要項目的說明；⑦或有事項；⑧資產負債表日後事項；⑨關聯方關係及其交易。

(三) 其他應當在財務會計報告中披露的相關信息和資料

其他應當在財務會計報告中披露的相關信息和資料是為了有助於理解和分析會計報表需要說明的其他事項所提供的書面資料，主要說明會計報表及其附註所無法揭示

或無法充分說明的，對企業財務狀況、經營成果、現金流量及所有者權益變動有重大影響的其他事項。

三、財務會計報告的作用

編製財務會計報告是財務會計工作的一項重要內容，是對會計核算工作的全面總結，也是及時提供合法、真實、準確、完整會計信息的重要環節。具體來說，財務會計報告的作用主要體現在以下幾個方面：

(一) 對國家經濟管理部門的作用

財務會計報告有助於國家經濟管理部門（如財政、稅務、工商、審計等）瞭解企業的財務狀況和經營成果，檢查、監督各單位財經政策、法規、紀律、制度的執行情況，更好地發揮國家經濟管理部門的指導、監督、調控作用，優化資源配置，保證國民經濟持續穩定發展。

(二) 對投資者和債權人的作用

財務會計報告有助於企業的投資者和債權人分析企業的獲利能力和債務償還能力，預測企業的發展前景，對公司的貸款是否安全提供分析依據，從而做出正確的投資決策和信貸決策。同時，投資者通過會計報表瞭解企業情況，監督企業的生產經營管理，以保護自身的合法權益。

(三) 對企業管理者的作用

企業管理者通過對會計報表的分析，一是有助於瞭解企業的情況以便於正確判斷企業過去的績效，從而可以與同行業或與計劃相比較，評價企業經營的成敗得失；二是衡量現在的財務狀況，有助於判斷企業經營管理是否健全，協助企業管理者評價企業未來的發展潛力；三是根據對企業過去、目前的經營狀況的瞭解，可以預測企業未來發展的大概趨勢。企業管理者也可以針對具體情況，擬定出增產節支，擴銷增盈的改善措施，用以指導企業未來的發展。

(四) 對企業職工和社會公眾的作用

財務會計報告有助於企業職工、社會公眾（包括企業潛在的投資者或債權人）瞭解企業的就業崗位是否穩定，勞動報酬的高低以及有關企業目前狀況等方面的資料，為其擇業或投資選擇提供參考依據。

四、財務會計報告的編製要求

(一) 財務會計報告的質量要求

會計核算應當以實際發生的交易或事項為依據，如實反應企業的財務狀況、經營成果和現金流量，這是對會計工作的基本要求。如果會計信息不能真實反應企業的實際情況，會計工作就失去了存在的意義，甚至會誤導會計信息使用者，導致經濟決策的失誤。

企業應當按照《企業財務會計報告條例》的規定，編製和對外提供真實、完整的

財務報告。

財務會計報告的真實性，是指企業財務會計報告要真實地反應經濟業務的實際發生情況，不能人為地扭曲，以使企業財務會計報告使用者通過企業財務會計報告瞭解有關單位實際的財務狀況、經營成果和現金流量。財務會計報告的完整性，是指提供的企業財務會計報告要符合規定的格式和內容，不得漏報或者任意取捨，以使企業財務會計報告使用者全面地瞭解有關單位的整體情況。

（二）財務會計報告的時間要求

會計信息的價值在於幫助所有者或其他方面做出經濟決策，如果不能及時提供會計信息，經濟環境發生了變化，時過境遷，這些信息也就失去了應有的價值，無助於經濟決策。所以，企業的會計核算應當及時進行，不得提前或延後。

企業應當依照有關法律、行政法規規定的結帳日進行結帳。年度結帳日為公歷年度每年的12月31日；半年度、季度、月度結帳日分別為公歷年度每半年、每季、每月的最後一天。並且要求月度財務報告應當於月度終了後6天內（節假日順延，下同）對外提供；季度財務報告應當於季度終了後15天內對外提供；半年度財務報告應當於年度中期結束後60天內（相當於兩個連續的月份）對外提供；年度財務報告應當於年度終了後4個月內對外提供。

（三）財務會計報告的形式要求

企業對外提供的會計報表應當依次編定頁數，加具封面，裝訂成冊，加蓋公章。封面上應當註明：企業名稱、企業統一代碼、組織形式、地址、報表所屬年度或者月份、報出日期，並由企業負責人和主管會計工作的責任人、會計機構負責人（會計主管人員）簽名並蓋章；設置總會計師的企業，還應當由總會計師簽名並蓋章。

（四）財務會計報告的編製要求

在編製財務會計報告過程中，應遵守下列關於財務會計報告編製的要求：

（1）企業在編製年度財務報告前，應當全面清查資產、核實債務，包括結算款項、存貨、投資、固定資產、在建工程等。在年度中間，應根據具體情況，對各項財產物資和結算款項進行重點抽查、輪流清查或者定期清查。企業清查、核實後，應當將清查、核實的結果及其處理辦法向企業的董事會或者相應機構報告，並根據國家統一的會計準則規定進行相應的會計處理。

企業在編製財務報告前，除應當全面清查資產、核實債務外，還要做好結帳和對帳工作，並檢查會計核算中可能存在的各種需要調整的情況。

（2）企業在編製財務報告時，應當按照國家統一會計準則規定的會計報表格式和內容，根據登記完整、核對無誤的會計帳簿記錄和其他有關資料編製會計報表，做到內容完整、數字真實、計算準確，不得漏報或者任意取捨。會計報表之間、會計報表各項目之間，凡有對應關係的數字，應當相互一致；會計報表中本期與上期的有關數字應當相互銜接。會計報表附註應當對會計報表中需要說明的事項做出真實、完整、清楚的說明。

第二節　資產負債表

一、資產負債表的概念與作用

(一) 資產負債表的概念

資產負債表是反應企業某一特定日期財務狀況的會計報表。該表按月編製，對外報送，年度終了還應編報年度資產負債表。

資產負債表編製的理論依據是「資產＝負債＋所有者權益」的會計恒等式。其編製原理是把企業特定日期（通常是期末）的資產、負債和所有者權益項目按一定的分類標準和排列次序予以排列而形成的一定格式的報表。

從性質上講，資產負債表是一種靜態報表，它是以相對靜止的方式來反應企業的資產、負債和所有者權益的總量及構成。換言之，該報表中所反應的財務狀況只是某一時點（編報日）上的狀態，過了這一時點，企業的財務狀況就會變化。因此，資產負債表只有對編報日來說才具有意義。從經濟內容上分析，資產負債表實際上是用來反應企業從哪裡取得資金，又將這些資金投放到哪些方面去了。前者可以理解為是一種籌資活動，後者可以認為是廣義的投資活動。而籌資和投資通常是企業財務活動的主要內容，所以將資產負債表又稱為財務狀況表。

(二) 資產負債表的作用

1. 反應企業所掌握的經濟資源及其分佈和結構

資產是企業的經濟資源。通過資產負債表，會計信息所有者可以瞭解企業在某一時點所擁有或控制的經濟資源及其構成，獲悉其占用形態、分佈狀況等信息。

2. 反應企業資金來源及其構成

企業資金來源包括吸收投資所形成的所有者權益以及舉債所形成的債權人權益。資本結構是指企業資源中負債和所有者權益的相對比例。通過資產負債表可以瞭解企業的資本結構並進一步評價其合理性。

3. 幫助評估企業的流動性及其財務彈性

流動性是指企業資產能夠以合理的價格順利變現的能力。企業資產流動性越強，則償還債務的能力也越強。這是企業債權人非常關注的重要信息。

財務彈性是指企業在面臨突發性的現金需求時，能夠在資金調度上採取有效行動做出迅速反應的能力。它可以根據資產負債表中反應的不同類別資產的變現能力和不同負債的償還順序予以判定。

4. 有助於評估企業財務狀況的變動趨勢

將本期末的資產負債表與上期或以前各期期末的資產負債表進行比較，可以瞭解不同時點企業資產、負債、所有者權益的變化情況，從中分析其變化的規律，並預測企業未來財務狀況的變動發展趨勢。

二、資產負債表的格式與內容

資產負債表一般有表首、正表兩部分。其中，表首概括地說明報表名稱、編製單位、編製日期、報表編號、貨幣名稱、計量單位等。正表則列示了用以說明企業財務狀況的各個項目。它一般有兩種格式：報告式資產負債表和帳戶式資產負債表。

報告式資產負債表是上下結構，上半部列示資產，下半部列示負債和所有者權益。具體排列格式又有兩種：一是按「資產＝負債＋所有者權益」的原理排列；二是按「資產－負債＝所有者權益」的原理排列。其簡化格式見表 10-1。

表 10-1　　　　　　　　　　　　資產負債表
編製單位：　　　　　　　　　　年　月　日　　　　　　　　　　　單位：元

項目	期初餘額	期末餘額
資產		
流動資產		
非流動資產		
資產合計		
負債		
流動負債		
非流動負債		
負債合計		
所有者權益		
實收資本		
資本公積		
未分配利潤		
所有者權益合計		

帳戶式資產負債表是左右結構，左邊列示資產，右邊列示負債和所有者權益。在中國，資產負債表採用帳戶式，資產負債表左右雙方平衡，即資產總計等於負債和所有者權益總計。其簡化格式見表 10-2。

表 10-2　　　　　　　　　　　　資產負債表
編製單位　　　　　　　　　　　年　月　日　　　　　　　　　　　單位：元

資產	期初餘額	期末餘額	負債及所有者權益	期初餘額	期末餘額
流動資產			流動負債		
……			……		
非流動資產			非流動負債		
……			……		
			所有者權益		
			……		
資產總計			負債及所有者權益總計		

在資產負債表中，資產按照其流動性分類分項列示，包括流動資產和非流動資產；負債按照其流動性分類分項列示，包括流動負債和非流動負債等；所有者權益按照實收資本（股本）、資本公積、盈餘公積、未分配利潤等項目分項列示。

三、資產負債表的編製方法

資產負債表既是一張平衡報表，反應資產總計與負債及所有者權益總計相等；又是一張靜態報表，反應企業在某一時點的財務狀況，如月末或年末。為了提供比較信息，以便報表使用者通過比較不同時點資產負債表的數據，掌握企業財務狀況的變動情況和發展趨勢，資產負債表的各項目均需填列「年初餘額」和「期末餘額」兩欄數字。其中，「年初餘額」欄內各項目的數字，可根據上年末資產負債表「期末餘額」欄相應項目的數字填列。如果本年度資產負債表的各個項目的名稱和內容與上年度不一致，應當對上年年末資產負債表各個項目的名稱和內容按照本年度的規定進行調整。資產負債表中的「期末餘額」欄內各項目的金額，應根據期末資產類、負債類、所有者權益類等帳戶的期末餘額填列。具體填列方法如下：

（1）根據總帳科目的餘額直接填列。資產負債表中有些項目的「期末餘額」可以根據有關總帳科目的期末餘額直接填列，如「交易性金融資產」「應收票據」「短期借款」「應付票據」「應付職工薪酬」「應交稅費」「實收資本」「資本公積」「盈餘公積」等項目，「應交稅費」等負債項目，如果其相應科目出現借方餘額，應以「－」號填列。

（2）根據總帳科目的餘額計算填列。有些報表項目需要根據若干總帳科目餘額計算填列，如「貨幣資金」項目，應根據「庫存現金」「銀行存款」「其他貨幣資金」三個總帳科目的期末餘額合計數填列。

（3）根據總帳科目和明細帳科目的餘額分析計算填列。如「長期借款」項目，根據「長期借款」總帳科目期末餘額，扣除「長期借款」科目所屬明細科目中反應的將於一年內到期的長期借款部分，分析計算填列。

（4）根據若干明細科目餘額分析計算填列。報表中有些項目需要根據若干明細科目的餘額分析計算填列，如「應付帳款」項目，應根據「應付帳款」「預付帳款」帳戶所屬的相關明細科目的期末貸方餘額之和填列；「應付帳款」「預付帳款」帳戶所屬的相關明細科目的期末借方餘額之和則應填列在「預付帳款」項目；同理，「應收帳款」項目，應根據「應收帳款」「預收帳款」帳戶所屬的相關明細科目的期末借方餘額之和填列；「預收帳款」項目，應根據「應收帳款」「預收帳款」帳戶所屬的相關明細科目的期末貸方餘額之和填列。

（5）根據有關資產科目與其備抵科目抵減後的淨額填列。如「無形資產」項目，應根據「無形資產」科目的期末餘額減去「累計攤銷」「無形資產減值準備」備抵科目期末餘額後的金額填列；「應收帳款」項目的填列，應先計算「應收帳款」「預收帳款」科目所屬的相關明細科目的期末借方餘額合計數，然後減去「壞帳準備」科目的期末貸方餘額，以應收帳款淨額填列。再如「存貨」項目，應以「材料採購」「原材料」「生產成本」「庫存商品」「材料成本差異」等總帳科目的期末餘額合計數，減去

「存貨跌價準備」科目等的期末餘額的淨額填列。

（6）根據備查登記簿記錄填列。會計報表附註中的有些資料，需要按照備查登記簿中的記錄編製。

在中國，資產負債表的「年初數」欄各項目數字，應根據上年年末資產負債表「期末數」欄內所列數字填列。如果本年度資產負債表規定的各個項目的名稱和內容同上年度不一致，應對上年年末資產負債表各項目的名稱和數字按照本年度的規定進行調整，填入報表中的「年初數」欄內。資產負債表的「期末數」欄各項目主要是根據有關科目記錄編製的。

四、資產負債表編製舉例

【例10-1】A股份有限公司20××年年初及年末帳戶餘額如表10-3所示。

表10-3　　　　　　　A公司20××年年初及年末帳戶餘額　　　　　　　單位：元

科目名稱	期初借方餘額	期末借方餘額	科目名稱	期初貸方餘額	期末貸方餘額
庫存現金	40,000	60,000	短期借款	600,000	780,000
銀行存款	200,000	500,000	交易性金融負債	63,000	86,000
交易性金融資產	500,000	800,000	應付票據	350,000	400,000
應收票據	360,000	365,000	應付帳款	520,000	780,000
應收股利	80,000	150,000	預收帳款	32,000	475,000
應收利息	24,000	68,000	應付職工薪酬	850,000	940,000
應收帳款	1,600,000	2,400,000	應交稅費	56,000	200,000
壞帳準備	-32,000	-48,000	應付利息	75,000	64,000
其他應收款	20,000	30,000	應付股利	35,000	40,000
預付帳款	350,000	500,000	其他應付款	18,000	24,000
其他流動資產	60,000	36,000	長期借款	1,000,000	1,500,000
材料採購	32,000	48,000	一年內到期的長期負債	200,000	500,000
原材料	50,000	150,000	應付債券	800,000	800,000
庫存商品	400,000	450,000	實收資本（或股本）	6,000,000	6,000,000
可供出售的金融資產	75,000	40,000	資本公積	4,000,000	5,000,000
長期股權投資	650,000	850,000	盈餘公積	500,000	600,000
持有至到期投資	1,800,000	1,800,000	利潤分配		
固定資產	6,500,000	7,600,000	未分配利潤	1,200,000	2,600,000
累計折舊	-500,000	-600,000			
工程物資	680,000	450,000			
在建工程	1,800,000	2,800,000			
無形資產	1,250,000	2,100,000			
長期待攤費用	360,000	240,000			
合計	16,299,000	20,789,000	合計	16,299,000	20,789,000

根據上述餘額編製該公司年度資產負債表如表10-4所示。

表10-4

資產負債表

編製單位：A股份有限公司　　　20××年12月31日　　　　　　　　單位：元

資產	期末餘額	年初餘額	負債及所有者權益	期末餘額	年初餘額
流動資產			流動負債		
貨幣資金	560,000	240,000	短期借款	780,000	600,000
交易性金融資產	800,000	500,000	交易性金融負債	86,000	63,000
應收票據	365,000	360,000	應付票據	400,000	350,000
應收帳款	2,352,000	1,568,000	應付帳款	780,000	520,000
預付帳款	500,000	350,000	預收帳款	475,000	32,000
應收利息	68,000	24,000	應付職工薪酬	940,000	850,000
應收股利	150,000	80,000	應交稅費	200,000	56,000
其他應收款	30,000	20,000	應付利息	64,000	75,000
存貨	648,000	482,000	應付股利	40,000	35,000
一年內到期的非流動資產			其他應付款	24,000	18,000
其他流動資產	36,000	60,000	一年內到期的非流動負債	500,000	200,000
流動資產合計	5,509,000	3,684,000	其他流動負債		
非流動資產			流動負債合計	4,289,000	2,799,000
可供出售金融資產	40,000	75,000	非流動負債		
持有至到期投資	1,800,000	1,800,000	長期借款	1,500,000	1,000,000
長期應收款			應付債券	800,000	800,000
長期股權投資	850,000	650,000	長期應付款		
投資性房地產			專項應付款		
固定資產	7,000,000	6,000,000	預計負債		
在建工程	2,800,000	1,800,000	遞延所得稅負債		
工程物資	450,000	680,000	其他流動負債合計		
固定資產清理			非流動負債合計	2,300,000	1,800,000
生產性生物資產			負債合計	6,589,000	4,599,000
油氣資產			所有者權益（或股東權益）		
無形資產	2,100,000	1,250,000	實收資本（或股本）	6,000,000	6,000,000
開發支出			資本公積	5,000,000	4,000,000
商譽			減：庫存股		

表10-4(續)

資產	期末餘額	年初餘額	負債及所有者權益	期末餘額	年初餘額
長期待攤費用	240,000	360,000	盈餘公積	600,000	500,000
遞延所得稅資產			未分配利潤	2,600,000	1,200,000
其他非流動資產			所有者權益（或股東權益）合計	14,200,000	11,700,000
非流動資產合計	15,280,000	12,615,000			
資產總計	20,789,000	16,299,000	負債及所有者權益合計	20,789,000	16,299,000

第三節　利潤表

一、利潤表的概念與作用

(一) 利潤表的概念

利潤表也稱作收益表、損益表，是反應企業在一定時期內（如月份、季度或年度）經營成果的會計報表。企業在一定期間的經營成果，一般是指企業在一定期間內實現的利潤。在內容上，利潤是收入和費用相互比較的結果，前者是經營活動中經濟利益的流入，後者是經營活動中發生的耗費和支出，兩者相抵後的差額即是利潤或虧損。由於收入和費用是企業在一定的時間長度內發生的，因此，利潤表在性質上屬於動態報表的範疇，反應的是企業的資金運動取得的成果。

(二) 利潤表的作用

利潤表所報告的財務信息對會計報表使用者具有十分重要的作用，為企業外部投資者以及信貸者做出投資決策和信貸決策提供依據，為企業內部管理層的經營決策提供依據，為企業內部業績考核提供依據。具體體現在以下幾個方面：

1. 有助於分析和評估企業的經營成果

利潤表反應企業在一定會計期間收入、費用、利潤（或虧損）的數額及構成情況。其中：收入信息不僅可以反應企業收入的規模及其來源構成，據以評價企業經營的風險，還可以通過收入的增長幅度判斷企業的發展趨勢；費用項目則可以提供企業費用水平的高低及其構成的合理性，通過其變動額還能判斷企業費用的控制力。利潤額反應企業一定時期的經營成果，結合資產負債表數據，可以評價企業的獲利能力。

2. 有助於評價企業管理層的管理水平

企業管理層在接受投資者委託履行其受託責任時，應合理運用企業的資產為投資者謀求盡量大的收益。利潤表的各種數據，可以反應企業在生產經營、融資和投資活動中的管理效率及經濟效益，據此可以評價企業管理層管理水平的高低。

3. 幫助預測企業未來期間的盈利趨勢

通過不同時期利潤表所提供的信息，可以比較企業利潤的變化情況，分析企業利潤的發展趨勢及獲利能力，並進一步預測企業盈利的發展趨勢。

二、利潤表的內容和結構

(一) 利潤表的內容

利潤表既然是反應一個企業特定期間經營成果的會計報表，其內容就必須包括影響企業該會計期間的所有損益的內容。也就是說，利潤表既要包括來自在生產經營單位已實現的各項收入，以及與該收入相配比的各項成本、費用，也要包括來自其他方面的業務收支，如投資收益，還要包括與生產經營活動無關的各項營業外收入和支出。

中國的《企業會計準則》規定，利潤表的內容具體包括營業收入、營業利潤、利潤總額、淨利潤、每股收益、其他綜合收益、綜合收益等。

(二) 利潤表的結構

利潤表通常包括表首和表體兩部分。

表首：表首應列示編表單位的名稱、報表名稱、提供信息的時間、所用貨幣的名稱和貨幣單位等，這些體現了會計基本假設的要求。

表體：根據利潤表的構成要素，按收益計算過程排列表中項目。利潤表在項目排列方式上有兩種格式：一種為單步式排列，用該方式排列的利潤表稱單步式利潤表；另一種為多步式排列，與其相應的利潤表稱為多步式利潤表。

單步式利潤表在列表時，首先列示所有的收入項目，然後列示所有的費用項目。兩者相減，收入與費用的差額部分即為淨利潤。單步式利潤表的基本格式如表10-5所示。

表 10-5　　　　　　　　　　　　利潤表

編製單位：　　　　　　　　　　年　月　　　　　　　　　　單位：元

項目	本期金額	上期金額
一、收入		
營業收入		
投資收益		
營業外收入		
收入合計		
二、費用		
營業成本		
營業稅金及附加		
銷售費用		
管理費用		

表10-5(續)

項目	本期金額	上期金額
財務費用		
資產減值損失		
營業外支出		
所得稅費用		
費用合計		
三、淨利潤		

單步式利潤表的優點是簡明易懂；其缺點是所提供的信息較少，不便於分析收益的構成等情況。

多步式利潤表將不同的收入與費用項目加以歸類，按企業損益構成的內容列示，分步反應淨利潤的計算過程。其基本格式如表10-6所示。

表10-6　　　　　　　　　　　　　利潤表
編製單位：　　　　　　　　　　　　年　月　　　　　　　　　　　　　單位：元

項目	本期金額	上期金額
一、營業收入		
減：營業成本		
營業稅金及附加		
銷售費用		
管理費用		
財務費用		
資產減值損失		
加：公允價值變動收益（損失以「-」號填列）		
投資收益（損失以「-」號填列）		
其中：對聯營企業和合營企業的投資收益		
二、營業利潤（虧損以「-」號填列）		
加：營業外收入		
減：營業外支出		
其中：非流動資產處置損失		
三、利潤總額（虧損總額以「-」號填列）		
減：所得稅費用		
四、淨利潤（淨虧損以「-」號填列）		
五、每股收益		
（一）基本每股收益		
（二）稀釋每股收益		
六、其他綜合收益		
七、綜合收益總額		

三、利潤表的編製方法

利潤表編製的原理是「收入－費用＝利潤」這一會計平衡公式和收入與費用的配比原則。在生產經營中，企業不斷發生各種費用支出，同時取得各種收入，收入減去費用，剩餘的部分就是企業的盈利。取得的收入和發生的相關費用的配比情況就是企業的經營成果。如果企業經營不當，發生的生產經營費用超過取得的收入，企業就發生了虧損；反之，企業就能取得一定的利潤。會計部門應定期（一般按月份）核算企業的經營成果，並將核算結果編製成報表，這樣就形成了利潤表。

中國企業利潤表的主要編製步驟和內容如下：

第一步，以營業收入為基礎，減去營業成本、營業稅金及附加、銷售費用、管理費用、財務費用、資產減值損失，加上公允價值變動收益（減去公允價值變動損失）和投資收益（減去投資損失），計算出營業利潤；

第二步，以營業利潤為基礎，加上營業外收入，減去營業外支出，計算出利潤總額；

第三步，以利潤總額為基礎，減去所得稅費用，計算出淨利潤（或虧損）；

第四步，列出其他綜合收益；

第五步，以淨利潤加上其他綜合收益，計算出綜合收益總額。

普通股或潛在普通股已公開交易的企業，以及正處於公開發行普通股或潛在普通股過程中的企業，還應當在利潤表中列示每股收益的信息。

利潤表各項目均需填列「本期金額」和「上期金額」兩欄。其中「上期金額」欄內的各項數字，應根據上年同期利潤表的「本期金額」欄內所列數字填列。「本期金額」欄內的各期數字，除「基本每股收益」和「稀釋每股收益」項目外，應當按照相關科目的發生額分析填列，如「營業收入」項目，應根據「主營業務收入」和「其他業務收入」科目的合計數填列。

四、利潤表編製方法舉例

【例 10-2】A 公司 20××年度有關損益類科目本年累計發生淨額如表 10-7 所示。

表 10-7　　　　　　　　　　損益類科目累計發生淨額

20××年度　　　　　　　　　　　　　　　　單位：元

科目名稱	借方發生額	貸方發生額
主營業務收入		12,500,000
主營業務成本	7,500,000	
營業稅金及附加	20,000	
銷售費用	200,000	
管理費用	1,571,000	
財務費用	415,000	
資產減值損失	309,000	

表10-7(續)

科目名稱	借方發生額	貸方發生額
投資收益		315,000
營業外收入		500,000
營業外支出	197,000	
所得稅費用	775,750	

根據上述資料編製 A 公司 20××年度利潤表，見表 10-8。

表10-8　　　　　　　　　　　利潤表

編製單位：A公司　　　　　20××年度　　　　　　　　　　單位：元

項目	本期金額	上期金額（略）
一、營業收入	12,500,000	
減：營業成本	7,500,000	
營業稅金及附加	20,000	
銷售費用	200,000	
管理費用	1,571,000	
財務費用	415,000	
資產減值損失	309,000	
加：公允價值變動收益（損失以「-」號填列）		
投資收益（損失以「-」號填列）	315,000	
其中：對聯營企業和合營企業的投資收益		
二、營業利潤（虧損以「-」號填列）	2,800,000	
加：營業外收入	500,000	
減：營業外支出	197,000	
其中：非流動資產處置損失		
三、利潤總額（虧損總額以「-」號填列）	3,103,000	
減：所得稅費用	775,750	
四、淨利潤（淨虧損以「-」號填列）	2,327,250	
一、每股收益	（略）	
（一）基本每股收益		
（二）稀釋每股收益		
六、其他綜合收益		
七、綜合收益總額		

第四節　現金流量表

一、現金流量表的概念

現金流量表是以收付實現制為基礎，反應企業在一定會計期間現金和現金等價物

流入與流出情況的報表，屬於動態報表。企業編製現金流量表的主要目的，是為會計報表使用者提供企業一定會計期間內現金和現金等價物流入和流出的信息，以便於會計報表使用者瞭解和評價企業獲取現金和現金等價物的能力，並據以預測企業未來現金流量。所以，現金流量表在評價企業經營業績、衡量企業財務資源和財務風險以及預測企業未來前景方面，有著十分重要的作用。

二、現金流量表的內容

現金流量表基本內容包括三個方面：一是經營活動產生的現金流量；二是投資活動產生的現金流量；三是籌資活動產生的現金流量。其中，各類現金流量又分為現金流入量和現金流出量兩個部分。

(一) 經營活動產生的現金流量

經營活動產生的現金流量是指直接與利潤表中本期淨利潤計算相關的交易及其他事項所產生的現金流入與現金現金流出。具體構成項目如下：

(1) 經營活動產生的現金流入。經營活動產生的現金流入包括：①銷售商品、提供勞務收到的現金；②收到的稅收返還；③收到的其他與經營活動有關的現金。

2. 經營活動產生的現金流出。經營活動產生的現金流出包括：①購買商品、接受勞務支付的現金；②支付給職工以及為職工支付的現金；③支付的各種稅費；④支付的其他與經營活動有關的現金。

(二) 投資活動產生的現金流量

投資活動產生的現金流量通常是指購置與處置非流動資產交易所產生的現金流入與流出。具體構成項目如下：

1. 投資活動產生的現金流入。投資活動產生的現金流入包括：①收回投資所收到的現金；②取得投資收益收到的現金；③處置固定資產、無形資產和其他長期資產所收回的現金淨額；④收到的其他與投資活動有關的現金。

2. 投資活動產生的現金流出。投資活動產生的現金流出包括：①購建固定資產、無形資產和其他長期資產所支付的現金；②投資所支付的現金；③支付的其他與投資活動有關的現金。

(三) 籌資活動產生的現金流量

籌資活動產生的現金流量通常是指與所有者、債權人有關的籌資與交易而產生的現金流入與流出。具體構成項目如下：

(1) 籌資活動產生的現金流入。籌資活動產生的現金流入包括：①吸收投資所收到的現金；②借款所收到的現金；③收到的其他與籌資活動有關的現金。

(2) 籌資活動產生的現金流出。籌資活動產生的現金流出包括：①償還債務所支付的現金；②分配股利、利潤或償付利息所支付的現金；③支付的其他與籌資活動有關的現金。

三、現金流量表的格式

現金流量表的基本格式如表 10-9 所示。

表 10-9   **現金流量表**

編製單位：　　　　　　　　　　　年　月　　　　　　　　　　　單位：元

項目	本期金額	上期金額
一、經營活動產生的現金流量：		
銷售商品、提供勞務收到的現金		
收到的稅費返還		
收到的其他與經營活動有關的現金		
經營活動現金流入小計		
購買商品、接受勞務支付的現金		
支付給職工以及為職工支付的現金		
支付的各種稅費		
支付的其他與經營活動有關的現金		
經營活動現金流出小計		
經營活動產生的現金流量淨額		
二、投資活動產生的現金流量：		
收回投資所收到的現金		
取得投資收益所收到的現金		
處置固定資產、無形資產和其他長期資產所收回的現金淨額		
收到的其他與投資活動有關的現金		
投資活動現金流入小計		
購建固定資產、無形資產和其他長期資產所支付的現金		
投資所支付的現金		
支付的其他與投資活動有關的現金		
投資活動現金流出小計		
投資活動產生的現金流量淨額		
三、籌資活動產生的現金流量：		
吸收投資所收到的現金		
借款所收到的現金		
收到的其他與籌資活動有關的現金		
籌資活動現金流入小計		
償還債務所支付的現金		
分配股利、利潤或償付利息所支付的現金		
支付的其他與籌資活動有關的現金		
籌資活動現金流出小計		
籌資活動產生的現金流量淨額		
四、匯率變動對現金及現金等價物的影響		
五、現金及現金等價物增加額		
六、期末現金及現金等價物餘額		

第五節　所有者權益變動表

一、所有者權益變動表的概念與內容

（一）所有者權益變動表的概念

所有者權益變動表是指反應構成所有者權益各組成部分當期增減變動情況的報表。所有者權益變動表應當全面反應一定時期內所有者權益變動的情況，不僅包括所有者權益總量的增減變動，還包括所有者權益增減變動的重要結構性信息，特別是要反應直接計入所有者權益的利得和損失，讓報表使用者準確理解所有者權益增減變動的根源。

（二）所有者權益變動表的內容

在所有者權益變動表中，企業至少應當單獨列示反應下列信息的項目：①淨利潤；②其他綜合收益；③會計政策變更和差錯更正的累積影響金額；④所有者投入資本和向所有者分配利潤等；⑤提取的盈餘公積；⑥實收資本或股本、資本公積、盈餘公積、未分配利潤的期初和期末餘額及其調節情況。

二、所有者權益變動表的格式

（一）以矩陣形式列報

為了清楚地表明構成所有者權益的各組成部分當期的增減變動情況，所有者權益變動表應當以矩陣的形式列示。一方面，列示導致所有者權益變動的交易或事項，不再僅僅按照所有者權益的各組成部分反應所有者權益變動的情況，而是按照所有者權益變動的來源對一定時期所有者權益變動情況進行全面反應；另一方面，按所有者權益各組成部分（包括實收資本、資本公積、盈餘公積、未分配利潤和庫存股）及其總額列示交易或事項對所有者權益的影響。

（二）列示所有者權益變動表的比較信息

根據財務報表列報準則的規定，企業需要提供比較所有者權益變動表，因此，所有者權益變動表還把各項目分為「本年金額」和「上年金額」兩欄分別填列。

所有者權益變動表的具體格式如表10-10所示。

表 10-10

所有者權益（股東權益）變動表

編製單位：　　　　　　　　　　　　　　　年度　　　　　　　　　　　　　　　單位：元

項目	行次	本年金額							上年金額						
		實收資本（或股本）	資本公積	盈餘公積	未分配利潤	庫存股（減項）		所有者權益合計	實收資本（或股本）	資本公積	盈餘公積	未分配利潤	庫存庫（減項）	所有者權益合計
一、上年年末餘額														
加：會計政策變更														
前期差錯更正														
二、本年年初餘額														
三、本年增減變動金額（減少以「－」號填列）														
（一）淨利潤														
（二）直接計入所有者權益的利得和損失														
1. 可供出售金融資產公允價值變動淨額														
2. 權益法下被投資單位其他所有者權益變動淨額														
3. 與計入所有者權益項目相關的所得稅影響														
4. 其他														
上述（一）和（二）小計														
（三）所有者投入和減少資本														

表10-10(續)

項目	行次	本年金額							上年金額						
		實收資本（或股本）	資本公積	盈餘公積	未分配利潤	庫存股（減項）		所有者權益合計	實收資本（或股本）	資本公積	盈餘公積	未分配利潤	庫存股（減項）	所有者權益合計
1. 所有者投入資本														
2. 股份支付計入所有者權益的金額														
3. 其他														
(四) 利潤分配														
1. 提取盈餘公積														
2. 提取一般風險準備														
3. 對所有者（或股東）的分配														
4. 其他														
(五) 所有者權益內部結轉														
1. 資本公積轉增資本（或股本）														
2. 盈餘公積轉增資本（或股本）														
3. 盈餘公積彌補虧損														
4. 其他														
四、本年年末餘額														

三、所有者權益變動表的填列方法

(一)「上年金額」欄的列報方法

所有者權益變動表「上年金額」欄內的各項數字，應根據上年度所有者權益變動表本年金額欄內所列數字填列。如果上年度所有者權益變動表規定的各個項目的名稱和內容與本年度不一致，應對上年度所有者權益變動表各項目的名稱和內容按本年度的規定進行調整，填入所有者權益變動表的「上年金額」欄內。

(二)「本年金額」欄的列報方法

所有者權益變動表「本年金額」欄內的各項數字，一般應根據「實收資本（或股本）」「資本公積」「盈餘公積」「利潤分配」「庫存股」「以前年度損益調整」等科目的發生額分析填列。

企業的淨利潤及其分配情況作為所有者權益變動的組成部分，不需要再單獨設置利潤分配表列示。

第六節　會計報表附註與披露

一、編製會計報表附註的意義

會計報表附註是對在資產負債表、利潤表、所有者權益變動表和現金流量表等報表中列示項目的文字描述或明細資料，以及對未能在這些報表中列示項目的說明等。

附註應當披露財務報表的編製基礎，相關信息應當與資產負債表、利潤表、所有者權益變動表和現金流量表等報表中列示的項目相互參照。

二、會計報表附註披露的內容

按照《企業會計準則第30號——財務報表列報》的規定，會計報表附註一般應當按照下列順序披露：

(一)企業的基本情況

(1) 企業註冊地、組織形式和總部地址；
(2) 企業的業務性質和主要經營活動；
(3) 母公司以及集團最終母公司的名稱；
(4) 財務報告的批准報出者和財務報告的批准報出日。

(二)財務報表的編製基礎

(三)遵循《企業會計準則》的聲明

企業應當明確說明編製的財務報表符合《企業會計準則》的要求，真實、公允地反應企業的財務狀況、經營成果和現金流量等有關信息，以此明確企業編製財務報表

所依據的制度基礎。

(四) 重要的會計政策和會計估計

企業應當披露採用的重要會計政策和會計估計，不重要的會計政策和會計估計可以不披露。

1. 重要會計政策的說明

由於企業經濟業務的複雜性和多樣化，某些經濟業務可以有多種會計處理方法。企業在發生某項經濟業務時，必須從允許的會計處理方法中選擇適合本企業特點的會計政策。企業選擇不用的會計政策，會影響企業的財務狀況和經營成果，進而編製出不同的財務報表。因此，為了有助於使用者理解報表信息，有必要對這些會計政策加以披露。

2. 重要會計估計的說明

企業應當披露會計估計中所採用的關鍵假設和不確定因素的確定依據，這些關鍵假設和不確定因素在下一會計期間內很可能導致資產、負債帳面價值進行重大調整。因此，強調這一披露要求，有助於提高財務報表的可理解性。

(五) 會計政策和會計估計變更以及差錯更正的說明

企業應該按照相應的會計準則的要求，披露會計政策和會計估計變更以及差錯更正的有關情況。

(六) 重要報表項目的說明

企業應當以文字和數字描述相結合、盡可能以列表形式披露重要報表項目的構成或當期增減變動情況，並且報表重要項目的明細金額合計，應當與報表項目金額相銜接。在順序上，一般按照資產負債表、利潤表、現金流量表、所有者權益變動表的順序及其報表項目列示的順序。

(七) 其他需要說明的重要事項

對已在資產負債表、利潤表、現金流量表和所有者權益變動表中列示的重要項目的進一步說明，包括終止經營稅後利潤的金額及其構成情況、或有和承諾事項、資產負債表日後非調整事項、關聯方關係及其交易等需要說明的事項等。

本章小結

財務會計報告又稱為財務報告，是指企業對外提供的反應企業某一特定日期財務狀況和某一會計期間經營成果、現金流量及所有者權益等會計信息的總結性書面文件。企業財務會計報告主要包括對外報送的會計報表、會計報表附註和其他應當在財務會計報告中披露的相關信息和資料。企業應該對外提供的財務會計報表主要包括資產負債表、利潤表、現金流量表和所有者權益表。財務會計報表按照編製時間分類，可分為中期財務報表和年度財務報表；按照編製單位分類，可分為單位報表、匯總報表和

合併報表；按照其提供服務的對象分類，可分為內部報表和外部報表

資產負債表是反應企業某一特定日期財務狀況的會計報表。該表按月編製，對外報送，年度終了還應編報年度資產負債表。它一般有兩種格式：報告式資產負債表和帳戶式資產負債表。在中國，資產負債表採用帳戶式。報表左邊反應資產總體規模及具體構成，右邊反應負債和所有者權益的具體內容。

利潤表也稱為收益表、損益表，是反應企業在一定時期內（如月份、季度或年度）經營成果的會計報表。中國的《企業會計準則》規定，利潤表的內容具體包括營業收入、營業利潤、利潤總額、淨利潤、每股收益、其他綜合收益、綜合收益等。利潤表有兩種格式：一種為單步式利潤表；另一種為多步式利潤表。在中國，利潤表採用多步式格式。

現金流量表是以收付實現制為基礎，反應企業在一定會計期間現金和現金等價物流入和流出情況的報表，屬於動態報表。現金流量表的基本內容包括三個方面：一是經營活動產生的現金流量；二是投資活動產生的現金流量；三是籌資活動產生的現金流量。其中，各類現金流量又分為現金流入量和現金流出量兩個部分。

所有者權益變動表是指反應構成所有者權益各組成部分當期增減變動情況的報表。在所有者權益變動表中，企業至少應當單獨列示反應下列信息的項目：①淨利潤；②其他綜合收益；③會計政策變更和差錯更正的累計影響金額；④所有者投入資本和向所有者分配利潤等；⑤提取的盈餘公積；⑥實收資本或股本、資本公積、盈餘公積、未分配利潤的期初和期末餘額及其調節情況。

會計報表附註是對在資產負債表、利潤表、所有者權益變動表和現金流量表等報表中列示項目的文字描述或明細資料，以及對未能在這些報表中列示項目的說明等。企業會計報表附註一般包括下列內容：①企業的基本情況；②財務報表的編製基礎；③遵循企業會計準則的聲明；④重要會計政策和會計估計；⑤會計政策和會計估計變更以及前期差錯更正的說明；⑥報表重要項目的說明；⑦或有事項；⑧資產負債表日後事項；⑨關聯方關係及其交易。

重要名詞

財務會計報告（financial report）　　會計報表（accounting statement）
資產負債表（the balance sheet）　　利潤表（the income statement）
現金流量表（the cash flow statement）
所有者權益變動表（statement of change in stockholder equity）
會計報表附註（the note of accounting statement）

思考題

1. 什麼是財務會計報告？它由哪些內容構成？
2. 什麼是資產負債表？它有何作用？中國資產負債表採用何種方式編製？
3. 資產負債表中各項目的填列依據是什麼？各項目如何填列？
4. 什麼是利潤表？利潤表的具體填列方法有哪些？中國採用何種方式？

5. 利潤表中各項目的填列依據是什麼？各項目如何填列？
6. 什麼是現金流量表？現金流量表包括哪些內容？
7. 所有者權益變動表包括哪些項目？
8. 會計報表附註有什麼作用？哪些內容需要在附註中披露？

練習題

練習題一

某一般納稅人企業20××年7月發生下列經濟業務：

1. 企業銷售甲產品1,000件，每件售價80元，價稅款已通過銀行收訖。
2. 企業同城銷售給紅星廠乙產品900件，每件售價50元，價稅款尚未收到。
3. 結轉已銷售甲、乙產品的銷售成本。其中，甲產品銷售成本65,400元，乙產品銷售成本36,000元。
4. 以銀行存款支付本月銷售甲、乙兩種產品的銷售費用1,520元。
5. 根據規定計算應繳納城市維護建設稅8,750元。
6. 職工王東外出歸來報銷因公務出差的差旅費350元（原已預支400元）。
7. 庫存現金1,000元支付廠部辦公費。
8. 企業收到紅星廠前欠貨款45,000元並存入銀行。
9. 收取交易中因對方違約而獲得的罰款收入6,020元，存入銀行。
10. 計提本期短期借款利息2,400元。
11. 以銀行存款支付企業本月負擔的財產保險費1,700元。
12. 根據上述有關經濟業務，結轉本月主營業務收入、營業外收入。
13. 根據上述有關經濟業務，結轉本月主營業務成本、銷售費用、營業稅金及附加和管理費用。
14. 根據本期實現的利潤總額，按25%的稅率計算應交所得稅。
15. 以銀行存款上繳稅金，其中，城市維護建設稅8,750元，所得稅3,475元。

要求：根據上述經濟業務，編製會計分錄及該企業當月的利潤表。（增值稅稅率為17%。）

練習題二

某企業20××年4月30日部分科目餘額如下表所示：

表10-11

科目名稱	借方餘額	貸方餘額
應收帳款	65,000	
壞帳準備		500
預付帳款	30,000	
材料採購	40,000	
原材料	34,000	

表10-11(續)

科目名稱	借方餘額	貸方餘額
生產成本	56,000	
庫存商品	85,000	
材料成本差異		2,000
利潤分配	172,500	
本年利潤		210,000

要求：根據上述資料計算：

1. 資產負債表上「應收帳款」項目的數額；
2. 資產負債表上「存貨」項目的數額；
3. 資產負債表上「未分配利潤」項目的數額。

下　篇
會計工作組織管理

　　會計工作組織管理的任務主要是在遵循會計相關法律法規、規章制度的基礎上，結合本單位實際情況，建立會計機構、配備會計人員並制定合理有效的會計組織形式和帳務處理程序，從而保證會計工作能夠及時高效地完成。因此，本篇主要分為三章進行具體介紹，分別是「帳務處理程序」「會計規範」和「會計工作組織」。

第十一章　帳務處理程序

學習目標

　　1. 瞭解帳務處理程序的意義、要求和主要種類；
　　2. 掌握記帳憑證帳務處理程序、科目匯總表帳務處理程序、匯總記帳憑證帳務處理程序的特點和內容；
　　3. 瞭解各種帳務處理程序的優缺點和適用範圍。

第一節　帳務處理程序概述

　　在會計核算體系中，會計憑證、帳簿、會計報告記錄和反應的信息及所起的作用是不同的，原始憑證的主要作用是證明經濟業務的發生並提供業務所涉及的一些原始信息；記帳憑證的主要作用是分析經證實已經發生的經濟業務所影響的會計核算要素及金額，並按照規範的格式對應記入各帳戶；帳簿是登記歸納一定時期內各帳戶因經濟業務發生而引起的增減變化，並按照要求定期結算；會計報告是按照規範的格式定期將帳簿記錄情況進行分析匯總列報。會計憑證是對一次經濟業務的完整反應，帳簿是對一個帳戶的完整反應，會計報告是對帳簿記錄結果的綜合反應。這三者有各自獨立的作用而又相互依存，必須通過科學的方法緊密結合在一起，才能共同構成完整的會計信息系統，以滿足為不同信息使用者提供各自所需的信息這一基本會計目標，這種科學的結合方法就是帳務處理程序。

一、帳務處理程序的概念

　　帳務處理程序也稱為會計核算的組織形式或程序，是指會計憑證、帳簿和會計報告這三者之間的結合方式。具體來說，帳務處理程序就是從原始憑證審核到記帳憑證填製，從記帳憑證到帳簿登記，從帳簿到會計報告編製這三大步驟的結合方法。其基本的流程是：先取得原始憑證，然後根據審核無誤的原始憑證填製記帳憑證，再根據審核無誤的記帳憑證登記各類帳簿，最後根據結帳後的各帳戶發生額和餘額編製財務會計報告。

二、帳務處理程序的作用

　　針對本單位的實際情況設計出合理有效的帳務處理程序，對於合理組織會計核算工作、提高會計信息質量和會計工作效率都有著非常重要的作用。

(一) 有利於提高會計核算質量

　　會計工作涉及面廣,核算資料來自於企業內外各相關單位和部門。只有合理組織會計工作、妥善分工,才能使會計工作高效進行,防止差錯,從而提高會計核算質量,最終有利於提供完整、正確、及時的會計信息,滿足相關信息用戶的決策需要。

(二) 有利於提高會計核算工作的效率

　　科學合理的帳務處理程序,可以實現會計工作的規範化、合理化,減少不必要的環節和手續,從而提高會計核算工作的效率,保證會計信息提供的及時性。

(三) 有利於加強內部控制制度,發揮會計監督職能

　　合理有效的帳務處理程序,能使單位內外有關部門都按照帳務處理程序中規定的記帳程序審查每項交易和事項的來龍去脈,從而建立健全內部控制制度,加強對會計核算過程的監督和管理。

三、帳務處理程序的要求

　　科學的帳務處理程序首先要能夠正確、完整地構建會計信息系統,保證會計工作的質量,全面滿足其信息使用者的需求;其次,要能結合行業的特點,與本單位的業務性質、規模大小、經營管理的要求和特點等相適應;最後,要在保證會計信息質量的前提下,盡量簡化核算手續,節約人力和物力,降低核算成本,提高工作效率。

四、帳務處理程序的種類

　　常見的帳務處理程序主要有以下三種:①記帳憑證的帳務處理程序;②科目匯總表的帳務處理程序;③匯總憑證帳務處理程序。此外,還有日記總帳、多欄式日記帳等帳務處理程序等其他程序。

第二節　記帳憑證帳務處理程序

一、記帳憑證帳務處理程序的特點

　　記帳憑證帳務處理程序是最基本的帳務處理程序,其他帳務處理程序都是在此基礎上演變和發展起來的。它是指對發生的各項經濟業務,首先根據原始憑證或原始憑證匯總表填製記帳憑證,然後直接根據記帳憑證逐筆登記總分類帳的一種帳務處理程序。這種程序的主要特點是總帳直接根據記帳憑證逐筆登記。

二、記帳憑證帳務處理程序的基本程序

　　記帳憑證帳務處理程序的基本程序是:
(1) 根據原始憑證或原始憑證匯總表填製記帳憑證;
(2) 根據記帳憑證或原始憑證登記庫存現金日記帳和銀行存款日記帳;

(3) 根據記帳憑證及所附的原始憑證，登記各種明細分類帳；
(4) 根據記帳憑證逐筆登記總分類帳；
(5) 期末，結帳、對帳；
(6) 期末，根據帳簿編製會計報告。

其流程如圖 11-1 所示。

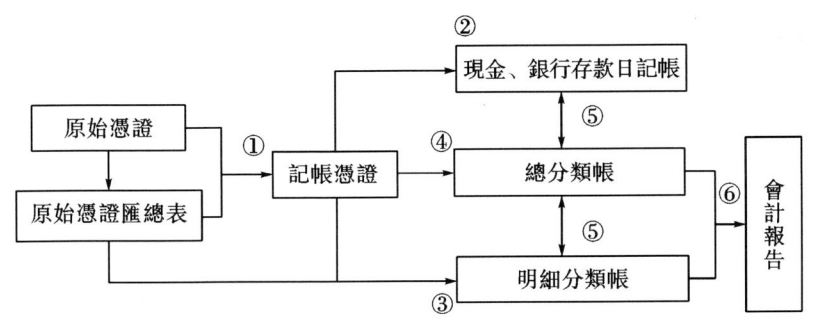

圖 11-1　記帳憑證帳務處理程序流程圖

三、記帳憑證帳務處理程序的優缺點和適用範圍

在記帳憑證帳務處理程序下，總分類帳是直接根據記帳憑證逐筆登記的。其優點在於：可以詳細地反應每筆經濟業務對對應帳戶的影響，並能逐筆與所屬的各明細帳進行核對，總帳的會計信息反應全面、完整。其缺點在於：逐筆登記導致工作量較大，會影響工作效率。因此，這種帳務處理程序一般適用於核算規模較小、經濟業務比較少的企業。

四、記帳憑證帳務處理程序的舉例

【例 11-1】大華有限公司是生產銷售 A、B 兩種產品的工業企業，是增值稅一般納稅人。會計核算採用記帳憑證帳務處理程序，選用專用格式的記帳憑證。存貨採用實際成本計價，發出存貨採用先進先出法。

(一) 核算資料

(1) 公司 2014 年 12 月 31 日各總分類帳帳戶餘額表，見表 11-1。

表 11-1　　　　　　　　大華有限公司總帳帳戶餘額表
2014 年 12 月 31 日　　　　　　　　　　　　單位：元

資產		負債和所有者權益	
流動資產：		流動負債：	
庫存現金	2,580.00	短期借款	100,000.00
銀行存款	145,700.00	應付帳款	230,000.00
應收帳款	325,000.00	應付職工薪酬	96,000.00

表11-1(續)

資產		負債和所有者權益	
原材料	165,600.00	應交稅費	58,530.00
庫存商品	100,600.00	合計	484,530.00
生產成本	134,580.00		
合計	874,060.00	所有者權益：	
固定資產：		實收資本	2,000,000.00
固定資產	2,680,000.00	盈餘公積	48,300.00
累計折舊	789,600.00	利潤分配	231,630.00
合計	1,890,400.00	合計	2,279,930.00
總計	2,764,460.00	總計	2,764,460.00

（2）公司2014年12月31日各明細帳帳戶餘額表，見表11-2（為簡化起見，這裡僅列示原材料、庫存商品、生產成本帳戶的明細信息，其餘從略）。

表11-2　　　　　　　　　各明細帳帳戶餘額表

總帳帳戶	明細帳戶	餘額
原材料	甲材料	數量15噸，單價5,600元/噸，金額84,000.00
	乙材料	數量8噸，單價10,200元/噸，金額81,600.00
庫存商品	A產品	數量100件，單價670元/件，金額67,000.00
	B產品	數量80件，單價420元/件，金額33,600.00
生產成本	A產品	各成本項目合計84,780.00，其中： 直接材料59,600，直接人工9,500.00，製造費用15,680.00
	B產品	各成本項目合計49,800.00，其中： 直接材料36,800，直接人工5,780.00，製造費用7,220.00

（3）2015年1月所發生的經濟業務見表11-3。

表11-3　　　　　　　　　經濟業務簡表

序號	2015年 月	2015年 日	經濟業務內容
1	1	2	購入甲材料10噸，單價5,500元/噸（不含稅），價55,000元，稅9,350元，款未付。
2	1	3	以銀行存款解繳稅款58,530元。
3	1	5	用現金490元購買辦公用品。
4	1	7	2日所購甲材料10噸入庫。

表11-3(續)

序號	2015年 月	2015年 日	經濟業務內容
5	1	8	出售A產品80件，單價830元/件（不含稅），價66,400元，稅11,288元，款已收存銀行。
6	1	12	從銀行提取現金96,000元。
7	1	12	以現金發放工資96,000元。
8	1	15	購入甲材料22噸，單價5,530元/噸（不含稅），價121,660元，稅20,682.20元；乙材料20噸，單價10,080元/噸（不含稅），價201,600元，稅34,272元。款未付，材料已入庫。
9	1	17	銀行通知，收到客戶所欠貨款250,000元。
10	1	18	以銀行存款支付所欠貨款290,000元。
11	1	23	從銀行提取現金5,000元。
12	1	23	採購人員報銷差旅費4,700元，以現金支付。
13	1	25	以銀行存款支付車間水電費22,530元。
14	1	28	出售A產品320件，單價830元/件（不含稅），價265,600元，稅45,152元，出售B產品570件，單價580元/件（不含稅），價330,600元，稅56,202元，款未收。
15	1	29	銀行通知，收到客戶所欠貨款560,000元。
16	1	30	以銀行存款支付所欠貨款200,000元。
17	1	30	以銀行存款支付本月辦公樓租金40,000元。
18	1	31	本月生產領料匯總：生產A產品領用甲材料34噸，生產B產品乙材料22噸。
19	1	31	結算本月工資：公司管理人員工資24,000元，車間管理人員工資13,000元，A產品生產工人工資33,000元，B產品生產工人工資30,500元。
20	1	31	計提本月廠房及機器設備折舊36,100元。
21	1	31	分配結轉製造費用：其中A產品承擔42,978元，B產品承擔28,652元。
22	1	31	計算結轉完工產品成本。A產品完工410件，單位成本658元/件，總成本269,780元。其成本構成：直接材料188,200.00元，直接人工29,420.00元，製造費用52,160.00元；B產品完工600件，單位成本415元/件，總成本249,000元。其成本構成：直接材料198,600.00元，直接人工30,120.00元，製造費用20,280.00元。
23	1	31	計算結轉本月銷售400件A產品和570件B產品成本。
24	1	31	計算轉出本月應交增值稅。
25	1	31	計提本月應交的城市維護建設稅，稅率7%。
26	1	31	計提本月應交的所得稅，稅率25%。
27	1	31	結轉收入類帳戶。
28	1	31	結轉費用類帳戶。

（二）記帳憑證帳務處理程序演示

（1）根據本月所發生的經濟業務填製專用格式記帳憑證，見表11-4（為簡化起見，以會計分錄代替，對應記入的明細帳戶此處省略）。

表11-4　　　　　　　　　　　本月經濟業務分錄簿

序號	2015年 月	2015年 日	憑證字號	摘要	借方 帳戶名稱	借方 金額	貸方 帳戶名稱	貸方 金額
1	1	2	轉1	購原材料，款未付	在途物資 應交稅費	55,000.00 9,350.00	應付帳款	64,350.00
2	1	3	銀付1	解繳稅款	應交稅費	58,530.00	銀行存款	58,530.00
3	1	5	現付1	購買辦公用品	管理費用	490.00	庫存現金	490.00
4	1	7	轉2	材料入庫	原材料	55,000.00	在途物資	55,000.00
5	1	8	銀收1	出售產品	銀行存款	77,688.00	主營業務收入 應交稅費	66,400.00 11,288.00
6	1	12	銀付2	提取現金	庫存現金	96,000.00	銀行存款	96,000.00
7	1	12	現付2	發工資	應付職工薪酬	96,000.00	庫存現金	96,000.00
8	1	15	轉3	購入原材料，款未付，材料已入庫	原材料 應交稅費	323,260.00 54,954.20	應付帳款	378,214.20
9	1	17	銀收2	收到貨款	銀行存款	250,000.00	應收帳款	250,000.00
10	1	18	銀付3	支付所欠貨款	應付帳款	290,000.00	銀行存款	290,000.00
11	1	23	銀付4	提取現金	庫存現金	5,000.00	銀行存款	5,000.00
12	1	23	現付3	報銷差旅費	管理費用	4,700.00	庫存現金	4,700.00
13	1	25	銀付5	支付車間水電費	製造費用	22,530.00	銀行存款	22,530.00
14	1	28	轉4	出售產品，款未收	應收帳款	697,554.00	主營業務收入 應交稅費	596,200.00 101,354.00
15	1	29	銀收3	收到貨款	銀行存款	560,000.00	應收帳款	560,000.00

表11-4(續)

序號	2015年 月	日	憑證字號	摘要	借方 帳戶名稱	金額	貸方 帳戶名稱	金額
16	1	30	銀付6	支付所欠貨款	應付帳款	200,000.00	銀行存款	200,000.00
17	1	30	銀付7	支付房屋租金	管理費用	40,000.00	銀行存款	40,000.00
18	1	31	轉5	生產領料	生產成本	411,490.00	原材料	411,490.00
19	1	31	轉6	結算本月工資	管理費用 製造費用 生產成本	24,000.00 13,000.00 63,500.00	應付職工薪酬	100,500.00
20	1	31	轉7	計提廠房及機器設備折舊	製造費用	36,100.00	累計折舊	36,100.00
21	1	31	轉8	分配結轉製造費用	生產成本	71,630.00	製造費用	71,630.00
22	1	31	轉9	計算結轉完工產品成本	庫存商品	518,780.00	生產成本	518,780.00
23	1	31	轉10	計算結轉本月銷售產品成本	主營業務成本	501,350.00	庫存商品	501,350.00
24	1	31	轉11	計算轉出本月應交增值稅	應交稅費	48,337.80	應交稅費	48,337.80
25	1	31	轉12	計提城建稅	營業稅金及附加	3,383.65	應交稅費	3,383.65
26	1	31	轉13	計提所得稅	所得稅費用	22,169.09	應交稅費	22,169.09
27	1	31	轉14	結轉收入類帳戶	主營業務收入	662,600.00	本年利潤	662,600.00
28	1	31	轉15	結轉費用類帳戶	本年利潤	596,092.74	主營業務成本 營業稅金及附加 管理費用 所得稅費用	501,350.00 3,383.65 69,190.00 22,169.09

(2)根據收款憑證或付款憑證登記庫存現金日記帳和銀行存款日記帳，見表11-5、表11-6。

表11-5　　　　　　　　　　　庫存現金日記帳

2015年 月	日	憑證 字 號	摘要	對方科目	借方	貸方	餘額
1	1			上年結轉				2,580.00

表11-5(續)

2015年		憑證		摘要	對方科目	借方	貸方	餘額
月	日	字	號					
	5	現付	1	購買辦公用品	管理費用		490.00	2,090.00
	12	銀付	2	取現	銀行存款	96,000.00		98,090.00
	12	現付	2	發工資	應付職工薪酬		96,000.00	2,090.00
	23	銀付	4	取現	銀行存款	5,000.00		7,090.00
	23	現付	3	報銷差旅費	管理費用		4,700.00	2,390.00

表11-6　　　　　　　　　　　銀行存款日記帳

2015年		憑證		摘要	對方科目	借方	貸方	餘額
月	日	字	號					
1	1			上年結轉				145,700.00
	3	銀付	1	繳稅	應交稅費		58,530.00	87,170.00
	8	銀收	1	收貨款	主營業務收入	66,400.00		153,570.00
					應交稅費	11,288.00		164,858.00
	12	銀付	2	取現	庫存現金		96,000.00	68,858.00
	17	銀收	2	收到貨款	應收帳款	250,000.00		318,858.00
	18	銀付	3	支付所欠貨款	應付帳款		290,000.00	28,858.00
	23	銀付	4	取現	庫存現金		5,000.00	23,858.00
	25	銀付	5	支付水電費	製造費用		22,530.00	1,328.00
	29	銀收	3	收到貨款	應收帳款	560,000.00		561,328.00
	30	銀付	6	支付貨款	應付帳款		200,000.00	361,328.00
	30	銀付	7	支付房屋租金	管理費用		40,000.00	321,328.00

（3）根據記帳憑證及所附的原始憑證，登記各種明細分類帳，分別見表11-7、表11-8、表11-9、表11-10、表11-11、表11-12。

表11-7　　　　　　　　　　　原材料明細帳

材料名稱及規格：甲材料　　　　　　　　　　　　　　　　　　計量單位：噸

2015年		憑證		摘要	收入			發出			結存		
月	日	字	號		數量	單價	金額	數量	單價	金額	數量	單價	金額
1	1			上年結轉							15	5,600	84,000.00
	7	轉	2	材料入庫	10	5,500	55,000.00						
	15	轉	3	材料入庫	22	5,530	121,660.00						

表11-7(續)

2015年		憑證		摘要	收入			發出			結存		
月	日	字	號		數量	單價	金額	數量	單價	金額	數量	單價	金額
	31	轉	5	生產領料				15 10 9	5,600 5,500 5,530	188,770.00			
	31			本月合計	32		176,660.00	34		188,770.00	13	5,530	71,890.00

表11-8　　　　　　　　　　　　　原材料明細帳

材料名稱及規格：乙材料　　　　　　　　　　　　　　　　　　　　計量單位：噸

2015年		憑證		摘要	收入			發出			結存		
月	日	字	號		數量	單價	金額	數量	單價	金額	數量	單價	金額
1	1			上年結轉							8	10,200	81,600.00
	15	轉	3	材料入庫	20	10,080	201,600.00						
	31	轉	5	生產領料				8 14	10,200 10,080	222,720.00			
	31			本月合計	20	10,080	201,600.00	22		222,720.00	6	10,080	60,480.00

表11-9　　　　　　　　　　　　　庫存商品明細帳

產品名稱：A產品　　　　　　　　　　　　　　　　　　　　　　　計量單位：件

2015年		憑證		摘要	收入			發出			結存		
月	日	字	號		數量	單價	金額	數量	單價	金額	數量	單價	金額
1	1			上年結轉							100	670	67,000.00
	31	轉	9	完工入庫	410	658	269,780.00						
	31	轉	10	結轉銷售成本				100 300	670 658	264,400.00			
	31			本月合計	410	658	269,780.00	400		264,400.00	110	658	72,380.00

表11-10　　　　　　　　　　　　庫存商品明細帳

產品名稱：B產品　　　　　　　　　　　　　　　　　　　　　　　計量單位：件

2015年		憑證		摘要	收入			發出			結存		
月	日	字	號		數量	單價	金額	數量	單價	金額	數量	單價	金額
1	1			上年結轉							80	420	33,600.00
	31	轉	9	完工入庫	600	415	249,000.00						
	31	轉	10	結轉銷售成本				80 490	420 415	236,950.00			
	31			本月合計	600	415	249,000.00	570		236,950.00	110	415	45,650.00

表 11-11　　　　　　　　　　　　　生產成本明細帳
產品名稱：A 產品　　　　　　　　　　　　　　　　　　　　　計量單位：件

2015 年		憑證		摘要	直接材料	直接人工	製造費用	合計
月	日	字	號					
1	1			上年結轉	59,600.00	9,500.00	15,680.00	84,780.00
	31	轉	5	領料	188,770.00			188,770.00
	31	轉	6	結算工資		33,000.00		221,770.00
	31	轉	8	分配製造費用			42,978.00	264,748.00
	31	轉	9	完工產品轉出（紅字）	188,200.00	29,420.00	52,160.00	269,780.00
	31			本月合計	60,170.00	13,080.00	6,498.00	79,748.00

表 11-12　　　　　　　　　　　　　生產成本明細帳
產品名稱：B 產品　　　　　　　　　　　　　　　　　　　　　計量單位：件

2015 年		憑證		摘要	直接材料	直接人工	製造費用	合計
月	日	字	號					
1	1			上年結轉	36,800.00	5,780.00	7,220.00	49,800.00
	31	轉	5	領料	222,720.00			222,720.00
	31	轉	6	結算工資		30,500.00		253,220.00
	31	轉	8	分配製造費用			28,652.00	281,872.00
	31	轉	9	完工產品轉出（紅字）	198,600.00	30,120.00	20,280.00	249,000.00
	31			本月合計	60,920.00	6,160.00	15,592.00	82,672.00

（4）根據記帳憑證逐筆登記總分類帳，分別見表 11-13 至表 11-35。

表 11-13　　　　　　　　　　　　　　總帳
科目名稱：庫存現金

2015 年		憑證		摘要	借方	貸方	借或貸	餘額
月	日	字	號					
1	1			上年結轉			借	2,580.00
	5	現付	1	購辦公用品		490.00		
	12	銀付	2	取現	96,000.00			
	12	現付	2	發工資		96,000.00		
	23	銀付	4	取現	5,000.00			
	23	現付	3	報銷差旅費		4,700.00		
	31			本月合計	101,000.00	101,190.00	借	2,390.00

232

表 11-14　　　　　　　　　　　　總帳

科目名稱：銀行存款

2015 年		憑證		摘要	借方	貸方	借或貸	餘額
月	日	字	號					
1	1			上年結轉			借	145,700.00
	3	銀付	1	繳稅		58,530.00		
	8	銀收	1	收貨款	77,688.00			
	12			取現		96,000.00		
	17	銀付	2	收貨款	250,000.00			
	18	銀收	2	付貨款		290,000.00		
	23	銀付	3	取現		5,000.00		
	25	銀付	4	支付水電費		22,530.00		
	29	銀付	5	收貨款	560,000.00			
	30	銀收	3	付貨款		200,000.00		
	30	銀付	6	付租金		40,000.00		
	31			本月合計	887,688.00	712,060.00	借	321,328.00

表 11-15　　　　　　　　　　　　總帳

科目名稱：應收帳款

2015 年		憑證		摘要	借方	貸方	借或貸	餘額
月	日	字	號					
1	1			上年結轉			借	325,000.00
	17	銀收	2	收貨款		250,000.00		
	28	轉	4	銷貨款未收	697,554.00			
	29	銀收	3	收貨款		560,000.00		
	31			本月合計	697,554.00	810,000.00	借	212,554.00

表 11-16　　　　　　　　　　　　總帳

科目名稱：在途物資

2015 年		憑證		摘要	借方	貸方	借或貸	餘額
月	日	字	號					
1	2	轉	1	購進	55,000.00			
	7	轉	2	入庫		55,000.00		
	31			本月合計	55,000.00	55,000.00	平	

表 11-17　　　　　　　　　　　　　總帳

科目名稱：原材料

2015 年			憑證		摘要	借方	貸方	借或貸	餘額
月	日	字	號					
1	1			上年結轉			借	165,600.00
	7	轉	2	入庫	55,000.00			
	15	轉	3	入庫	323,260.00			
	31	轉	5	領料		411,490.00		
	31			本月合計	378,260.00	411,490.00	借	132,370.00

表 11-18　　　　　　　　　　　　　總帳

科目名稱：庫存商品

2015 年			憑證		摘要	借方	貸方	借或貸	餘額
月	日	字	號					
1	1			上年結轉			借	100,600.00
	31	轉	9	完工入庫	518,780.00			
	31	轉	10	結轉銷售成本		501,350.00		
	31			本月合計	518,780.00	501,350.00	借	118,030.00

表 11-19　　　　　　　　　　　　　總帳

科目名稱：固定資產

2015 年			憑證		摘要	借方	貸方	借或貸	餘額
月	日	字	號					
1	1			上年結轉			借	2,680,000.00
	31			本月合計			借	2,680,000.00

表 11-20　　　　　　　　　　　　　總帳

科目名稱：累計折舊

2015 年			憑證		摘要	借方	貸方	借或貸	餘額
月	日	字	號					
1	1			上年結轉			貸	789,600.00
	31	轉	7	計提		36,100.00		
	31			本月合計		36,100.00	貸	825,700.00

表 11-21　　　　　　　　　　　　　總帳

科目名稱：短期借款

2015 年		憑證		摘要	借方	貸方	借或貸	餘額
月	日	字	號					
1	1			上年結轉			貸	100,000.00
	31			本月合計			貸	100,000.00

表 11-22　　　　　　　　　　　　　總帳

科目名稱：應付帳款

2015 年		憑證		摘要	借方	貸方	借或貸	餘額
月	日	字	號					
1	1			上年結轉			貸	230,000.00
	2	轉	1	購進款未付		64,350.00		
	15	轉	3	購進款未付		378,214.20		
	18	銀付	3	付款	290,000.00			
	30	銀付	6	付款	200,000.00			
	31			本月合計	490,000.00	442,564.20	貸	182,564.20

表 11-23　　　　　　　　　　　　　總帳

科目名稱：應付職工薪酬

2015 年		憑證		摘要	借方	貸方	借或貸	餘額
月	日	字	號					
1	1			上年結轉			貸	96,000.00
	12	現付	2	發工資	96,000.00			
	31	轉	6	結算工資		100,500.00		
	31			本月合計	96,000.00	100,500.00	貸	100,500.00

表 11-24　　　　　　　　　　　　　總帳

科目名稱：應交稅費

2015 年		憑證		摘要	借方	貸方	借或貸	餘額
月	日	字	號					
1	1			上年結轉			貸	58,530.00
	2	轉	1	購進材料進項稅	9,350.00			
	3	銀付	1	繳稅	58,530.00			
	8	銀收	1	銷售貨物銷項稅		11,288.00		

表11-24(續)

2015年		憑證		摘要	借方	貸方	借或貸	餘額
月	日	字	號					
	15	轉	3	購進材料進項稅	54,954.20			
	28	轉	4	銷售貨物銷項稅		101,354.00		
	31	轉	11	轉出應交增值稅	48,337.80	48,337.80		
	31	轉	12	計提城市維護建設稅		3,383.65		
	31	轉	13	計提所得稅		22,169.09		
	31			本月合計	171,172.00	186,532.54	貸	73,890.54

表 11-25　　　　　　　　　　　　　　總帳

科目名稱：實收資本

2015年		憑證		摘要	借方	貸方	借或貸	餘額
月	日	字	號					
1	1			上年結轉			貸	2,000,000.00
	31			本月合計			貸	2,000,000.00

表 11-26　　　　　　　　　　　　　　總帳

科目名稱：盈餘公積

2015年		憑證		摘要	借方	貸方	借或貸	餘額
月	日	字	號					
1	1			上年結轉			貸	48,300.00
	31			本月合計			貸	48,300.00

表 11-27　　　　　　　　　　　　　　總帳

科目名稱：本年利潤

2015年		憑證		摘要	借方	貸方	借或貸	餘額
月	日	字	號					
1	31	轉	14	結轉收入類帳戶		662,600.00		
	31	轉	15	結轉費用類帳戶	596,092.74			
	31			本月合計	596,092.74	662,600.00	貸	66,507.26

表 11-28　　　　　　　　　　　　　　　總帳
科目名稱：利潤分配

2015年		憑證		摘要	借方	貸方	借或貸	餘額
月	日	字	號					
1	1			上年結轉			貸	231,630.00
	31			本月合計			貸	231,630.00

表 11-29　　　　　　　　　　　　　　　總帳
科目名稱：生產成本

2015年		憑證		摘要	借方	貸方	借或貸	餘額
月	日	字	號					
1	1			上年結轉			借	134,580.00
	31	轉	5	領料	411,490.00			
	31	轉	6	結算工資	63,500.00			
	31	轉	8	分配製造費用	71,630.00			
	31	轉	9	完工轉出		518,780.00		
	31			本月合計	546,620.00	518,780.00	借	162,420.00

表 11-30　　　　　　　　　　　　　　　總帳
科目名稱：製造費用

2015年		憑證		摘要	借方	貸方	借或貸	餘額
月	日	字	號					
1	25	銀付	5	支付水電費	22,530.00			
	31	轉	6	結算工資	13,000.00			
	31	轉	20	折舊	36,100.00			
	31	轉	21	分配		71,630.00		
	31			本月合計	71,630.00	71,630.00	平	

表 11-31　　　　　　　　　　　　　　　總帳
科目名稱：主營業務收入

2015年		憑證		摘要	借方	貸方	借或貸	餘額
月	日	字	號					
1	8	銀收	1	銷售收入		66,400.00		
	28	轉	4	銷售收入		596,200.00		
	31	轉	14	結轉	662,600.00			
	31			本月合計	662,600.00	662,600.00	平	

表 11-32　　　　　　　　　　　總帳

科目名稱：主營業務成本

2015 年		憑證		摘要	借方	貸方	借或貸	餘額
月	日	字	號					
1	31	轉	10	銷售成本	501,350.00			
	31	轉	15	結轉		501,350.00		
	31			本月合計	501,350.00	501,350.00	平	

表 11-33　　　　　　　　　　　總帳

科目名稱：營業稅金及附加

2015 年		憑證		摘要	借方	貸方	借或貸	餘額
月	日	字	號					
1	31	轉	12	計提稅金	3,383.65			
	31	轉	15	結轉		3,383.65		
	31			本月合計	3,383.65	3,383.65	平	

表 11-34　　　　　　　　　　　總帳

科目名稱：管理費用

2015 年		憑證		摘要	借方	貸方	借或貸	餘額
月	日	字	號					
1	5	現付	1	辦公用品	490.00			
	23	現付	3	差旅費	4,700.00			
	30	銀付	7	辦公樓租金	40,000.00			
	31	轉	6	工資	24,000.00			
	31	轉	15	結轉		69,190.00		
	31			本月合計	69,190.00	69,190.00	平	

表 11-35　　　　　　　　　　　總帳

科目名稱：所得稅費用

2015 年		憑證		摘要	借方	貸方	借或貸	餘額
月	日	字	號					
1	31	轉	13	計提	22,169.09			
	31	轉	15	結轉		22,169.09		
	31			本月合計	22,169.09	22,169.09	平	

(5) 期末結帳、對帳。
(6) 期末編製資產負債表（見表 11-36）和利潤表（見表 11-37）。

表 11-36　　　　　　　　　　　　　　資產負債表
編製單位：大華有限公司　　　2015 年 1 月 31 日　　　　　　　　　　單位：元

資產	期末餘額	年初餘額	負債和所有者權益	期末餘額	年初餘額
流動資產：			流動負債：		
貨幣資金	323,718.00	148,280.00	短期借款	100,000.00	100,000.00
應收帳款	212,554.00	325,000.00	應付帳款	182,564.20	230,000.00
存貨	412,820.00	400,780.00	應付職工薪酬	100,500.00	96,000.00
流動資產合計	949,092.00	874,060.00	應交稅費	73,890.54	58,530.00
非流動資產：	1,854,300.00	1,890,400.00	流動負債合計	456,954.74	484,530.00
固定資產			負債合計	456,954.74	484,530.00
			所有者權益：	2,000,000.00	2,000,000.00
			實收資本	48,300.00	48,300.00
			盈餘公積	298,137.26	231,630.00
			未分配利潤	2,346,437.26	2,279,930.00
			所有者權益合計		
資產總計	2,803,392.00	2,764,460.00	負債和所有者權益合計	2,803,392.00	2,764,460.00

表 11-37　　　　　　　　　　　　　　利潤表
編製單位：大華有限公司　　　2015 年 1 月　　　　　　　　　　　　單位：元

項目	本期金額	本年累計數
一、營業收入	662,600.00	662,600.00
減：營業成本	501,350.00	501,350.00
營業稅金及附加	3,383.65	3,383.65
銷售費用		
管理費用	69,190.00	69,190.00
財務費用		
加：公允價值變動收益		
投資收益		
二、營業利潤	88,676.35	88,676.35
加：營業外收入		
減：營業外支出		
三、利潤總額	88,676.35	88,676.35
減：所得稅費用	22,169.09	22,169.09
四、淨利潤	66,507.26	66,507.26

第三節　科目匯總表帳務處理程序

一、科目匯總表帳務處理程序的概念和特點

科目匯總表帳務處理程序是在記帳憑證帳務處理程序的基礎上演變和發展起來的。它是指對發生的各項經濟業務，首先根據原始憑證或原始憑證匯總表填製記帳憑證，然後根據記帳憑證編製科目匯總表，最後根據科目匯總表登記總分類帳的一種帳務處理程序。這種程序的主要特點是總帳根據科目匯總表登記。

二、科目匯總表帳務處理程序的基本程序

科目匯總表帳務處理程序的一般程序是：
(1) 根據原始憑證或原始憑證匯總表填製記帳憑證；
(2) 根據記帳憑證或原始憑證登記庫存現金日記帳和銀行存款日記帳；
(3) 根據記帳憑證及所附的原始憑證，登記各種明細分類帳；
(4) 根據記帳憑證編製科目匯總表；
(5) 根據科目匯總表登記總分類帳；
(6) 期末，結帳、對帳；
(7) 期末，根據帳簿編製會計報告。
其流程如圖 11-2 所示。

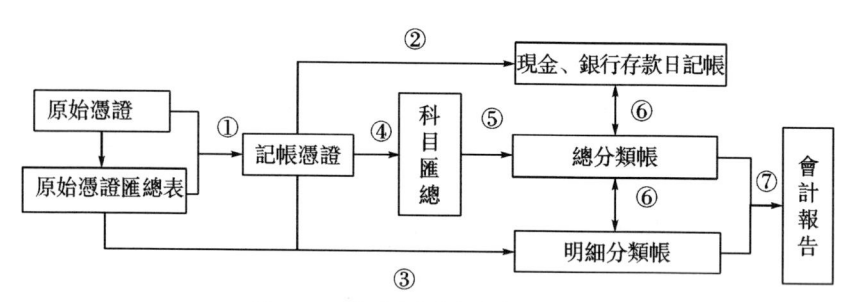

圖 11-2　科目匯總表帳務處理程序圖

三、科目匯總表帳務處理程序的優缺點和適用範圍

在科目匯總表帳務處理程序下，總分類帳是根據記帳憑證匯總後編製的科目匯總表登記的。其優點在於：不僅大大減輕了總帳的登記工作，並且由於科目匯總編製過程中進行了發生額的試算平衡，可以盡早發現前期核算中存在的問題，提高工作效率。其缺點在於：不能詳細地反應每筆經濟業務對帳戶的影響，不能逐筆與所屬明細帳進行核對，總帳只能反應帳戶一定時期的總括信息。因此，這種帳務處理程序一般適用於核算規模較大、經濟業務比較多的企業。

四、科目匯總表的編製

科目匯總表是根據一定時期內的全部記帳憑證，按相同的會計科目進行歸類，定期匯總各帳戶的借貸方發生額，並填寫在科目匯總表的對應欄目內，用以反應全部帳戶在一定期間的借貸方發生額（其格式見表11-38）。各單位根據其經濟業務量的多少可以每10天、15天或一個月匯總編製科目匯總表。實際工作中，科目匯總表按照以下步驟編製：

(1) 根據記帳憑證模擬過「T」形帳；
(2) 匯總計算各「T」形帳戶的發生額；
(3) 根據各帳戶匯總的發生額填製科目匯總表。

表 11-38　　　　　　　　　　　**科目匯總表**
編號：　　　　　　　　　　　年　月　日至　年　月　日　　　　　　　　　單位：元

會計科目	總帳	借方	貸方	會計科目	總帳	借方	貸方

審核　　　　　　　　　　　　記帳　　　　　　　　　　　　製單

五、科目匯總表帳務處理程序舉例

【例 11-2】仍以【例 11-1】為例，採用科目匯總表的帳務處理程序。
(1)(2)(3) 步驟處理不變。
(4) 根據記帳憑證編製科目匯總表，本例中採用一個月匯總一次。

第一步，根據記帳憑證模擬過「T」形帳，見圖11-3（為簡化起見，僅以庫存現金、銀行存款、應收帳款說明其方法，其他帳戶省略。

庫存現金		銀行存款		應收帳款	
(6) 96,000.00	(3) 490.00	(2) 585,300.00	(5) 77,688.00	(9) 250,000.00	(14) 697,554.00
(11) 5,000.00	(7) 96,000.00	(6) 96,000.00			(15) 411,490.00
(13) 22,530.00	(12) 4,700.00	(9) 250,000.00	(10) 290,000.00		
		(15) 560,000.00	(11) 5,000.00		
			(16) 200,000.00		
			(17) 40,000.00		

圖 11-3　「T」形帳過帳示意圖

第二步，計算匯總期間各帳戶借貸方發生額合計數見圖 11-4。

庫存現金		銀行存款		應收帳款	
(6) 96,000.00	(3) 490.00	(2) 585,300.00	(5) 77,688.00	(9) 250,000.00	(14) 697,554.00
(11) 5,000.00	(7) 96,000.00	(6) 96,000.00		(15) 560,000.00	
(13) 22,530.00	(12) 4,700.00	(9) 250,000.00	(10) 290,000.00	697,554.00	810,000.00
101,000.00	101,190.00	(15) 560,000.00	(11) 5,000.00		
			(16) 200,000.00		
			(17) 40,000.00		
		887,688.00	712,060.00		

圖 11-4　「T」形帳結帳示意圖

第三步，根據各帳戶匯總的發生額填製科目匯總表，見表 11-39。

表 11-39　　　　　　　　　　科目匯總表　　　　　　　　　　編號：01
2015 年 1 月 1 日—2015 年 1 月 31 日　　　　　　　　　　單位：元

會計科目	總帳	借方	貸方	會計科目	總帳	借方	貸方
庫存現金		101,000.00	101,190.00				
銀行存款		887,688.00	712,060.00				
應收帳款		697,554.00	810,000.00				
……		……	……				

審核　　　　　　　　　　　　　記帳　　　　　　　　　　　　　製單

（5）根據科目匯總表登記總分類帳，見表 11-40、表 11-41、表 11-42（這裡僅以

庫存現金、銀行存款、應收帳款說明其方法，其他帳戶省略。

表 11-40　　　　　　　　　　　　　總帳

科目名稱：庫存現金

2015 年		憑證		摘要	借方	貸方	借或貸	餘額
月	日	字	號					
1	1			上年結轉			借	2,580.00
	31	匯	1	1~31 日匯總	101,000.00	101,190.00		
	31			本月合計	101,000.00	101,190.00	借	2,390.00

表 11-41　　　　　　　　　　　　　總帳

科目名稱：銀行存款

2015 年		憑證		摘要	借方	貸方	借或貸	餘額
月	日	字	號					
1	1			上年結轉			借	145,700.00
	31	匯	1	1~31 日匯總	887,688.00	712,060.00		
	31			本月合計	887,688.00	712,060.00	借	321,328.00

表 11-42　　　　　　　　　　　　　總帳

科目名稱：應收帳款

2015 年		憑證		摘要	借方	貸方	借或貸	餘額
月	日	字	號					
1	1			上年結轉			借	325,000.00
	31	匯	1	1~31 日匯總	697,554.00	810,000.00		
	31			本月合計	697,554.00	810,000.00	借	212,554.00

（6）期末結帳（與【例 11-1】相同）、對帳。

（7）期末編製會計報告，與【例 11-1】相同。

第四節　匯總憑證帳務處理程序

一、匯總憑證帳務處理程序的概念和特點

匯總憑證帳務處理程序也是在記帳憑證帳務處理程序的基礎上演變和發展起來的。它是指對發生的各項經濟業務，首先根據原始憑證或原始憑證匯總表填製記帳憑證，然後根據記帳憑證編製匯總憑證，最後根據匯總憑證登記總分類帳的一種帳務處理程序。這種程序的主要特點是總帳根據匯總憑證登記。

二、匯總憑證帳務處理程序的基本程序

匯總記帳憑證帳務處理程序的基本程序如下：
(1) 根據原始憑證或原始憑證匯總表填製記帳憑證；
(2) 根據記帳憑證或原始憑證登記庫存現金日記帳和銀行存款日記帳；
(3) 根據記帳憑證及所附的原始憑證登記各種明細分類帳；
(4) 根據記帳憑證編製匯總憑證；
(5) 根據匯總憑證登記總分類帳；
(6) 期末，結帳、對帳；
(7) 期末，根據帳簿編製會計報告。

其流程如圖 11-5 所示。

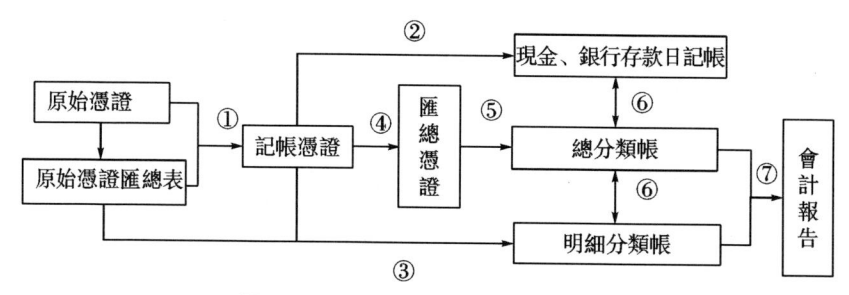

圖 11-5　匯總憑證帳務處理程序流程圖

在匯總憑證帳務處理程序下，使用收、付、轉專用格式記帳憑證的企業，應按照收款憑證、付款憑證和轉帳憑證分別匯總，分別填製匯總收款憑證、匯總付款憑證、匯總轉帳憑證。為了清晰地反應帳戶之間的對應關係，從理論上來說，匯總憑證應該按照單一帳戶逐一進行匯總，其對應帳戶要一一列報。

三、匯總憑證帳務處理程序的優缺點和適用範圍

匯總憑證帳務處理程序的優點表現在：①總帳根據匯總記帳憑證在月末一次登記，減少了總帳登記的工作量；②因為匯總記帳憑證是根據一定時期的全部記帳憑證，按照帳戶對應關係進行歸類、匯總編製的，因此便於通過有關科目之間的對應關係，瞭解經濟業務的來龍去脈。但匯總記帳憑證帳務處理程序也有其不足之處，主要表現在：該程序下的匯總轉帳憑證是按每一貸方科目而不是按交易或事項的性質歸類匯總的，因而不利於日常核算工作的合理分工，而且編製匯總轉帳憑證的工作量也較大。因此，這種帳務處理程序一般適用於核算規模較大、經濟業務比較多的企業。

四、匯總憑證的編製

匯總收款憑證（其格式見表 11-43），應根據現金、銀行存款的收款憑證，按照現金、銀行存款帳戶的借方設置，將需要匯總的收款憑證，按照其對應的貸方科目進行匯總，計算出每一個貸方科目的發生額合計數填入匯總收款憑證中。一般每 5 天或 10

天填製一次，每月填製一張。月末，將匯總收款憑證的合計數，對應分別計入各總分類帳戶，並標註過帳標記。

表 11-43　　　　　　　　　　匯總收款憑證
借方帳戶：　　　　　　　　　　年　月　　　　　　　　　　第　號

貸方帳戶	金額				記帳	
	(1)	(2)	(3)	合計	借方	貸方

附　(1) 自＿＿＿＿日至＿＿＿＿日＿＿＿＿憑證 共＿＿＿＿張
　　(2) 自＿＿＿＿日至＿＿＿＿日＿＿＿＿憑證 共＿＿＿＿張
　　(3) 自＿＿＿＿日至＿＿＿＿日＿＿＿＿憑證 共＿＿＿＿張

審核　　　　　　　　　　記帳　　　　　　　　　　製單

匯總付款憑證（其格式見表11-44），則根據現金、銀行存款的付款憑證，按照現金、銀行存款帳戶的貸方設置，將需要匯總的付款憑證，按照其對應的貸方科目進行匯總。

表 11-44　　　　　　　　　　匯總付款憑證
貸方帳戶：　　　　　　　　　　年　月　　　　　　　　　　第　號

借方帳戶	金額				記帳	
	(1)	(2)	(3)	合計	借方	貸方

附　(1) 自＿＿＿＿日至＿＿＿＿日＿＿＿＿憑證 共＿＿＿＿張
　　(2) 自＿＿＿＿日至＿＿＿＿日＿＿＿＿憑證 共＿＿＿＿張
　　(3) 自＿＿＿＿日至＿＿＿＿日＿＿＿＿憑證 共＿＿＿＿張

審核　　　　　　　　　　記帳　　　　　　　　　　製單

匯總轉帳憑證（其格式見表11-45），一般按每一帳戶的貸方逐一進行匯總。為了適應匯總的要求，轉帳憑證在填製時只允許一貸多借，不允許一借多貸。

表 11-45　　　　　　　　　　　　　　匯總轉帳憑證
貸方帳戶：　　　　　　　　　　　　　　年　月　　　　　　　　　　　　　第　號

借方帳戶	金額			合計	記帳	
	（1）	（2）	（3）		借方	貸方

附　（1）自_____日至_____日　　憑證　共_____張
　　（2）自_____日至_____日　　憑證　共_____張
　　（3）自_____日至_____日　　憑證　共_____張

審核　　　　　　　　　　　記帳　　　　　　　　　　　製單

在實際工作中，為提高工作效率，很多企業對匯總憑證的填製進行了簡化，不再要求反應帳戶間的對應關係，只要求匯總列報各帳戶在匯總時期內的發生額。其編製方法與科目匯總表相同，所不同的只是憑證和表格的格式。無論是選用收、付、轉專用格式還是選用通用格式的記帳憑證，其匯總憑證均按照如表 11-46 所示的格式列報。

表 11-46　　　　　　　　　　　　　　匯總憑證
編號　字第　號　　　　　　　　　　　年　月　日　　　　　　　　　　　第　頁共　頁

借方	憑證張數	科目名稱	過帳	貸方
		合計		

圖 11-9　匯總憑證圖示

【例 11-3】仍以【例 11-1】為例，採用匯總憑證的帳務處理程序。
（1）（2）（3）的步驟處理不變。
（4）根據記帳憑證編製匯總憑證，本例中採用一個月匯總一次。
第一步，根據記帳憑證模擬過「T」形帳，與【例 11-2】相同（見圖 11-3）。
第二步，計算匯總期間各帳戶借貸方發生額合計數，與【例 11-2】相同（見表 11-47）。
第三步，根據各帳戶匯總的發生額填製匯總憑證（見表 11-46）。

表 11-47　　　　　　　　　　匯總憑證
編號　匯　字第　1　號　　　2015 年 1 月 31 日　　　　　　第　1　頁共　頁

借方	憑證張數	科 目 名 稱	過帳	貸方
101,000.00	5	庫存現金		101,190.00
887,688.00	10	銀行存款		712,060.00
697,554.00	3	應收帳款		810,000.00
……		……		……
		合計		

（5）根據匯總憑證登記總分類帳，分別見表 11-48、表 11-49、表 11-50（這裡僅以庫存現金、銀行存款、應收帳款說明其方法，其他帳戶省略）。

表 11-48　　　　　　　　　　　　總帳
科目名稱：庫存現金

2015 年		憑證		摘要	借方	貸方	借或貸	餘額
月	日	字	號					
1	1			上年結轉			借	2,580.00
	31	匯	1	1~31 日匯總	101,000.00	101,190.00		
	31			本月合計	101,000.00	101,190.00	借	2,390.00

表 11-49　　　　　　　　　　　　總帳
科目名稱：銀行存款

2015 年		憑證		摘要	借方	貸方	借或貸	餘額
月	日	字	號					
1	1			上年結轉			借	145,700.00
	31	匯	1	1~31 日匯總	887,688.00	712,060.00		
	31			本月合計	887,688.00	712,060.00	借	321,328.00

表 11-50　　　　　　　　　　　　總帳
科目名稱：應收帳款

2015 年		憑證		摘要	借方	貸方	借或貸	餘額
月	日	字	號					
1	1			上年結轉			借	325,000.00
	31	匯	1	1~31 日匯總	697,554.00	810,000.00		
	31			本月合計	697,554.00	810,000.00	借	212,554.00

（6）期末結帳（與【例 11-1】相同）、對帳。

（7）期末編製會計報告（與【例 11-1】相同）。

第五節　其他帳務處理程序

按照相關法規的規定，企業會計人員可以根據本單位的實際情況自行選擇帳務處理程序，而記帳憑證帳務處理程序、科目匯總表帳務處理程序和匯總憑證帳務處理程序被目前絕大多數企業所採用。此外，也有極少數業務量極少或經濟業務涉及帳戶少的企業可能會選擇其他的處理程序，如日記總帳帳務處理程序和多欄式日記帳帳務處理程序。

一、日記總帳帳務處理程序

日記總帳帳務處理程序的主要特點是：在記帳憑證帳務處理程序的基礎上，改變了總帳的設置，將日記帳和總分類帳結合起來，設置了日記總帳，根據記帳憑證將所有經濟業務序時逐筆登記在日記總帳上，並且是將所有帳戶都設置在一張帳頁內（具體格式見表 11-51）。其優點是：帳簿設置簡單易行。其缺點是：帳頁過長，不便於記帳和查閱，僅適用於經濟業務量較少，使用會計科目也較少的單位。

表 11-51　　　　　　　　　　　　日記總帳格式

年		記帳憑證		摘要	發生額	庫存現金		銀行存款		原材料		固定資產		生產成本		……
月	日	字	號			借方	貸方	借方	貸方	借方	貸方	借方	貸方	借方	貸方	
1	1			上年結轉……												
				本月發生額合計												
				月末餘額												

二、多欄式日記帳帳務處理程序

多欄式日記帳帳務處理程序的主要特點是：採用收、付、轉專用格式記帳憑證的企業，首先根據收款憑證和付款憑證逐日登記多欄式現金日記帳和多欄式銀行存款日記帳，然後根據它們登記總分類帳。對於轉帳業務，可以直接根據轉帳憑證逐筆登記總分類帳，也可以先根據轉帳憑證編製轉帳憑證科目匯總表或匯總憑證，再登記總分類帳。其優點是：收、付款憑證所涉及的帳戶先通過多欄式日記帳進行匯總後，再據以匯總數登記總分類帳，起到了匯總收款憑證和匯總付款憑證的作用，可以減少匯總和登記總帳的工作量。其缺點是：如果涉及的帳戶較多，日記帳欄目就會過多、帳頁過長，不便於記帳。多欄式日記帳帳務處理程序僅適用於規模比較大、業務多、使用帳戶較少，且現金和銀行存款日記帳根據收、付款憑證登記的單位。多欄式日記帳的格式見表 11-52、表 11-53。

表 11-52　　　　　　　　　　多欄式現金日記帳

年		憑證		摘要	收入（借方）				支出（貸方）					餘額
					貸方帳戶			合計	借方帳戶				合計	
月	日	字	號		銀行存款	其他應收款	…		管理費用	應付工資	銷售費用	…		
1	1			上年結轉										
				……										
				……										
				……										
				……										
				本月發生額及期末餘額										

表 11-53　　　　　　　　　　多欄式銀行存款日記帳

年		憑證		摘要	收入（借方）				支出（貸方）					餘額
					貸方帳戶			合計	借方帳戶				合計	
月	日	字	號		現金	應收帳款	…		應付帳款	應付工資	材料採購	…		
1	1			上年結轉										
				……										
				……										
				……										
				……										
				本月發生額及期末餘額										

本章小結

　　帳務處理程序也稱為會計核算的組織形式或程序，是指會計憑證、帳簿和會計報告三者之間的結合方式，具體來說就是從原始憑證審核到記帳憑證填製，從記帳憑證到帳簿登記，從帳簿到會計報告編製這三大步驟的結合方法。常見的帳務處理程序主要有記帳憑證帳務處理程序、科目匯總表帳務處理程序和匯總憑證帳務處理程序。

　　記帳憑證帳務處理程序是最基本的帳務處理程序，是指對發生的各項經濟業務，首先根據原始憑證或原始憑證匯總表填製記帳憑證，然後直接根據記帳憑證逐筆登記

總分類帳的一種帳務處理程序。這種程序的主要特點是：總帳直接根據記帳憑證逐筆登記，程序簡單，但如果企業業務較多會導致過入總帳的工作量較大。因此，這種帳務處理程序一般適用於核算規模較小、經濟業務比較少的企業。

科目匯總表帳務處理程序是指對發生的各項經濟業務，首先根據原始憑證或原始憑證匯總表填製記帳憑證，然後根據記帳憑證編製科目匯總表，最後根據科目匯總表登記總分類帳的一種帳務處理程序。這種程序的主要特點是總帳根據科目匯總登記。其優點在於：不僅大大減輕了總帳的登記工作，並且由於科目匯總編製過程中進行了發生額的試算平衡，可以盡早發現前期核算中存在的問題，提高工作效率。因此，這種帳務處理程序一般適用於核算規模較大、經濟業務比較多的企業。

匯總憑證帳務處理程序是指對發生的各項經濟業務，首先根據原始憑證或原始憑證匯總表填製記帳憑證，然後根據記帳憑證編製匯總憑證，最後根據匯總憑證登記總分類帳的一種帳務處理程序。這種程序的主要特點是總帳根據匯總憑證登記，減少了總帳登記的工作量，且按照帳戶對應關係進行歸類、匯總編製，便於通過有關科目之間的對應關係，瞭解經濟業務的來龍去脈。但編製匯總轉帳憑證的工作量較大。因此，這種帳務處理程序一般適用於核算規模較大、經濟業務比較多的企業。

重要名詞

會計帳務處理程序（accounting procedures）

記帳憑證帳務處理程序（bookkeeping procedures using vouchers）

科目匯總表帳務處理程序（bookkeeping procedures using categorized accounts summary）

匯總記帳憑證帳務處理程序（bookkeeping procedures using summary vouchers）

日記總帳帳務處理程序（bookkeeping procedures using summarized journal）

拓展閱讀

財務人員的幾點基本功

財務工作是一項事無鉅細的活。所有事務都與個、十、百、千……或1、2、3、4……數字相關，即用數據說話。作為一名合格的財務人員，以下幾大基本功則是必須具備的。

一、有序整理會計憑證

財務的記帳過程，就是一個對單據進行整理、歸納、分類、定性的過程。每一筆經濟業務的發生，在財務上反應為單據的書面記載。單據的填寫和單位的各個部門有關，財務部門需要根據單位制定的財務制度，對單據的使用、填寫等做出詳盡的要求。而對單據的整理等工作，則是財務人員必須諳熟的基本功。

1. 會計憑證的分類

會計憑證主要分為原始憑證和記帳憑證，常用原始憑證有因具體業務發生所開具或收到的發票、各單位自制的入（出）庫單、工資表以及印製填寫的費用報銷單、支

出憑單、借款單等。

記帳憑證是根據審核無誤的原始憑證或匯總原始憑證，按照經濟業務的內容加以歸類並確定會計分錄而填製的憑證。

2. 原始憑證的粘貼要求

財務部負責人應制定並規範單位財務制度，事先派專業人員指導各部門對各類票據正確填寫。原始票據的粘貼是一項日常化的工作，所有票據一般使用液體膠水粘牢左方的票頭，把發票紙張大小相同、票面金額相同的粘在一起，多張紙張小的先粘貼到印製的報銷單據粘貼單上，從右至左，兩張票據不完全重合，便於翻找核對金額。

3. 記帳憑證的整理要求

一筆款項在支付或一項經濟業務發生後，票據傳遞到財務記帳人員手中，出納據以記帳並做到日清月結，負責編製記帳憑證的財務人員檢查單據是否保持完好、整齊，對經濟業務性質相同的歸放在一張記帳憑證裡，並予以編號。每個單位從管理角度出發，在核算各項支出時一般會分部門核算，在填製記帳憑證前，可以將同一部門的相關單據攔放在一起，簡化工作量。記帳憑證編製完成後，負責憑證審核崗位的財務人員對每張憑證逐一審核。

記帳憑證的打印一般在憑證審核完成之後，連續打印，使用專用配套紙張。

打印後與對應的原始憑證粘貼在一起，注意一般是將左上角粘牢即可，不必將紙張左側全部粘緊。對於原始憑證較多的，可以不進行粘貼，折疊整齊，順序放置，然後用迴形針別緊，裝訂時再一併裝訂。

二、熟練操作應用計算機

當前，隨著計算機運用的普及發展，會計電算化的推行，一些傳統的計算工具已逐步被淘汰，計算機已廣泛運用在財務工作的各個環節。因此，辦公軟件特別是財務軟件的熟練操作，是財務人員應掌握的基本功。

1. 辦公軟件是財務人員需要掌握的基本技能

在實務操作中，Word、Excel、PowerPoint 成為工作的主要手段，Word 是現代辦公中使用最多的字處理軟件，滿足對各種文檔的處理要求。Excel 電子表格發揮著極大的計算、排序、匯總等功能，給會計的核算職能帶來極大方便。利用 PowerPoint 可以創建展示演示文稿。

2. 財務軟件是財務人員重要的工作工具

財務軟件不僅提高了財務人員帳務處理速度，而且優化了工作質量，同時還滿足信息使用者查詢、輸出等需求，其信息量的擴充也是不可比擬的。財務軟件的操作將計算機知識和財務專業知識融合在一起，財務人員必須瞭解和掌握財務軟件，熟悉總帳管理、庫存管理、往來款管理、報表、固定資產管理等各個模塊的具體操作。

（1）總帳管理

總帳管理適用於進行憑證處理、帳簿管理、個人往來款管理、部門管理、項目核算和出納管理等。

①在開始使用總帳系統前，先進行初始設置，包括會計科目、外幣設置、期初餘額、憑證類別、結算方式、分類定義、編碼檔案、自定義等，根據經濟業務的內容編

製錄入記帳憑證，單位財務主管或指定人員進行審核憑證，月末記帳，系統自動完成期間損益結轉等業務。

②個人往來主要進行個人借款、還款管理工作，通過個人借款明細帳及時瞭解個人借款情況，實施控制與清欠。

③部門核算做到會計業務以部門為單位歸集，通過各部門費用收支情況，及時控制各部門費用的支出，財務人員應進行部門收支分析，為部門考核提供依據。

④項目核算可以反應出現金流量的走勢，也是月末生成現金流量表的數據來源。

⑤出納管理詳細核算貨幣資金帳務情況，為出納人員提供了一個辦公環境，完成銀行日記帳、現金日記帳，提供銀行對帳單的錄入、查詢等功能。

2. 庫存管理

庫存管理適用於對庫存商品、原材料等進行供銷存的核算與管理。許多企業如商品零售業、製造業存貨的數量與品種繁多，對存貨實行嚴謹科學的管理是財務部門和倉庫部門的重要工作目標。一方面對實物進行分類管理，另一方面建立完整的供銷存管理體系，從帳面上進行核算、控制、監督，為實現帳實相符提供可信的依據。當發生存貨的購入、領出、調撥、報廢、贈予等業務時，按原始入庫單、出庫單等記載的名稱、數量、單價等信息錄入到庫存模塊中。該模塊也具有強大的計算、查詢等功能，提供存貨的進銷存完整信息。依實際情況的不同，有的單位對於庫存管理不是由財務軟件來實現，而是採用符合單位管理需要的其他管理軟件、ERP系統來完成，其職能和財務軟件是一致的。

3. 往來款管理

往來款管理適用於對與本公司有經濟活動業務關係的客戶和供應商之間的往來款項，主要通過預付帳款、應付帳款、其他應付款等會計科目來核算。初始設置時，將此類科目設置為客戶或供應商往來輔助核算，建立客戶及供應商檔案，每筆往來業務發生時，錄入相應的輔助核算內容，在實際工作中還應定期與往來單位核對帳目，及時核實往來款項的最新情況。

4. 報表管理

報表管理和上述的總帳管理相輔相成，總帳系統提供財務數據生成財務報表。

月末，完成憑證記帳、損益類結轉的月末處理後，進入報表管理系統，打開報表表格，進行數據關鍵字錄入，系統經過數據計算整理完畢即生成基本財務報表。

注意報表需要在計算機硬盤形成電子表格，打開報表管理系統中查找出對應的路徑。

5. 固定資產管理

固定資產管理是對固定資產淨值、累計折舊等數據的核算與管理，反應固定資產增減、原值變化、使用部門變化等。系統啟用前，對資產類別、增減方式、使用狀況、折舊方法等進行初始設置。購置固定資產時，以每一項資產名稱錄入固定資產卡片，詳細錄入其類別、名稱型號、原值、使用部門、折舊年限等信息，這一步驟的作用非常重要，它是這一模塊的數據來源和基礎，錄入的原始卡片應準確無誤。系統具有自動計提折舊的功能，生成折舊分配憑證，它可以通過記帳憑證的形式傳輸到總帳系統。

三、做帳踏實及時

做帳，通俗地說，就是把發生的經濟業務記錄下來，會計電算化的做帳過程，即為錄入記帳憑證的過程。在實行計算機處理帳務後，記帳憑證成為電子帳簿的來源和生成帳簿的依據。在實務操作時，財務人員直接在計算機上使用財務軟件。

填製記帳憑證的基點是根據審核無誤的原始憑證，每一張原始憑證應該做到手續完備，內容真實，數字準確，財務人員對不真實、不合法的原始憑證，不予受理；對記載不準確、不完整的原始憑證，予以退回，要求更正補充。記帳憑證是總帳系統的起點，也是所有查詢數據的最主要的一個來源。在錄入憑證時，需要根據每筆經濟業務的性質來確定對應的會計科目，這就是理論基礎知識地運用了。

各單位還會根據管理的需要，在財務軟件初始化過程中，設置科目輔助或備查內容，如果組成分錄的科目有輔助核算屬性，財務軟件系統提示輸入輔助明細內容，如現金、銀行存款的現金流量的項目核算，銷售費用、管理費用等的部門核算，應收(應付)帳款的客戶及供應商往來核算，這些內容在錄入分錄時都需要輸入相關的信息。

做帳的基本功和前面提到的計算機運用能力的基本功，兩者密不可分。只有在熟練掌握計算機並且具備紮實的會計基礎理論的前提下，才能順利完成做帳工作。

四、查帳、找錯嚴謹審慎

財務工作是一項很嚴謹的工作，財務體系、財務制度都具有嚴謹性，數字與數字之間存在許多勾稽關係，帳帳、帳表、帳實相符是對財務工作的基本要求。在做帳的過程中，一處差錯往往會導致另一處差錯，財務人員必須具備查帳、找錯的基本功。

財務軟件可以通過查帳、匯總等方式將所需數據統計出來，並將需要的發生項找出來。俗話說：「做帳容易查帳難。」避免帳務差錯的產生，可以先從做帳的及時性著手，對現金日記帳、銀行日記帳等資金類帳戶，做到日清月結，每日核對帳款是否相符，發現問題及時查找。對於月末匯總的如原材料出庫單、庫存商品出庫單等，在輸入各管理軟件或表格時，記載日期、單據號等原始信息，便於日後查找，對單據數量較多的分次分批輸入和核對，減少初次錄入時產生的差錯。出現差錯當月及時查找，縮小範圍，找出重點，並在實際工作中注意不斷地總結、收集和累積經驗。

五、編製報表

報表使用者通過閱讀報表瞭解整個經營狀況、經營成果。財務軟件的報表模塊已經實現了強大的製作表格、數據運算、圖形製作、打印等功能。在總帳模塊中通過編製憑證、審核憑證、記帳、月末結帳等環節後生成基本財務報表，包括資產負債表、利潤表、現金流量表、所有者權益變動表等。除通用會計報表之外，各單位根據經營管理需要制定內部報表體系，具體核算考核資金、費用、成本等各指標的執行及績效情況。財務人員必須要有敏感的數字概念，具備編製報表的能力，並且真正地理解其含義，為單位高層管理人員經營決策提供數據支持。

六、數據分析

科學有效的數據分析是以財務報表及其他相關資料為依據，採用一系列專門的分析技術和方法，對過去和現在有關經營業績、分配、籌資、投資等進行分析與評價，

根據財務活動的歷史資料並考慮到現實狀況，對未來財務活動進行預測。

報表裡的每一個數據，都反應出一個財務指標。

財務分析的基本方法有比較分析法和因素分析法。指標分析包含償債能力、營運能力、盈利能力、發展能力等多項財務指標的計算和分析。應收帳款資產總額比、應收帳款週轉率、現金流動負債比、淨資產收益率等指標綜合反應應收帳款規模和週轉速度、短期償債能力和盈利發展能力。財務指標是數字化的一種方式，財務人員應充分瞭解其含義，理解其表達的動態過程或趨勢，並且注意其時效性。這既是提升財務人員自身業務能力的要求，也是發揮財務工作管理職能的要求。

七、裝訂保管會計檔案

1. 憑證的裝訂與保管

會計憑證是單位會計檔案的重要組成部分，會計憑證一般以月為單位，財務人員需要對每月的會計憑證及時裝訂，以便於查找與保存。憑證裝訂的時間一般在當月結帳工作完成後，不應積攢甚至雜亂的堆放。各單位應配備財務裝訂用工具，如裝訂機、裝訂線、裝訂針等，也可以使用重型訂書機，使用比較簡單方便、省時。憑證的裝訂有配套的憑證封面、封底、包角，裝訂前的一些準備性日常工作也不要忽視，日常保持憑證存放整齊有序。每月在編製憑證的同時，根據憑證編號大體分冊，用大鐵夾或長尾夾穩固下來，便於裝訂成冊。裝訂時，把當月全部憑證做個估算，大約平均分成多少冊合適？將封面、記帳憑證、封底、包角放好，反覆羅列檢查是否整齊有序，然後用重型訂書機將左上角訂牢，包好包角，完成裝訂。最後把封面憑證起止日期、冊數、憑證號數等相關內容填寫完整，加蓋公章。

2. 帳簿的裝訂與保管

目前，手工帳簿已越來越少地發揮其作用，財務軟件的功能使憑證在錄入後自動生成了帳簿。現金日記帳、銀行日記帳可以根據管理的需要每月打印，總分類帳、明細分類帳可以以年度為單位，打印成紙制帳簿，裝訂成冊保存。

3. 財務報告類的裝訂與保管

月度、季度、年度財務報告，包括會計報表、附表、附註及文字說明，其他財務報告也是會計檔案重要的組成部分。各類報表在編製完成時應做好電子文件存檔工作，同時根據需要打印紙制報表，按報表所屬期間、性質做好分類保管。

4. 其他類

其他類包括銀行存款餘額調節表、銀行對帳單、合同文件等其他應當保存的會計核算專業資料。經濟合同比如單位購銷合同等，是財務收付款的重要依據，歸屬財務人員負責保管的，應認真保存，對履行完畢的合同分門別類做好保存。財務人員還應做好單位財務文件的保管工作，明確保管人員及場所，定期整理立卷，裝訂成冊。

八、會計實務中的文字書寫要求

1. 要用藍黑墨水或碳素墨水書寫，不得用鉛筆、圓珠筆（用復寫紙復寫除外）。紅色墨水只在特殊情況下使用。填寫支票必須使用碳素筆書寫。

2. 文字書寫一般要緊靠左豎線書寫，文字與左豎線之間不得留有空白部分。

3. 文字不能頂格寫，一般要占空格的 1/2 或 2/3。

4. 文字要清晰，要用正楷或行書書寫。

九、會計實務中的數字的書寫要求

1. 阿拉伯數字的書寫要求

阿拉伯數字的字體應當一個一個的寫，不得連筆寫。每個字要緊靠憑證或帳表行格底線書寫，字體約占行格高度的1/3，如果行格較低的可占1/2。

阿拉伯數字前應寫明幣種符號，幣種符號與阿拉伯數字金額之間不得留有空白。凡阿拉伯數字前有幣種符號的，數字後邊不再寫單位。以元為單位的阿拉伯數字，除表示單價外一律寫到角、分，無角、分的，角、分位寫「00」或符號「—」；有角無分的，分位應寫「0」，不得寫符號「—」。

2. 阿拉伯數字的標準寫法

阿拉伯數字的字體要各自成形，大小勻稱，排列整齊。有圓圈的數字如6、9、0等圓圈必須封口。字體要自右上方斜向左下方書寫，傾斜度為45度。寫6時比一般數字右上方長出1/4，寫7、9時比一般數字下方（過行格底線）長出1/4。

3. 大寫數字的書寫要求

大寫金額前未印貨幣名稱的，應加填貨幣名稱，貨幣名稱與金額之間不得留有空白。大寫金額數字到元或角為止的，在「元」或「角」之後應當寫「整」或「正」；大寫金額有分的，「分」字之後不再寫「整」或「正」。阿拉伯數字中間有「0」時，漢字大寫要寫「零」字；阿拉伯數字中間連續有幾個「0」時，漢字大寫金額只寫一個零字。

4. 大寫數字的標準寫法

壹、貳、叁、肆、伍、陸、柒、捌、玖、拾。

十、登記帳簿的基本要求

會計人員應當根據審核無誤的會計憑證登記帳簿。登記會計帳簿時，應當將會計憑證日期、編號、業務內容摘要、金額和其他有關資料逐項記入帳內，做到數字準確、摘要清楚、登記及時、字跡工整。登記完畢後，要在記帳憑證上簽名或者蓋章，並註明已經登記的符號「√」，表示已經登記入帳，避免重記、漏記。

各種帳簿按頁次順序連續登記，不得跳行、隔頁。如果發生跳行、隔頁，應當將空行、空頁劃線註銷，或者註明「此行空白」「此頁空白」字樣，並由記帳人員簽名或者蓋章。登記帳簿要用藍黑墨水或者碳素墨水書寫，不得使用圓珠筆（銀行的複寫帳簿除外）或者鉛筆。用紅色墨水記帳，僅限於以下三種業務：

第一，用紅字沖銷法沖銷錯誤；

第二，設借貸等欄的多欄式帳頁中，登記減少數；

第三，在三欄式帳戶的餘額欄前，如未印明餘額方向的，在餘額欄內登記負數餘額。凡需要結出餘額的帳戶，結出餘額後，應當在「借或貸」等欄內寫明「借」或者「貸」字樣。沒有餘額的帳戶，應當在「借」或「貸」等欄內寫「平」字，並在餘額欄內用「0」表示。

現金日記帳和銀行存款日記帳必須逐日結出餘額。每一帳頁登記完畢結轉下頁時，應當結出本頁合計數及餘額，寫在本頁最後一行和下頁第一行有關欄內，並在摘要欄

內分別註明「過次頁」和「承前頁」字樣。帳簿記錄如果發現錯誤，不允許用塗改液、挖補、刮擦、藥水消除字跡等手段更正錯誤，也不允許重抄，而應當根據具體錯誤情況，按照規定採用劃線更正法、紅字沖銷法、補充登記法進行更正。各單位應當按照規定定期結帳。結帳時，應當根據不同的帳戶記錄，分別採用不同的方法：

第一，對於不需按月結計本期發生額的帳戶，如各項應收應付帳款明細帳和各項財產物資明細帳等，每次記帳以後，都要隨時結出餘額，每月最後一筆餘額即為月末餘額。也就是說，月末餘額就是本月最後一筆經濟業務記錄的同一行內的餘額，月末結帳時，只需要在最後一筆經濟業務記錄之下通欄劃紅單線，不需要再結計一次餘額。劃線的目的是為了突出有關數字，表示本期的會計記錄已經截止或者結束，並將本期與下期的記錄明顯分開。

第二，現金、銀行存款日記帳和需要按月結計發生額的收入、費用等明細帳，每月結帳時，要在最後一筆經濟業務記錄下面通欄劃紅單線，結出本月發生額和餘額，在摘要欄內註明「本月合計」字樣，在下面再通欄劃紅單線。

第三，需要結計本年累計發生額的某些明細帳戶，每月結帳時，應在「本月合計」行下結出自年初起至本月末止的累計發生額登記在月份發生額下面，在摘要欄內註明「本年累計」字樣，並在下面再通欄劃紅單線，12月末的「本年累計」就是全年累計發生額，全年累計發生額下通欄劃紅雙線。

第四，總帳帳戶平時只需結出月末餘額，年終結帳時，為了總括反應本年全年各項資金運動情況的全貌，核對帳目，要將所有總帳帳戶結出全年發生額和年末餘額，在摘要欄內註明「本年合計」字樣，並在合計數下通欄劃紅雙線。各單位應當定期對會計帳簿記錄的有關數字與庫存實物、貨幣資金、有價證券、往來單位或者個人等進行相互核對，保證帳證相符、帳帳相符、帳實相符。

對帳工作每年至少進行一次。

（1）帳證核對：核對會計帳簿記錄與原始憑證、記帳憑證的時間、證字號、內容、金額是否一致，記帳方向是否相符。

（2）帳帳核對：核對不同會計帳簿之間的帳簿記錄是否相符，包括：總帳有關帳戶的餘額核對，總帳與明細帳核對，總帳與日記帳核對，會計部門的財產物資明細帳與財產物資保管和使用部門的有關明細帳核對等。

（3）帳實核對：核對會計帳簿記錄與財產等實有數額是否相符。包括：現金日記帳帳面餘額與現金實際庫存數相核對；銀行存款日記帳帳面餘額定期與銀行對帳單相核對；各種財物明細帳帳面餘額與財物實存數額相核對；各種應收、應付款明細帳帳面餘額與有關債務、債權單位或者個人核對等。

登記日記帳的具體要求：「現金日記帳」和「銀行存款日記帳」中的日期為憑證編號的日期；摘要即為憑證中的摘要；「現金日記帳」中的「對應科目」即為會計分錄對應的科目；「借方與貸方」後面的「√」是用來對帳的符號；對應欄中劃「√」則表示此筆業務已核對無誤；「本月合計」即為本月發生數的合計；「本年合計」即為各月發生數之和，它們的對應關係為：「借方累計發生額－貸方累計發生額＝餘額」，「本月月初餘額＋本月借方發生額－本月貸方發生額＝本月月末餘額」。如果一個企業有

兩個或兩個以上開戶銀行還應分別記帳，它們的餘額之和等於總帳銀行存款餘額，每月月終企業要和銀行對帳（有些大型企業銀行存款業務較多的，應每日核對），根據「銀行對帳單」和「銀行存款日記帳」逐筆校對，如無誤應在該數額後，在「√」欄用鉛筆劃對號，對未達帳項應調查，使調整後的餘額相符，對於錯誤的帳項應與銀行協調，查明原因進行調帳。

十一、財務報表列報的基本要求

1. 財務報表是對企業財務狀況、經營成果和現金流量的結構性表述。財務報表至少應當包括下列組成部分：資產負債表、利潤表、現金流量表、所有者權益（或股東權益，下同）變動表、附註。

2. 財務報表列報的基本要求

企業應當以持續經營為基礎，根據實際發生的交易和事項，按照《企業會計準則——基本準則》和其他各項會計準則的規定進行確認和計量，在此基礎上編製財務報表。企業不應以附註披露代替確認和計量。以持續經營為基礎編製財務報表不再合理的，企業應當採用其他基礎編製財務報表，並在附註中披露這一事實。財務報表項目的列報應當在各個會計期間保持一致，不得隨意變更，但下列情況除外：一是會計準則要求改變財務報表項目的列報；二是企業經營業務的性質發生重大變化後，變更財務報表項目的列報能夠提供更可靠、更相關的會計信息。性質或功能不同的項目，應當在財務報表中單獨列報，但不具有重要性的項目除外。性質或功能類似的項目，其所屬類別具有重要性的，應當按其類別在財務報表中單獨列報。

重要性是指財務報表某項目的省略或錯報會影響使用者據此做出經濟決策的，該項目即具有重要性。重要性應當根據企業所處環境，從項目的性質和金額大小兩方面予以判斷。財務報表中的資產項目和負債項目的金額、收入項目和費用項目的金額不得相互抵銷，但其他會計準則另有規定的除外。資產項目按扣除減值準備後的淨額列示，不屬於抵銷。非日常活動產生的損益，以收入扣減費用後的淨額列示，不屬於抵銷。當期財務報表的列報，至少應當提供所有列報項目上一可比會計期間的比較數據，以及與理解當期財務報表相關的說明，但其他會計準則另有規定的除外。財務報表項目的列報發生變更的，應當對上期比較數據按照當期的列報要求進行調整，並在附註中披露調整的原因和性質，以及調整的各項目金額。對上期比較數據進行調整不切實可行的，應當在附註中披露不能調整的原因。不切實可行是指企業在做出所有合理努力後仍然無法採用某項規定。企業應當在財務報表的顯著位置至少披露下列各項：編報企業的名稱；資產負債表日或財務報表涵蓋的會計期間；人民幣金額單位；財務報表是合併財務報表的，應當予以標明。企業至少應當按年編製財務報表。年度財務報表涵蓋的期間短於一年的，應當披露年度財務報表的涵蓋期間，以及短於一年的原因。對外提供中期財務報告的，還應遵循《企業會計準則第 32 號——中期財務報告》的規定。本準則規定在財務報表中單獨列報的項目，應當單獨列報。其他會計準則規定獨列報的項目，應當增加單獨列報項目。

（資料來源：http：//wenku.baidu.com/view/e12a916648d7c1c708a1454b.html）

思考題

1. 科學、合理地設計帳務處理程序有什麼意義和要求？
2. 帳務處理程序有哪幾種？它們之間的主要區別是什麼？
3. 簡述各種帳務處理程序的操作步驟和特點。
4. 怎樣編製科目匯總表和匯總憑證？
5. 各種帳務處理程序的優缺點及適用範圍是什麼？

練習題

根據第八章練習七的綜合業務題所提供的資料，分別採用記帳憑證、科目匯總表、匯總憑證的帳務處理程序完成該公司 12 月份的會計核算。

第十二章　會計規範

學習目標

1. 瞭解建立會計規範體系的必要性、作用與構成；
2. 瞭解中國會計法規體系的組成；
3. 瞭解企業個別會計制度的結構和內容；
4. 熟悉會計準則的基本架構；
5. 熟悉《企業會計準則——基本準則》的內容；
6. 瞭解各個具體會計準則和《會計準則應用指南和解釋》。

第一節　會計規範概述

一、會計規範的意義

(一) 會計規範的含義

會計規範是會計人（會計主體和會計人員）在從事與會計相關的工作時，所應遵循的約束性或指導性的行為準則。會計規範是一個廣義的術語，包括對投資、融資、採購、生產、銷售等商業交易和相關事項的確認、計量、記錄和報告，具有制約、限制和引導作用的法律、法規、原則、準則和制度等。目前會計理論中對會計規範尚無明確定義，但熟悉具體會計規範，並具有一定的會計理論常識是會計人員的基本素質，也是學習好對會計交易和事項確認、計量、記錄和報告的前提。

會計規範包括會計法規、會計準則和會計制度三大方面。

(二) 建立會計規範的必要性

相關組織與機構建立會計規範體系，其主要作用是實現會計信息的規範化、標準化，使會計信息具有縱向和橫向的可比性特徵。會計是會計信息的生產者。會計信息有多種經濟用途。會計信息使用者有公司內部管理人員、外部債權人、投資者和潛在投資者，既有用於經濟決策（是否貸款，是否持有或買賣股票），又有用於是否賒銷及賒銷多大額度貨物等多種目的。同時，經濟社會中的企業組織多種多樣，如何使各會計主體提供的會計信息有用、可比，需要建立對外報告會計準則規範，成為管理社會經濟活動的必要條件。同樣，會計人員在提供有用的信息時，也必須要遵循相關對內會計報告規範。不論是對內報告會計，還是對外報告會計，在確認、計量、記錄、財

產管理中，必須遵循一定執業規範和職業道德標準。綜上所述，會計規範就是對會計工作所做的約束，是會計行為的標準，也是評價會計工作質量的客觀依據。

由於稅收法規、金融法規、經濟合同法等法律規範既影響制約商業交易，也是會計人員確認和報告的依據，因而它們也是會計規範的組成內容。同樣，會計主體的內部控制制度，也是會計規範的組成內容。

(三) 會計規範的基本特徵

1. 普遍性

會計規範作為指導會計工作的行為準則，是得到多數人認可的。這些規範既有約定俗成的，也有慣例性的。普遍性是會計規範賴以存在的基礎，否則談不上規範。

2. 約束性

會計規範提出了評價會計行為的明確標準。對於違反會計規範的情況，根據情節施以相應的法律、行政制裁或道德譴責。

3. 地域性

會計學作為管理學科，屬於社會科學的範疇。因此，會計規範不可避免地帶有民族特色或國家特徵。會計規範中的法律規範尤為突出。會計規範的地域性，並不排斥國際會計規範的共性。在中國，隨著經濟的全面市場化和國際化，會計這門記錄和反應經濟信息的商業語言規則的地域性特徵越來越弱化。中國會計準則的國際趨同，中國特色的減少，正是反應了這一變化。

4. 發展性

眾所周知，會計首先是表現為一種服務於經濟活動的信息反應系統，且隨著經濟的發展而不斷發展和完善。因此，會計規範也必須隨著所處的環境和時代的發展變化做相應的調整。例如，隨著信息技術的發展和廣泛運用，會計規範體系中加入了會計電算化規範內容。

二、會計規範的體系

(一) 會計規範體系的含義及作用

1. 會計規範體系的含義

會計規範的內容繁雜多樣，如果將所有屬於會計規範的內容綜合在一起，就構成一個體系。會計規範體系主要有四個部分，即會計的法律規範、會計道德規範、會計準則規範和會計理論規範。

2. 會計規範體系的作用

（1）會計規範體系是會計人員從事會計工作、提供會計信息的基本依據。會計規範體系既包括採用法律形式的，具有強制性特徵的會計規範，也包括採取自律形式的，具有自主性特徵的會計規範。會計信息的產生不能是隨意和無規則的，否則，會計信息對於使用者就毫無意義，甚至會由於其誤導作用而造成社會的危害。因此，會計規範體系為設計合理有效的會計工作模式及對外提供會計信息標準提供了依據。

（2）會計規範體系為評價會計行為確定了客觀標準。會計規範是會計信息使用者

評價會計工作和會計信息質量的基本依據。由於會計信息的質量與信息使用者的經濟決策效果直接相關，會計信息的使用者必然關注會計信息的質量。這就要求在全社會範圍內建立並使用統一的標準，以便對會計工作的質量做出評價。

（3）會計規範體系是維護社會經濟秩序的前提。全社會統一的會計規範體系是市場經濟運行規則的一個重要組成部分，它是社會各方從事與企業有關的經濟活動和做出相應經濟決策的重要基礎。對於國家維護和保證財政利益、進行宏觀經濟調控、管理國有資產都具有十分重要的作用。

（二）會計規範體系的構成

1. 會計法律規範

會計法律規範是指採用立法的手段和法律形式，對會計人及其行為進行規範，使會計人及其行為受到法律的制約與約束。會計法律規範是調整經濟活動中會計關係的法律規範的總稱，是調節和控制會計行為的外在制約因素，包括與會計有關的法律和行政法規。會計人必須遵守，沒有選擇和變通的餘地，它具有絕對的權威性。

2. 會計準則與制度規範

會計準則與制度規範是從技術角度對會計實務處理提出的要求、準則、方法和程序的總稱，一般是指由財政部根據會計法律和行政規範制定並發布的各種會計準則、會計制度。

會計制度有宏觀和微觀之分。宏觀上，會計制度是指國家制定的會計方面所有規範的總稱，包括會計核算制度、會計人員管理制度和會計工作管理制度等，所有會計工作都應遵照執行；微觀上，某一會計主體的具體會計制度，是該主體按照相關法規和會計準則或國家（宏觀）會計制度制定的、切實可行的會計制度。這一制度不再具有對會計政策、會計估計和會計處理方法的選擇性，已具體化。

3. 會計職業道德規範

會計職業道德規範是從事會計工作的人員所應該遵守的具有本職業特徵的道德準則和行為規範的總稱，是對會計人員的一種主觀心理素質的要求。它控制和掌握著會計管理行為的方向和合理化程度。

4. 會計理論規範

理論是實踐的總結。它來源於實踐，反過來又指導實踐，促進實踐的發展。會計理論現已形成了比較完備的概念框架和結構。它對於會計準則和會計制度的制定有著指導性作用。從一般意義上看，整個成熟的會計理論都是會計規範體系的組成部分，包括會計目標（會計信息的用途）、會計信息的質量特徵、財務報表的基本要素（信息表達方式）、（要素）確認與計量原則、（會計假設、基本原則、操作限制）詳細會計原則及程序。此為財務會計（對外報告會計）的理論結構。

第二節　會計法規

一、會計法律

　　法律是由國家最高權力機關——全國人民代表大會及其常務委員會制定的。在會計領域中，屬於法律層次的會計規範主要指《中華人民共和國會計法》（以下簡稱《會計法》）《中華人民共和國註冊會計師法》（以下簡稱《註冊會計師法》）。它們是會計規範體系中權威性最高、最具法律效力的規範，是制定其他各層次會計規範的依據，是會計工作的基本大法。

（一）《會計法》

　　《會計法》於1985年1月21日經第六屆全國人民代表大會常務委員會第九次會議通過，根據1993年12月29日第八屆全國人民代表大會常務委員會第五次會議《關於修改〈中華人民共和國會計法〉的決定》修正，1999年10月31日第九屆全國人民代表大會常務委員會第十二次會議修訂，由7章52條組成，包括總則、會計核算、會計監督、會計機構和會計人員、法律責任等。

（二）《註冊會計師法》與註冊會計師的業務

　　《註冊會計師法》於1993年10月經第八屆全國人民代表大會常務委員會第四次會議通過，並於1994年1月1日施行。該法共7章46條，包括總則、考試和註冊、業務範圍和規則、會計師事務所、註冊會計師協會和法律責任等。

　　會計既要完成對會計要素、經濟交易與事項的確認、計量、記錄和報告（即財務會計的職能），又要履行會計主體的預算、核算、分析、監督等管理職能（即管理會計職能）。註冊會計師的法定業務是相關鑒證業務，包括審計業務、審閱業務和其他鑒證業務。法定審計業務包括財務報表審計，驗資，企業清算、分立、合併時的審計以及法律法規規定的其他審計業務。註冊會計師分為執業註冊會計師和非執業註冊會計師。有關法律和準則規定，鑒證業務需要出具鑒證報告，非執業註冊會計師沒有簽字權利。在中國，註冊會計師不能單獨從事鑒證業務，必須加盟會計師事務所才能從事該類業務。

　　註冊會計師最根本的工作就是審計。但是，因為社會環境和自身生存與發展的需要，利用他們廣泛的知識、技能和智慧，會計師事務所和註冊會計師也從事其他的服務（稅務、顧問、交易諮詢服務）。

　　中國的會計師事務所主要以傳統的審計和會計業務為主。現在國際上最著名的四家會計師事務所（KPMG 畢馬威、E&Y 安永、Deloitte 德勤、PWC 普華永道，以下簡稱「四大」）中，傳統的會計和審計業務在總收入中的比重只占到30%～40%，而非傳統業務收入比重迅速提高。管理諮詢由原來的不到30%到現在已經超過50%。會計師事務所從事其他相關服務是基於註冊會計師是精通會計、審計、稅務等各方面知識的專業人才，有勝任能力。但實務中並不是只能由註冊會計師從事這些相關服務，所以才會有「註冊會計師業務經歷了從法定審計業務向其他業務的拓展過程」。審計鑒證

業務將在審計學課程中學習。

中國註冊會計師協會成立於 1988 年 11 月 15 日，是中國註冊會計師行業的全國組織，接受財政部、民政部的監督指導。省、自治區、直轄市註冊會計師協會是註冊會計師行業的地方組織。中國註冊會計師協會的主要職責包括以下內容：

（1）審批和管理本會會員，指導地方註冊會計師協會辦理註冊會計師註冊；

（2）擬定註冊會計師執業準則、規則，監督、檢查實施情況；

（3）組織對註冊會計師的任職資格、註冊會計師和會計師事務所的執業情況進行年度檢查；

（4）制定行業自律管理規範，對違反行業自律管理規範的行為予以懲戒；

（5）組織實施註冊會計師全國統一考試；

（6）組織和推動會員培訓工作；

（7）組織業務交流，開展理論研究，提供技術支持；

（8）開展註冊會計師行業宣傳；

（9）協調行業內、外部關係，支持會員依法執業，維護會員合法權益；

（10）代表中國註冊會計師行業開展國際交往活動；

（11）指導地方註冊會計協會工作；

（12）辦理法律、行政法規規定和國家機關委託或授權的其他有關工作。

（三）其他與會計工作相關的法律

其他與會計工作相關的法律有：《中華人民共和國公司法》《中華人民共和國經濟合同法》《中華人民共和國證券法》《中華人民共和國票據法》《中華人民共和國預算法》《中華人民共和國審計法》《中華人民共和國企業所得稅法》《中華人民共和國個人所得稅法》《中華人民共和國稅收徵管法》等。因此，會計專業人員在專業職稱評定考試或註冊會計師資格考試中均有這些法律類的考試內容。

二、行政法規

行政法規是由國家最高行政機關——國務院根據會計法律制定，是對會計法律的具體化或對某個方面的補充，一般稱為條例。

（一）《企業財務會計報告條例》

《企業財務會計報告條例》由國務院於 2000 年 6 月發布，並自 2001 年 1 月 1 日起實施。它共分 6 章 46 條，包括總則、財務會計報告的構成、財務會計報告的編製、財務會計報告的對外提供和法律責任等。

（二）《總會計師條例》

《總會計師條例》由國務院於 1990 年 12 月 31 日發布，並自發布之日起施行。它共分 5 章 23 條，包括總則、總會計師的職責、總會計師的權限和任免與獎懲等。

（三）其他相關行政法規

與會計工作有關的其他行政法規有《中華人民共和國增值稅暫行條例》《中華人民共和國消費稅暫行條例》等。

三、部門規章

部門規章是指國家主管會計工作的行政部門——財政部以及其他部委（國家稅務總局、人民銀行、證監會等）制定的會計方面的規範。會計部門規章是依據會計法律和會計行政法規的規定制定的，包括會計制度和會計準則等。

第三節　會計制度

一、會計制度的概念

會計制度是對商業交易和財務往來進行分類、確認、計量、記錄、匯總，並進行核對、分析和報告的制度，是進行會計工作所應遵循的原則、方法、程序的總稱。它一直是會計實務中非常具體的、可操作性極強的會計規範。

二、會計制度的種類

新中國成立以來，特別是改革開放以來，十分重視會計制度的建設。至今為止，中國已經建立起了較為完善的會計制度體系，大體分為國家統一的會計制度和單位內部的會計制度兩大部分，如圖 12-1 所示。

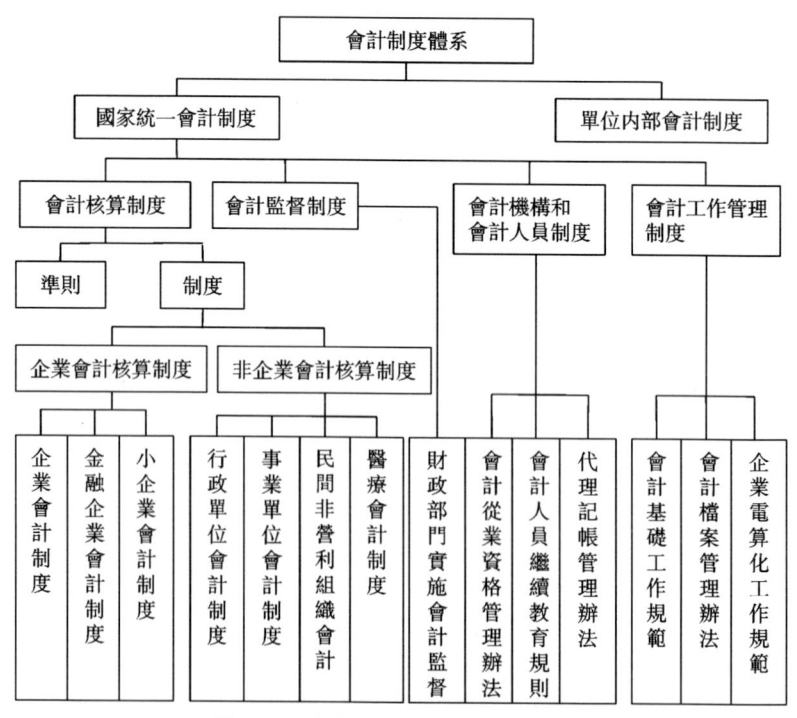

圖 12-1　中國現行會計制度體系示意圖

(一) 國家統一的會計制度

國家統一的會計制度是國務院財政部門（即財政部）根據《會計法》制定的關於會計核算、會計監督、會計機構和會計人員以及會計工作管理的制度。根據《會計法》的規定，國家統一的會計制度，由國務院所屬財政部制定；各省、自治區、直轄市以及國務院業務主管部門，在與《會計法》和國家統一會計制度不相抵觸的前提下，可以制定本地區、本部門的會計制度或者補充規定。國家統一的會計制度按其內容分為四類：

1. 會計核算制度

(1) 企業會計核算制度

在《企業會計準則》制定前，會計操作全部依靠統一的會計制度。《企業會計準則》頒布後的十多年中，財政部仍然制定了一系列的行業會計制度。其目的在於：為一個行業制定統一的會計核算規程，以保證會計核算的質量；對會計組織機構及其內部工作規則做出規定，使會計核算工作有組織、有系統、有秩序、有效率地進行；加強內部管理，建立內部控制系統，提高經濟效益。當時之所以會存在會計準則與會計制度並存的局面，是因為會計準則在中國實行不久，屬新生事物；同時，具體會計準則少，體系不完整。保留會計制度，一方面可以確保會計實務界的環境適應力；另一方面，會計制度的存在很大程度上彌補了會計準則的不足。

財政部從 1992 年起陸續頒發行業會計制度，包括：總說明；會計科目，包括會計科目表、會計科目使用說明；會計報表，包括會計報表種類和格式、會計報表編製說明；主要會計事項分錄舉例。會計制度屬上層建築，是國家管理經濟的重要規章。隨著經濟體制、財政、財務、稅收制度的改革，會計制度也會做相應的改變。

為了規範小企業的會計核算工作，提高會計信息質量，促進小企業健康發展。財政部於 2004 年 4 月 27 日發布，自 2005 年 1 月 1 日起實施了《小企業會計制度》，適用於在中華人民共和國境內設立的不對外籌集資金、經營規模較小的企業。

隨著 2006 年新會計準則的頒布，自 2008 年 1 月 1 日起，我大中型企業已全面執行新會計準則，不再執行原來的企業會計制度。

(2) 非企業會計核算制度

中國現行的非企業會計核算制度主要包括《行政單位會計制度》《事業單位會計制度》《民間非營利組織會計制度》《醫院會計制度》等。

《行政單位會計制度》最先於 1998 年 2 月 6 日發布，自 1998 年 1 月 1 日起執行。近幾年，為了適應中國社會主義市場經濟發展的需要，進一步規範行政單位的會計核算，財政部於 2013 年 12 月 28 日發布了修訂後的《行政單位會計制度》，自 2014 年 1 月 1 日起施行。該制度適用於各級各類國家機關、政黨組織。

《事業單位會計制度》最先於 1997 年 7 月 17 日發布，自 1998 年 1 月 1 日起執行。2012 年 12 月 19 日又重新修訂發布，自 2013 年 1 月 1 日起執行。該制度適用於各級各類事業單位，但不包含按規定執行《醫院會計制度》等行業事業單位會計制度的事業

單位和納入企業財務管理系體系執行《企業會計準則》或《小企業會計制度》的事業單位。

《民間非營利組織會計制度》於 2004 年 8 月 18 日發布，自 2005 年 1 月 1 日起執行。該制度適用於在中華人民共和國境內設立的符合規定特徵的民間非營利組織，包括依照國家法律法規登記的社會團體、基金會、民辦非企業單位、寺院、宮觀、清真寺、教堂等。這些組織均具有不以營利為目的、資源提供者向該組織投入資源不得取得經濟回報以及資源提供者不享有該組織的所有權等特徵。

《醫院會計制度》最早由財政部、衛生部於 1998 年 11 月 17 日聯合制定發布，於 1999 年 1 月 1 日起正式施行。2010 年做了修訂，於當年 12 月 31 日發布，並於 2012 年 1 月 1 日起在全國施行。該制度適用於中華人民共和國境內各級各類獨立核算的公立醫院，包括綜合醫院、中醫院、專科醫院、門診部、療養院等。

2. 國家統一的會計監督制度

作為會計兩大基本職能之一的會計監督，在中國會計規範體系中佔有重要的地位。會計監督與會計核算相輔相成，各種會計規範中均融入了會計監督的內容。如《會計法》第二十七條明確規定「各單位應當建立、健全本單位內部會計監督制度」，並在第二十八條賦予了會計機構、會計人員進行會計監督的權力。財政部制定的《會計基礎工作規範》中，要求各單位的會計機構、會計人員對本單位的經濟活動進行會計監督。

除了內部監督外，會計監督的重要內容是外部監督。為了規範財政部門的會計監督工作，財政部制定了《財政部門實施會計監督辦法》，並於 2001 年 2 月 20 日發布，同日起施行。該辦法共五章六十五條，主要就會計監督的主體、客體、會計監督檢查的內容、形式和程序，違規違法行為的處理、行政處罰等的種類和範圍，行政處罰的程序等做出了具體規定。

3. 國家統一的會計機構和會計人員制度

現行的國家統一的會計機構和會計人員管理制度主要包括《會計從業資格管理辦法》《會計人員繼續教育暫行規定》《代理記帳管理辦法》等。

4. 國家統一的會計工作管理制度

現行的國家統一的會計管理制度主要包括《會計基礎工作規範》《會計檔案管理辦法》《會計電算化管理辦法》和《會計電算化工作規範》等。

除此以外，與會計工作有關的其他部門規章有《增值稅暫行條例實施細則》《關於增值稅會計處理的規定》《增值稅專用發票使用規定》《人民幣銀行結算帳戶管理辦法》《上市公司信息披露管理辦法》《上市公司重大資產重組管理辦法》等。

(二) 企業內部會計制度

單位內部會計制度規範是指導單位會計工作的規定、章程、制度的總稱，是其他會計規範的具體化。其主要內容包括：單位內部的財務會計規章制度；會計人員的權利、職責、職稱、任免、待遇、素質要求等；會計工作的考核、達標、規劃及檔案管理；會計機構的責任和任務。其具體內容包括以下幾個方面：

1. 內部會計管理體系

內容包括：單位領導人、總會計師對會計工作的領導責任；會計部門及會計機構負責人、會計主管人員的職責、權限；會計部門與其他職能部門的關係；會計核算的組織形式等。

2. 會計人員崗位責任制度

其內容包括：會計人員的工作崗位設置；各會計崗位的職責和標準；各會計崗位的人員和具體分工；會計崗位輪換辦法；對各會計崗位的考核辦法。

3. 帳務處理程序制度

其內容包括：會計科目及其明細科目的設置和使用；會計憑證的格式、審核要求和傳遞程序；會計核算方法；會計帳簿的設置；編製會計報表的種類和要求；單位會計指標體系。

4. 內部牽制制度

其內容包括：內部牽制制度的原則；組織分工；出納崗位的職責和限制條件；有關崗位的職責和權限。

5. 稽核制度

其內容包括：稽核工作的組織形式和具體分工；稽核工作的職責和權限；審核會計憑證和復核會計帳簿、財務報表的方法。

6. 原始記錄管理制度

其內容包括：原始記錄的內容和填製方法；原始記錄的格式；原始記錄的審核；原始記錄填製人的責任；原始記錄簽署、傳遞、匯集標準。

7. 定額管理制度

其內容包括：定額管理的範圍；制定和修訂定額的依據、程序和方法；定額的執行；定額的考核和獎懲辦法等。

8. 計量驗收制度

其內容包括：計量檢測手段和方法；計量驗收管理的要求；計量驗收人員的責任和獎懲辦法。

9. 財產清查制度

其內容包括：財產清查的範圍；財產清查的組織；財產清查的期限和方法；對財產清查中發現問題的處理方法；對財務管理人員的獎懲辦法。

10. 財務收支審批制度

其內容包括：財務收支審批人員和審批權限；財務收支審批程序；財務收支審批人員的責任。

11. 成本核算制度

其內容包括：成本核算的對象；成本核算的方法和程序；成本分析等。

12. 財務會計分析制度

其內容包括：財務會計分析的主要內容；財務會計分析的基本要求和組織程序；

財務會計分析的具體方法；財務會計分析報告的編製要求等。

單位內部的財務會計制度針對單位具體會計要素內容、業務特徵和生產經營特點而制定，它對會計行為的界定具體、細緻，是單位會計工作的直接依據。在整個會計規範體系中，內部的財務會計制度的地位和作用獨特。所有企業都按照會計相關法律、部門規章、企業會計準則或統一會計制度等，建立自己具體的會計制度，構成企業內部控制制度的重要組成部分。

第四節　會計準則

一、會計準則的概念

（一）會計準則的含義

會計準則是規範會計帳目核算、會計報告的一套文件。它的目的在於把會計處理建立在公允、合理的基礎之上，並使不同時期、不同主體之間的會計結果的比較成為可能。會計準則是會計人員從事會計工作的規則和指南。

（二）會計準則的分類

按其使用單位的經營性質，會計準則可分為營利組織的會計準則和非營利組織的會計準則。就像現代企業會計分為財務會計和管理會計兩大分支一樣，企業的會計準則也分為財務會計準則和管理會計準則。

日常所述的企業會計準則，特指企業財務會計準則，這是財務會計（初級財務會計、中級財務會計、高級財務會計）系列課程的主要內容。本書主要介紹其基本準則的部分內容。

管理會計準則是由管理會計職業組織發布的管理會計公告或指南。由於管理會計信息的使用對象為公司內部管理人員，因而不同企業的管理會計標準體系不盡相同。只有少數國家建立了管理會計準則，而且不具有強制性。管理會計準則的基本內容一般包括管理會計的定義、目標、基本概念、要素、基本內容、主要方法及舉例說明等。發布這些公告、指南的目的是通過建立起一整套為人們所共同理解的概念與方法體系，來指導、協調管理會計的實務，並作為管理會計的發展基礎及其應用效果的檢驗尺度。目前已發布的管理會計公告或指南主要有：美國管理會計師協會發布的《管理會計公告》，英國特許管理會計師協會發布的《管理會計正式術語》，加拿大管理會計師協會發布的《管理會計指南》，國際會計師聯合會發布的《管理會計概念公告》等。中國正在探討，尚未正式頒布管理會計準則。

二、企業會計準則的性質

每個企業有著變化多端的經濟業務，而不同行業的企業又有各自的特殊性。企業

會計準則的出現，使會計人員在進行會計核算時有了共同遵循的標準。不同行業、不同地區公司的會計工作在相同規範標準上進行。企業外部的理性信息使用者，對不同公司的財務狀況、經營成果和現金流量情況的公允性也有了共同的判斷標準，有助於做出更合理的經濟決策。

企業會計準則具有以下特性：

(1) 規範性。各行各業的會計工作在同一標準的基礎上進行，從而使會計行為達到規範化，使得會計人員提供的會計信息具有廣泛的一致性和可比性，大大提高了會計信息的質量。

(2) 權威性。企業會計準則的制定、發布和實施要通過一定的權威機構。這些權威機構可以是國家的立法或行政部門，也可以是由其授權的會計職業團體。企業會計準則之所以能夠作為會計核算工作必須遵守的規範和處理會計業務的準繩，關鍵因素之一就是它的權威性。

(3) 發展性。企業會計準則是在一定的社會經濟環境下，人們對會計實踐進行理論上的概括而形成的。企業會計準則具有相對穩定性，但隨著社會經濟環境的發展變化，企業會計準則也要隨之變化，進行相應的修改、充實和淘汰。

(4) 理論與實踐相融合性。企業會計準則是指導會計實踐的依據，同時企業會計準則又是會計理論與會計實踐相結合的產物。企業會計準則的內容，有的來自於理論演繹，有的來自於實踐歸納，還有一部分來自於國家有關會計工作的方針政策，但這些都要經過實踐的檢驗。沒有會計理論的指導，企業會計準則就沒有科學性；沒有實踐的檢驗，企業會計準則就沒有針對性。

三、中國企業會計準則的組成

中國企業會計準則體系包括《企業會計準則——基本準則》（以下簡稱基本準則）、具體準則和會計準則應用指南與解釋等。基本準則是企業會計準則體系的概念基礎，是具體準則、應用指南和解釋等的制定依據，地位十分重要。現行的基本準則是2006年2月15日由財政部發布的。該準則基於1992年發布的《企業會計準則》，在借鑑國際慣例並結合中國實際情況，根據形勢發展的需要做了重大修訂和調整，對於規範企業會計行為，提高會計信息質量，如實報告企業財務狀況、經營成果和現金流量，供投資者等財務報告使用者做出合理決策，完善資本市場和市場經濟將發揮積極的作用。具體準則2006年發布了38個，2014年新發布3個，修訂5個，共41個。

(一) 基本準則

《企業會計準則——基本準則》借鑑了國際財務報告準則（IFRS）的《編報財務報表的框架》。對整個準則體系起到統馭的作用，是「準則的準則」，指導具體會計準則的制定；當出現新的業務，具體會計準則暫未涵蓋時，應當按照基本準則所確立的原則進行會計處理。

基本準則規定了整個準則體系的目的、假設和前提條件、基本原則、會計要素及

其確認與計量、會計報表的總體要求等內容。

1. 總目標

會計準則體系的總體目標是規範會計行為，提高會計信息質量，滿足投資人、債權人、社會公眾、有關部門和管理當局對會計信息的需求，這是全社會對會計信息共同的基本標準。總則部分同時也明確了會計的基本假設：持續經營（不含破產清算會計準則）、會計主體、會計分期和貨幣計量。

2. 會計信息的質量要求

會計信息的質量要求是會計基本原則，包括重要性、謹慎性、實質重於形式、可比性、一致性、明晰性原則。

3. 會計要素

六要素在內涵上借鑑了國際財務報告準則的《編報財務報告準則的框架》。

4. 會計計量

美國會計準則和國際財務報告準則比較側重公允價值的應用，體現會計信息的相關性。公允價值反應現時價值，與決策確實比較相關，但如何取得並確保其可靠性？而且公允價值增值的收益並無相應的現金流。基本準則明確以歷史成本為各會計要素的計量基礎，但如果能取得公允價值並且公允價值可以可靠計量，則採用公允價值計量。考慮到中國市場發展的現狀，準則體系中主要在金融工具、投資性房地產、非共同控制下的企業合併、債務重組和非貨幣性交易等方面採用了公允價值。

5. 財務會計報告

財務會計報告是指企業對外提供的反應企業某一特定日期的財務狀況和某一會計期間的經營成果、現金流量等會計信息的文件。

財務會計報告包括會計報表及其附註和其他應當在財務會計報告中披露的相關信息和資料。會計報表至少應當包括資產負債表、利潤表、現金流量表等報表。小企業編製的會計報表可以不包括現金流量表。

(二) 具體準則

具體準則的特點是操作性強，可以根據其直接組織相關交易或事項的確認、計量和報告。如固定資產會計、金融工具會計、長期股權投資會計、負債會計、收入會計等的準則等。

2006年2月15日頒發38項具體準則形成企業會計準則體系。這些具體準則的制定頒布和實施，規範了中國會計實務的核算，大大改善了中國上市公司的會計信息質量和企業財務狀況的透明度，為企業經營機制的轉換和證券市場的發展、國際間經濟技術交流起到了積極的推動作用。2014年1~7月，財政部陸續發布、新增了8項企業會計準則，於2014年7月1日開始實施。其中修訂5項，新增3項企業會計準則。具體構成如表12-1所示。

表 12-1　　　　　　　　　中國企業具體會計準則一覽表

序號	企業會計準則編號	具體會計準則名稱	序號	企業會計準則編號	具體會計準則名稱
1	第 1 號	存貨	22	第 22 號	金融工具確認和計量
2	第 2 號	長期股權投資	23	第 23 號	金融資產轉移
3	第 3 號	投資性房地產	24	第 24 號	套期保值
4	第 4 號	固定資產	25	第 25 號	原保險合同
5	第 5 號	生物資產	26	第 26 號	再保險合同
6	第 6 號	無形資產	27	第 27 號	石油天然氣開採
7	第 7 號	非貨幣性資產交換	28	第 28 號	會計政策、會計估計變更和差錯更正
8	第 8 號	資產減值	29	第 29 號	資產負債表日後事項
9	第 9 號	職工薪酬	30	第 30 號	財務報表列報
10	第 10 號	企業年金基金	31	第 31 號	現金流量表
11	第 11 號	股份支付	32	第 32 號	中期財務報告
12	第 12 號	債務重組	33	第 33 號	合併財務報表
13	第 13 號	或有事項	34	第 34 號	每股收益
14	第 14 號	收入	35	第 35 號	分部報告
15	第 15 號	建造合同	36	第 36 號	關聯方披露
16	第 16 號	政府補助	37	第 37 號	金融工具列報
17	第 17 號	借款費用	38	第 38 號	首次執行企業會計準則
18	第 18 號	所得稅	39	第 39 號	公允價值計量
19	第 19 號	外幣折算	40	第 40 號	合營安排
20	第 20 號	企業合併	41	第 41 號	在其他主體中權益的披露
21	第 21 號	租賃			

(三) 會計準則應用指南

會計準則應用指南由兩部分組成：第一部分為會計準則解釋，第二部分為會計科目和主要帳務處理。

會計準則解釋主要對各項具體準則中的重點、難點和關鍵點做出解釋性規定。其中，《企業會計準則第 30 號——財務報表列報》解釋包含了資產負債表、利潤表和所有者權益變動表格式及其附註，《企業會計準則第 31 號——現金流量表》解釋包含了企業現金流量表格式及其附註，《企業會計準則第 33 號——合併財務報表》解釋包含了企業合併報表格式及其附註。這樣安排有助於提升企業財務報表的地位，因為財務報表是綜合反應企業實施會計準則形成的最終會計信息，會計信息使用者主要通過財

務報表瞭解企業的財務狀況、經營成果和現金流量情況，以便做出決策。

會計科目和主要帳務處理涵蓋了各類企業的各種交易或事項，是以會計準則中確認、計量原則及其解釋為依據所做的規定。其中對涉及商業銀行、保險公司和證券公司的專用科目做了特別註明。會計科目和主要帳務處理規定了會計的確認、計量、記錄和報告的規定。這部分規定賦予企業一定的靈活性，即在不違反準則及其解釋的前提下，企業可以根據實際需要設置會計科目及明細科目。

本章小結

會計規範是會計人（會計主體和會計人員）在從事與會計相關的工作時，所應遵循的約束性或指導性的行為準則。會計規範包括會計法規、會計準則和會計制度三大方面。

會計法律規範是指採用立法的手段和法律形式，對會計人及其行為進行規範，使會計人及其行為受到法律的制約與約束。屬於法律層次的會計規範主要指《會計法》《註冊會計師法》。它們是會計規範體系中權威性最高、最具法律效力的規範。《會計法》於1985年1月21日經第六屆全國人民代表大會常務委員會第九次會議通過，根據1993年12月29日第八屆全國人民代表大會常務委員會第五次會議《關於修改〈中華人民共和國會計法〉的決定》修正，1999年10月31日經第九屆全國人民代表大會常務委員會第十二次會議修訂，由7章52條組成，包括總則、會計核算、會計監督、會計機構和會計人員、法律責任等。《註冊會計師法》於1993年10月經第八屆全國人民代表大會常務委員會第四次會議通過，並於1994年1月1日施行。該法共7章46條，包括總則、考試和註冊、業務範圍和規則、會計師事務所、註冊會計師協會和法律責任等。

會計準則與制度規範是從技術角度對會計實務處理提出的要求、準則、方法和程序的總稱。財政部從1992年起陸續頒發行業會計制度，包括：總說明；會計科目，包括會計科目表、會計科目使用說明；會計報表，包括會計報表種類和格式、會計報表編製說明；主要會計事項分錄舉例。會計制度屬上層建築，是國家管理經濟的重要規章。隨著經濟體制、財政、財務、稅收制度的改革，會計制度也會做相應的改變。財政部於2004年4月27日發布，自2005年1月1日起實施了《小企業會計制度》，適用於在中華人民共和國境內設立的不對外籌集資金、經營規模較小的企業。隨著2006年新會計準則的頒布，自2008年1月1日起，中國大中型企業已全面執行新會計準則，不再執行原來的企業會計制度。中國現行的非企業會計核算制度主要包括《行政單位會計制度》《事業單位會計制度》《民間非營利組織會計制度》《醫院會計制度》等。

單位內部會計制度規範是指導單位會計工作的規定、章程、制度的總稱，是其他會計規範的具體化。其主要內容包括：單位內部的財務會計規章制度；會計人員的權利、職責、職稱、任免、待遇、素質要求等；會計工作的考核、達標、規劃及檔案管理；會計機構的責任和任務。

會計準則是規範會計帳目核算、會計報告的一套文件，它的目的在於把會計處理建立在公允、合理的基礎之上，並使不同時期、不同主體之間的會計結果的比較成為可能。會計準則按其使用單位的經營性質，會計準則可以分為營利組織的會計準則和非營利組織的會計準則。

中國企業會計準則體系包括《企業會計準則——基本準則》（以下簡稱基本準則）、具體準則、會計準則應用指南和解釋等。基本準則是企業會計準則體系的概念基礎，是具體準則、應用指南和解釋等的制定依據。現行的基本準則是 2006 年 2 月 15 日由財政部發布的，新準則基於 1992 年發布的《企業會計準則》，在借鑑國際慣例並結合中國實際情況，根據形勢發展的需要做了重大修訂和調整。具體準則 2006 年發布了 38 個，2014 年新發布 3 個，修訂 5 個，共 41 個。

重要名詞

會計法律規範（accounting law and regulation）

會計準則（accounting principle）

思考題

1. 簡述會計規範體系的作用與構成。
2. 簡述會計規範的分類。
3. 簡述會計準則的框架結構。
4. 如何理解會計制度的含義？
5. 簡述會計制度的類別。
6. 網上收集《中華人民共和國會計法》。
7. 網上收集《企業會計準則——基本準則》、41 個具體會計準則和《企業會計準則應用指南》。
8. 簡述企業會計業務和註冊會計師業務的區別和聯繫。

第十三章　會計工作組織

學習目標

1. 掌握會計工作組織的形式和內容；
2. 掌握單位會計機構和會計崗位設置的方法；
3. 瞭解會計人員的職責和權限；
4. 熟悉會計人員的職業道德規定；
5. 熟悉會計人員工作交接的具體內容、程序及要求；
6. 掌握會計檔案管理的基本要求和保管期限。

第一節　會計工作組織概述

一、會計工作組織的含義

會計工作組織是指根據會計主體的特點、管理要求和會計規範，合理地設置會計機構，配備相應的會計人員，建立健全單位的會計制度，科學地安排、協調好本單位的會計工作，以完成會計職能，實現會計目標。會計機構和會計人員是會計工作系統運行的必要條件，而會計規範體系是保證會計工作系統正常運行的必要的約束機制。

二、會計工作組織的意義

科學地組織會計工作，對於發揮會計在經濟管理中的作用，具有十分重要的意義。其具體表現在以下四個方面：

（一）有利於保證會計工作的質量，提高會計工作的效率

會計工作過程包括了一系列的程序，需要履行各種手續，各程序和手續之間環環相扣、緊密相連。如果環節出現了差錯，都必然造成整個核算結果不正確或不能及時完成，進而影響整個會計核算工作的效率和質量。

（二）有利於會計工作與其他經濟管理工作協調一致

會計工作是企業單位整個經濟管理工作的一個重要組成部分，它既有獨立性，又同其他管理工作相互制約、相互促進。只有科學地組織好會計工作，才能處理好與其他經濟管理工作的關係，做到密切配合、口徑一致，從而全面地完成會計任務。

（三）有利於加強單位內部的經濟責任制

科學地組織好會計工作，可以促使企業單位內部各有關部門管好、用好資金，增收節支，通過提高經營管理水平，達到提高經濟效益、取得最佳經濟效果的目的。

（四）有利於維護國家財經法紀，貫徹經濟工作的方針政策

會計工作政策性強，必須通過核算如實反應各單位的經濟活動和財務收支，通過監督來貫徹執行國家的政策、方針、政令和制度。因此，科學地組織好會計工作，可以促使各單位更好地貫徹落實各項方針政策，維護好財經紀律，為建立良好的社會經濟秩序打下基礎。

三、會計工作組織的原則

在組織會計工作的過程中，必須遵守以下原則：

（一）統一性

統一性是指會計工作組織受到各種法規、制度、會計準則的制約，比如《會計法》《總會計師條例》《會計基礎工作規範》《會計檔案管理辦法》《會計電算化管理辦法》《企業會計準則》等，必須按照國家對會計工作的統一要求來組織會計工作。

（二）適應性

適應性要求各企業應根據自身的特點，確定本企業的會計制度，對會計機構的設置和會計人員的配備做出切合實際的安排。

（三）效益性

效益性要求在保證會計工作質量的前提下，講求工作效率，節約工作時間，降低成本。對會計工作程序的規定，會計憑證、帳簿、報表的設計，會計機構的設置以及會計人員的配備等，都避免繁瑣，力求精簡。通過會計電算化改進會計操作技術，提高工作效率。

（四）內部控制和責任制

內部控制和責任制是指會計工作時，要遵循內部控制的原則，在保證貫徹整個單位責任制的同時，建立和完善會計工作自身的責任制，從現金出納、財產物資進出及各項費用的開支等方面形成彼此相互牽制的機制，防止工作中的失誤和弊端。

綜上所述，組織會計工作，應在保證會計工作質量的前提下，盡量節約耗用在會計工作上的時間和費用，做到成本與效益相結合，既要組織好會計工作，又要減少人、財、物的耗費。

四、會計工作組織的形式

公司會計的內部組織形式是由公司的規模與其業務類別和管理方式決定的，一般分為獨立核算單位、半獨立核算單位和簡易核算單位。

(一) 獨立核算

獨立核算是指對本單位的業務經營過程及其結果，進行全面、系統的會計核算。實行獨立核算的單位稱為獨立核算單位。實行獨立核算必須具備一定的條件：有一定的自有資金，在銀行單獨開戶，對自有資金有獨立的支配權和使用權；在經營上有獨立的自主經營權；具有完整的帳簿系統，獨立計算盈虧，定期編製報表。獨立核算單位應單獨設置會計機構，配備必要的會計人員，如果會計業務不多，也可以只設專職會計人員。

獨立核算單位可以分為集中核算和分散核算兩種。

(1) 集中核算是指帳務工作全部在會計部門進行，包括制證、記帳和編製會計報表。會計部門以外的業務、儲運、總務或分支機構只對其發生的經濟業務填製原始憑證，定期送會計部門審核制證或結算記帳。其優點是：減少核算環節，簡化核算手續，有利於及時掌握全面經營情況和精減人員，一般適用於中小型企業。

(2) 分散核算（又稱為非集中核算）是對企業規模較大的二級單位，設置專門的會計機構，並對本部門所發生的經濟業務進行核算。分散核算是在上級會計機構的指導下進行較為全面的核算，完成填製原始憑證或原始憑證匯總表、登記有關明細帳簿、單獨核算本單位的成本費用、計算盈虧、編製內部會計報表等。企業會計部門只負責貨幣資金的管理和核算、債權債務的管理和核算、總帳和部分明細帳的登記，以及會計報表的編製等工作。

在實際工作中，有的企業會對某些業務實行集中核算，而對另一些業務採用分散核算。具體採用何種形式，主要取決於企業內部的經營管理需要，企業內部是否實行分級管理、分級核算。分散核算的優點是便於發揮基層單位的作用。

如在製造業裡，材料的明細核算由供應部門及其所屬的倉庫進行；車間設置成本明細帳，登記本車間發生的生產成本並計算出完工產成品的車間成本，公司會計部門只根據車間報送的資料進行產品成本的總分類核算；總分類核算、公司會計報表的編製和分析仍由公司會計部門集中進行；公司會計部門對企業內部各單位的會計工作進行業務上的指導和監督。

又如在商品流通企業裡，把庫存商品的明細核算和某些費用的核算等分散在各業務部門進行，至於會計報表的編製以及不宜分散核算的工作，如物資供銷、現金收支、銀行存款收支、對外往來結算等，仍由企業會計部門集中辦理。實行非集中核算，使企業內部各部門、各單位能夠及時瞭解本部門、本單位的經濟活動情況，有利於及時分析、解決問題，但這種組織形式會增加核算手續和核算層次。

(二) 半獨立核算

半獨立核算是指獨立核算企業所屬的業務單位，其規模比較大，在業務經營和成本費用的管理上有一定的獨立性，但不具備完全獨立核算的某些必要條件。如沒有獨立的資金，不能在銀行開戶等。這些單位的會計人員可以單獨編製會計憑證，單獨記帳和編製會計報表，然後報會計部門匯總，對外結算則通過會計部門辦理。企業內部的二級經營單位，如大中型批發企業的業務部，大中型零售企業的門市部、分銷店，

通常採用這種核算形式。其優點是部門責任人能及時掌握部門的經營情況和經營成果。

(三) 簡易核算

簡易核算是指不獨立核算的企業部門或櫃組，由兼職或專職核算員對本部門或本櫃組的直接有關的經濟指標進行簡易核算，對全部交易單證和結算憑證，則報送主管財會部門進行會計核算。如商業零售企業的櫃組，一般在定額的基礎上核算銷貨額、銷貨毛利、商品庫存以及直接與櫃組有關的費用支出等指標，以考核本櫃組的經營成果。

五、會計工作組織的內容

會計工作組織的內容主要包括：會計機構的設置、會計人員的配備、會計人員的職責權限、會計工作的規範、會計法規制度的制定、會計檔案的保管、會計工作的電算化等。

第二節　會計機構

一、會計機構的含義

會計機構是會計主體中直接從事和組織領導會計工作的職能部門。會計機構的設置要堅持實事求是、精簡節約的原則，做到既能保證工作質量、滿足工作需要，又能節約人力、物力和財力。

按照《會計法》的規定，凡是實行獨立核算的企業都要根據會計業務的需要設置會計機構，或者在有關機構中設置會計崗位，並指定會計人員。不具備條件的，可以委託經批准設立的會計諮詢、服務機構進行代理記帳。

二、會計機構的設置原則

(一) 根據本單位會計業務的需要設置

《會計崗位工作規範》第十一條規定：「各單位應當根據會計業務需要設置工作崗位。」例如，一個單位如何設置出納崗位，取決於該單位所屬的行業的性質、自身的經營規模、業務量大小以及有利於會計核算和管理的要求。

(二) 符合內部控制制度的要求

錢帳分管就是管帳（總帳、明細帳）的會計人員不得同時兼管出納工作；而出納人員不得兼管收入、費用、債權債務明細帳簿和會計檔案工作。做到錢帳分管、責任明確，符合內部控制制度的前提下，各崗位可以一人一崗，一人多崗，或者一崗多人。

(三) 有利於建立崗位責任制

出納崗位涉及現金、銀行存款等貨幣資產的收入、支出的核算與保管。而這些工

作與整個單位的經濟效益、職工的個人利益有極大的關係。因此，各單位應該建立出納人員崗位責任制，明確職責，保證出納工作正常有序進行。

（四）財務會計與管理會計崗位分別設置

有的企業把會計部門的工作分為兩大系統：一個系統負責傳統的記帳、算帳、報帳工作，或稱之為會計信息處理系統；另一個系統則從事經營分析、前景預測、目標規劃、參與決策、控制監督、業績考核和經濟獎懲工作，或稱之為參與管理、參與決策系統。這就是財務會計與管理會計、責任會計相對獨立、各司其職的會計工作組織方式。

另外，不具備設置會計機構條件的單位，應由代理記帳業務的機構完成其會計工作。

三、會計工作崗位的設置

（一）會計工作崗位

會計工作崗位一般可以分為：總會計師，會計機構負責人或者會計主管人員，出納，財產物資核算，工資核算，成本費用核算，財務成果核算，資金核算，資本、基金核算，收入、支出、往來核算，財產物資收發，明細核算，總帳會計，對外財務會計報告編製，內部管理會計報表編製，會計電算化系統管理員崗位，稽核，檔案管理等。

對於會計檔案管理崗位，在會計檔案正式移交之前，屬於會計崗位；在會計檔案正式移交之後，不再屬於會計崗位。收銀、內部審計、社會審計、政府審計不屬於會計崗位。

（二）出納崗位

（1）一人一崗：規模不大的單位出納工作量不大，可設專職出納員一名。

（2）一人多崗：規模較小的單位出納工作量不大，可設兼職出納員一名。但出納人員不得兼任稽核、會計檔案保管和收入、支出、費用、債務帳目的登記工作。

（3）一崗多人：規模較大的單位，出納工作量較大，可設多名出納員，分管現金、銀行存款、票據核算和管理。

（三）中國大中型企業的核算組設置

1. 綜合組

綜合組負責總帳的登記，並與有關的日記帳和明細帳相核對；進行總帳餘額的試算平衡，編製資產負債表，並與其他會計報表進行核對；保管會計檔案，進行企業財務情況的綜合分析，編寫財務情況說明書；進行財務預測，制訂或參與制訂財務計劃，參與企業生產經營決策。

2. 財務組

財務組負責貨幣資金的出納、保管和日記帳的登記；審核貨幣資金的收付憑證；辦理企業與供應、購買等單位之間的往結算；監督企業貫徹執行國家現金管理制度、

結算制度和信貸制度的情況；分析貨幣資金收支計劃和銀行借款計劃的執行情況，制訂或參與制訂貨幣資金收支和銀行借款計劃。

3. 工資核算組

工資核算組負責計算職工的各種工資和獎金；辦理與職工的工資結算，並進行有關的明細核算，分析工資總額計劃的執行情況，控制工資總額支出；參與制訂工資總額計劃。在由各車間、部門的工資員分散計算和發放工資的組織方式下，還應協助企業勞動工資部門負責指導和監督各車間、部門的工資計算和發放工作。

4. 固定資產核算組

固定資產核算組負責審核固定資產購建、調撥、內部轉移、租賃、清理的憑證；進行固定資產的明細核算；參與固定資產清查；編製有關固定資產增減變動的報表；分析固定資產和固定資金的使用效果；參與制訂固定資產重置、更新和修理計劃；指導監督固定資產管理部門和使用部門的固定資產核算工作。

5. 材料核算組

材料核算組負責審核材料採購的發票、帳單等結算憑證進行材料採購收發結存的明細核算；參與庫存材料清查；分析採購資金使用情況、採購成本超支、節約情況和儲備資金占用情況，參與制訂材料採購成本和材料資金占用；參與制訂材料採購資金計劃和材料計劃成本；指導和監督供應部門、材料倉庫和使用材料的車間部門的材料核算情況。

6. 成本組

成本組會同有關部門建立健全各項原始記錄、消耗定額和計量檢驗制度；改進成本管理的基礎工作；負責審核各項費用開支；參與自制半成品和產成品的清查；核算產品成本，編製成本報表；分析成本計劃執行情況；控制產品成本和生產資金占用；進行成本預測，制訂成本計劃，配合成本分口分級管理將成本指標分解、落實到各部門、車間、班組；指導、監督和組織各部門、車間、班組的成本核算和廠內經濟核算工作。

7. 銷售和利潤核算組

銷售和利潤核算組負責審核產成品收發、銷售和營業收支憑證；參與產成品清查；進行產成品、銷售和利潤的明細核算；計算應交稅費，進行利潤分配，編製損益表；分析成品資金占用情況，銷售收入、利潤及其分配計劃的執行情況；參與市場預測，制訂或參與制訂銷售和利潤計劃。

8. 資金組

資金組負責資金的籌集、使用、調度。隨時瞭解、掌握資金市場動態，為企業籌集資金以滿足生產經營活動的需要，要不斷降低資金成本，提高資金使用的經濟效益。還應負責編製財務狀況變動表或現金流量表。

第三節　會計人員

　　會計人員通常是指在國家機關、機關團體、公司、企業、事業單位和其他組織中從事財務會計工作的人員，包括會計機構負責人或者會計主管人員以及具體從事會計工作的會計、出納人員等。

一、會計人員應當具備的條件

（一）會計人員的任職資格

　　1. 對從事會計工作人員的任職要求

　　各企業、單位應當根據會計業務的需要而配備持有會計從業資格證的會計人員；未取得會計從業資格證的人員，不得從事會計工作。

　　2. 對會計機構負責人、會計主管人員的任職要求

　　（1）堅持原則，廉潔奉公；

　　（2）具有會計專業技術資格；

　　（3）主管一個單位或者單位內一個重要方面的財務會計工作時間不少於兩年；

　　（4）熟悉國家財經法律、法規、規章制度和方針、政策，掌握本行業業務管理的有關知識；

　　（5）有較強的組織能力；

　　（6）身體狀況能夠適應本職工作的要求。

　　3. 對總會計師及任職要求

　　大中型企業、事業單位和業務主管部門可以設置總會計師。總會計師由具有會計師以上專業技術任職資格的人員擔任。擔任總會計師，需要具備以下條件：

　　（1）堅持原則、廉潔奉公、取得會計師專業技術職稱後，主管一個單位內部一個重要方面的財務會計工作的時間不少於 3 年，有較高的理論政策水平，熟悉國家財經法律、法規、方針和政策，掌握現代化管理的有關知識；

　　（2）具備本行業的基本業務知識；

　　（3）熟悉行業情況，有較強的組織領導能力，身體健康，勝任本職工作。

（二）會計人員的任免

　　中國國家機關、國有企業、事業單位任用會計人員，除了應當遵照一般人事任免管理規定和必須具備會計從業資格證書等條件外，還應當實行迴避制度。

　　按照規定，單位領導人的直系親屬不得擔任本單位的會計機構負責人、會計主管人員。會計機構負責人、會計主管人員的直系親屬不得在本單位擔任出納工作。需迴避的直系親屬為夫妻關係、直系血親關係、三代以內旁系血親以及配偶親關係。

　　《會計法》規定，任何單位或者個人不得對依法履行職責、抵制違反會計法規定行為的會計人員實行打擊報復。單位負責人對依法履行職責、抵制違反會計法規定行為

的會計人員以降級、撤職、調離工作崗位、解聘或者開除等方式實行打擊報復，構成犯罪的，依法追究刑事責任；尚不構成犯罪的，由其所在單位或者有關單位依法給予行政處分。對受打擊報復的會計人員，應當恢復其名譽和原有職務、級別。

二、會計人員的職責和權限

(一) 會計人員的職責

根據《會計法》的規定，會計人員的主要職責，主要包括以下幾個方面：

1. 進行會計核算

進行會計核算，及時提供真實完整的、滿足有關各方需要的會計信息，是會計人員最基本的職責，也是做好會計工作最起碼的要求。

2. 實行會計監督

《會計法》規定，各單位應當建立健全本單位內部會計監督制度，會計人員應當對本單位各項交易或事項和會計手續的合法性、合理性進行監督。會計人員對違反《會計法》和國家統一的會計制度規定的會計事項，有權拒絕辦理或者按照職權予以糾正。會計人員發現記載不準確、不完整的原始憑證，應當予以退回，並要求按照國家統一的會計制度規定更正、補充。會計人員發現帳簿記錄與實物、款項及有關資料不相符的，按照國家統一的會計制度規定有權自行處理的，應當及時處理；無權處理的，應當立即向單位負責人報告，請求查明原因，做出處理。

除了進行會計核算、實行會計監督以外，各單位會計人員還應當按照法律和有關法規的規定，結合本單位具體情況，擬定本單位辦理會計事務的具體辦法；參與制訂經濟計劃、業務計劃，編製預算和財務計劃並考核分析其執行情況等。

(二) 會計人員的主要權限

(1) 會計人員有權要求本單位有關部門、人員認真執行國家批准的計劃、預算。即督促本單位有關部門嚴格遵守國家財經紀律和財務會計制度；如果本單位有關部門有違反國家法規的情況，會計人員有權拒絕付款、拒絕報銷或拒絕執行，並及時向本單位領導或上級有關部門報告。

(2) 會計人員有權參與本單位編製計劃、制訂定額、對外簽訂經濟合同、參加有關的生產、經營管理會議和業務會議。即會計人員有權以其特有的專業地位參加企業的各種管理活動，瞭解企業的生產經營情況，並提出自己的建議。

(3) 會計人員有權對本單位各部門進行會計監督。即會計人員有權監督、檢查本單位有關部門的財務收支、資金使用和財產保管、收發、計量、檢驗等情況，本單位有關部門要大力協助會計人員的工作。

(4) 會計專業職務及要求。會計專業職務，是區別會計人員業務技能的技術等級。根據《會計專業職務試行條例》的規定，會計專業職務分為高級會計師、會計師、助理會計師和會計員；高級會計師為高級職務，會計師為中級職務，助理會計師和會計員為初級職務。

三、會計從業資格

《會計從業資格管理辦法》第二條和第三十八條規定，在國家機關、社會團體、公司、企業、事業單位和其他組織等一切實行獨立核算、辦理會計事務的社會組織和經濟組織中從事會計工作的人員（包括香港特別行政區、澳門特別行政區、臺灣地區人員及外籍人員在中國大陸從事會計工作的人員）必須取得從業資格，持有會計從業資格證書。

(一) 會計工作崗位的設置

(1) 會計機構負責人（會計主管人員）；
(2) 出納；
(3) 稽核；
(4) 資本、基金核算；
(5) 收入、支出、債權債務核算；
(6) 職工薪酬、成本費用、財務成果核算；
(7) 財產物資的收發、增減核算；
(8) 總帳；
(9) 財務會計報告編製；
(10) 會計機構內會計檔案管理。

(二) 會計從業資格的取得

《會計從業資格管理辦法》中有關取得會計從業資格的規定，主要包括實行資格考試制度、報名條件、部分人員的免試條件等。會計從業資格的取得實行考試制度。會計從業資格的考試大綱由財政部統一制定並公布，考試實行無紙化考試。考試科目為：會計基礎、財經法規與會計職業道德、初級會計電算化。各省、自治區、直轄市、計劃單列市財政廳（局）、新疆生產建設兵團財務局、中共中央直屬機關事務管理局、國務院機關事務管理局、鐵道部、中國人民解放軍總後勤部、中國人民武裝警察部隊後勤部，負責組織實施會計從業資格考試的有關事項。

四、會計人員專業技術職務制度

為了合理使用會計人員，充分調動會計人員的積極性和創造性，國家在企業、行政、事業單位的會計人員中實行專業技術職務制度。目前，會計人員專業技術職務資格定為四級，即會計員、助理會計師、會計師和高級會計師。其中，會計員和助理會計師為初級職稱，會計師為中級職稱，高級會計師為高級職稱。

(一) 會計員的基本條件

初步掌握財務會計知識和技能；熟悉並能按照執行有關會計法規和財務會計制度；能擔負一個崗位的財務會計工作；大學專科或中等專業學校畢業，在財務會計工作崗位上見習一年期滿。

(二) 助理會計師

助理會計師應掌握一般的財務會計理論和業務知識；熟悉並執行有關的財經方針、政策和財務會計法規、制度，能擔負一個方面或某個重要崗位的財務會計工作；取得碩士學位，或取得第二學士學位或研究生班結業證書，具備履行助理會計師職責的能力，或者取得大學本科畢業，在財務會計工作崗位上見習一年期滿，或者大學專科畢業並擔任會計員職務兩年以上，或中等專業學校畢業並擔任會計員職務四年以上。

(三) 會計師

會計師應較系統地掌握財務會計基礎理論和專業知識；掌握並能貫徹執行有關的財經方針、政策和財務會計法規、制度；具有一定的財務會計工作經驗，能擔負一個單位或管理一個地區、一個部門、一個系統某個方面的財務會計工作；取得博士學位，並具有履行會計師職責的能力，或者取得碩士學位並擔任助理會計師職務兩年左右，或者取得第二學士學位或研究生班結業證書，並擔任助理會計師職務 2~3 年，或者大學本科或大學專科畢業並擔任助理會計師職務四年以上；掌握一門外語。

(四) 高級會計師

高級會計師應較系統地掌握經濟、財務會計理論和專業知識；具有較高的政策水平和豐富的財務會計工作經驗，能擔負一個地區、一個部門、一個系統的財務會計管理工作；取得博士學位，並擔任會計師職務 2~3 年，或者取得碩士學位、第二學士學位、研究生班結業證書、大學本科畢業並擔任會計師職務五年以上；較熟練地掌握一門外語。

五、會計人員繼續教育制度

(一) 會計人員繼續教育的組織者

按照財政部制定的《會計從業人員繼續教育規定》，中國會計人員繼續教育原則上按屬地原則進行管理，由各級財政部門組織實施，實行統一規劃、分級管理。財政部是負責全國會計人員繼續教育的主管部門，負責制訂全國會計人員繼續教育規劃；制定全國會計人員繼續教育制度；擬定全國會計人員繼續教育工作重點；組織開發、評估、推薦全國會計人員繼續教育重點教材；組織全國會計人員繼續教育師資培訓；指導、督促各地區和有關部門開展會計人員繼續教育工作。各省、自治區、直轄市、計劃單列市財政廳（局）（以下簡稱省級財政部門）負責本地區會計人員繼續教育管理的組織管理工作。

會計人員所在單位應當遵循教育、考核、使用相結合的原則，鼓勵、支持並組織本單位會計人員參加繼續教育，保證學習時間，提供必要的學習條件。

(二) 會計人員繼續教育的內容

會計人員繼續教育的內容主要包括會計理論、政策法規、業務知識、技能訓練和職業道德等。其中，會計理論繼續教育，重點加強會計基礎理論和應用理論的培訓，

提高會計人員用理論指導實踐的能力；政策法規繼續教育，重點加強會計法規制度及其他相關法規制度的培訓，提高會計人員依法從事會計工作的能力；業務知識和技能訓練繼續教育，重點加強履行崗位職責所必備的會計準則制度等專業知識、內部控制、會計信息化等方面的培訓，提高會計人員的實際工作能力和業務技能；職業道德繼續教育，重點加強會計職業道德的培訓，提高會計人員職業道德水平。

(三) 會計人員繼續教育的形式

會計人員繼續教育的形式主要有：

(1) 參加縣級以上地方人民政府財政部門、中央主管單位、新疆生產建設兵團財務局（以下簡稱繼續教育管理部門）組織的會計人員繼續教育師資培訓、會計脫產培訓、遠程網絡化會計培訓；

(2) 參加繼續教育管理部門公布的會計人員繼續教育機構組織的會計脫產培訓、遠程網絡化會計培訓；

(3) 參加繼續教育管理部門公布的會計人員所在單位組織的會計脫產培訓、遠程網絡化會計培訓；

(4) 參加財政部組織的全國會計領軍人才培訓；

(5) 參加財政部組織的大中型企事業單位總會計師素質提升工程培訓；

(6) 參加省級財政部門、中央主管單位、新疆生產建設兵團財務局組織的高端會計人才培訓；

7. 參加中國註冊會計師繼續教育培訓；

8. 參加繼續教育管理部門組織的其他形式培訓。

除此以外，會計人員繼續教育的形式還包括：

(1) 參加財政部組織的全國會計領軍人才考試，以及省級財政部門、中央主管單位、新疆生產建設兵團財務局組織的高端會計人才考試；

(2) 參加會計、審計專業技術資格考試，以及註冊會計師、註冊資產評估師、註冊稅務師考試；

(3) 參加國家教育行政主管部門承認的會計類專科以上學位學歷教育；

(4) 承擔繼續教育管理部門或其認可的會計學術團體的會計類研究課題，或在有國內統一刊號（CN）的經濟管理類報刊上發表會計類論文；

(5) 公開出版會計類書籍；

(6) 參加省級以上財政部門、中央主管單位、新疆生產建設兵團財務局組織或其認可的會計類知識大賽；

(7) 繼續教育管理部門認可的其他形式。

會計人員繼續教育內容應當根據會計人員的從業要求，綜合運用講授式、研究式、案例式、模擬式、體驗式等教學方法，增強培訓效果，提高培訓質量。繼續教育管理部門應當積極推廣網絡教育、遠程教育、電化教育等方式，提高會計人員繼續教育教學和管理的信息化水平。

（四）會計人員繼續教育的考核方式

會計人員參加繼續教育採取學分制管理制度，每年參加繼續教育取得的學分不得少於 24 學分。會計人員參加繼續教育取得的學分，在全國範圍內有效。繼續教育學分計量標準如下：

（1）參加繼續教育管理部門組織的會計人員繼續教育師資培訓、會計脫產培訓、遠程網絡化會計培訓，考試或考核合格的，每學時折算為 1 學分；

（2）參加繼續教育管理部門公布的會計人員繼續教育機構組織的會計脫產培訓、遠程網絡化會計培訓，考試或考核合格的，每學時折算為 1 學分；

（3）參加繼續教育管理部門公布的會計人員所在單位組織的會計脫產培訓、遠程網絡化會計培訓，考試或考核合格的，每學時折算為 1 學分；

（4）參加財政部組織的全國會計領軍人才培訓，考試或考核合格的，每學時折算為 1 學分；

（5）參加財政部組織的大中型企事業單位總會計師素質提升工程培訓，考試或考核合格的，每學時折算為 1 學分；

（6）參加省級財政部門、中央主管單位、新疆生產建設兵團財務局組織的高端會計人才培訓，考試或考核合格的，每學時折算為 1 學分；

（7）參加中國註冊會計師繼續教育培訓，經所屬註冊會計師協會確認的，每學時折算為 1 學分。

（8）參加財政部組織的全國會計領軍人才考試，以及省級財政部門、中央主管單位、新疆生產建設兵團財務局組織的高端會計人才考試，被錄取的，折算為 24 學分；

（9）參加會計、審計專業技術資格考試，以及註冊會計師、註冊資產評估師、註冊稅務師考試，每通過一科考試，折算為 24 學分；

（10）參加國家教育行政主管部門承認的會計類專科以上學位學歷教育，通過當年度一個學習科目考試或考核的，折算為 24 學分；

（11）獨立承擔繼續教育管理部門或其認可的會計學術團體的會計類研究課題，課題結項的，每項研究課題折算為 24 學分；與他人合作完成的，每項研究課題的第一作者折算為 24 學分，其他作者每人折算為 12 學分；

（12）獨立在有國內統一刊號的經濟管理類報刊上發表會計類論文的，每篇論文折算為 24 學分；與他人合作發表的，每篇論文的第一作者折算為 24 學分，其他作者每人折算為 12 學分；

（13）獨立公開出版會計類書籍的，每本會計類書籍折算為 24 學分；與他人合作出版的，每本會計類書籍的第一作者折算為 24 學分，其他作者每人折算為 12 學分；

（14）參加省級以上財政部門、中央主管單位、新疆生產建設兵團財務局組織或其認可的會計類知識大賽，成績合格或受到表彰的，折算為 24 學分。

會計人員參加繼續教育取得的學分，均在當年度有效，不得結轉下年度。

（五）會計人員繼續教育的登記

會計人員辦理繼續教育事項登記，可以通過以下兩種途徑：

(1) 會計人員參加繼續教育經考試或考核合格後，應當在 3 個月內持會計從業資格證書、相關證明材料向所屬繼續教育管理部門辦理繼續教育事項登記；

(2) 繼續教育管理部門根據公布的會計人員繼續教育機構或會計人員所在單位報送的會計人員繼續教育信息，為會計人員辦理繼續教育事項登記。

會計人員由於病假、在境外工作、生育等原因，無法在當年完成繼續教育取得規定學分的，應當提供合理證明，經繼續教育管理部門審核確認後，其沒有取得的繼續教育學分可以順延至下一年度取得。

六、會計人員的職業道德

（一）會計職業道德的含義

職業道德是職業品質、工作作風和工作紀律的綜合。會計職業道德是會計人員在會計工作中應當遵循的道德規範。

在市場經濟條件下，會計職業活動中的會計人員個人、會計主體、國家、社會公眾之間利益常常不一致，甚至相衝突。會計職業道德準則與國家法律制度一起，調整會計職業關係中的經濟利益關係，維護市場經濟秩序。

會計職業道德具有相對穩定性。會計是一門實用性很強的管理學科，是為了加強經營管理，提高經濟效益，規範市場市場經濟秩序，維護各會計信息使用者的利益。作為對單位經濟業務事項進行確認、計量、記錄和報告的會計，會計制度的設計，會計政策的制定，會計方法的選擇，都必須遵循會計規範體系。因此，會計職業道德主要依附於歷史繼承性和經濟規律，在社會經濟關係不斷的變遷中，保持自己的相對穩定性。沒有任何一個社會制度能夠容忍虛假會計信息，也沒有任何一個經濟主體會允許會計人員私自向外界提供或者洩露單位的商業秘密，會計人員在職業活動中誠實守信、客觀公正等是會計職業的普遍要求。

會計職業道德具有廣泛的社會性。會計職業道德是人們對會計職業行為的客觀要求。從受託責任觀念出發，會計目標決定了會計所承擔的社會責任。會計要為政府機構、企業管理層、債權人等提供規範會計信息。會計因其會計信息使用者的廣泛性，會計職業道德的優劣將影響會計信息的質量，進而影響社會經濟、金融秩序和健康運行。會計職業道德具有廣泛的社會性。

（二）會計職業道德的基本內容

依照財政部 1996 年 6 月發布的《會計基礎工作規範》的規定，會計人員職業道德的內容主要包括以下六個方面：

(1) 愛崗敬業。即會計人員應當熱愛本職工作，努力鑽研業務，使自己的知識和技能適應所從事工作的要求。愛崗敬業是做好一切工作的出發點。

(2) 熟悉法規。會計工作不只是單純的記帳、算帳、報帳工作，會計工作時時、事事、處處涉及執法守規方面的問題。會計人員應當熟悉財經法律、法規和國家統一的會計制度，做到自己在處理各項經濟業務時知法依法、知章循章，依法把關守口；同時還要進行法規的宣傳，提高法制觀念。

（3）依法辦事。一方面，會計人員應當按照會計法律法規和國家統一會計制度規定的程序和要求進行會計工作，保證所提供的會計信息合法、真實、準確、及時、完整；另一方面，依法辦事要求會計人員必須樹立自己職業的形象和人格的尊嚴，敢於抵制歪風邪氣，同一切違法亂紀的行為作鬥爭。

（4）客觀公正。會計信息的正確與否，不僅關係到微觀決策，而且關係到宏觀決策。做好會計工作，不僅要有過硬的技術本領，而且需要實事求是的精神和客觀、公正的態度；否則，就會把知識和技能用錯了地方，甚至參與弄虛作假或者協同作弊。

（5）搞好服務。會計工作是經濟管理工作的一部分，把這部分工作做好對所在單位的經營管理至關重要。會計工作的這一特點，決定了會計人員應當熟悉本單位的生產經營和業務管理情況，因此，會計人員應當積極運用所掌握的會計信息和會計方法，為改善單位的內部管理、提高經濟效益服務。

（6）保守秘密。會計工作性質決定了會計人員有機會瞭解本單位的財務狀況和生產經營情況，有可能瞭解或者掌握重要商業機密。這些機密一旦洩露給競爭對手，會給本單位的經濟利益造成重大的損害，這對被洩密的單位既不公正又很不利。洩露本單位的商業秘密也是一種很不道德的違法行為。因此，作為會計人員，應當確立洩密失德的觀點，對於自己知悉的內部機密，不管在何時何地，都要嚴守秘密，不得為一己私利而洩露機密。

會計人員違反職業道德的，由所在單位進行處罰，情節嚴重的，由會計證發證機關吊銷其會計證。

七、會計人員工作交接

會計人員工作交接是指會計人員調整時，由離職會計將有關工作和各項會計資料交給繼任者的過程。會計人員工作離任，都必須辦理交接手續。

（一）會計人員工作交接的內容

會計人員工作交接的內容包括會計憑證、會計帳簿、會計報表及報表附註、會計文件、會計工具、印章和其他資料（如戶口登記簿、土地登記簿、會議記錄簿、文書檔案等）。實行會計電算化管理的企業，還應移交會計軟件、數據磁盤及相關資料。

（二）會計人員工作交接的基本程序

1. 交接前的準備工作

會計人員在辦理會計工作交接前，必須做好以下準備工作：

（1）已經受理的經濟業務尚未填製會計憑證的應當填製完畢。

（2）尚未登記的帳目應當登記完畢。結出餘額，並在最後一筆餘額後加蓋經辦人印章。

（3）整理好應該移交的各項資料，對未了事項和遺留問題要寫出書面說明材料。

（4）編製移交清冊，列明應該移交的會計憑證、會計帳簿、財務會計報告、公章、現金、有價證券、支票簿、發票、文件、其他會計資料和物品等內容；實行會計電算化的單位，從事該項工作的移交人員應在移交清冊上列明會計軟件及密碼、會計軟件

數據盤、磁帶等內容。

(5) 會計機構負責人（會計主管人員）移交時，應將財務會計工作、重大財務收支問題和會計人員的情況等向接替人員介紹清楚。

2. 移交點收

移交人員離職前，必須將本人經管的會計工作，在規定的期限內，全部向接管人員移交清楚。接管人員應認真按照移交清冊逐項點收。

3. 專人負責監交。

對監交的具體要求是：

(1) 一般會計人員辦理交接手續，由會計機構負責人（會計主管人員）監交。

(2) 會計機構負責人（會計主管人員）辦理交接手續，由單位負責人監交，必要時主管單位可以派人會同監交。

4. 交接後的有關事宜

(1) 會計工作交接完畢後，交接雙方和監交人在移交清冊上簽名或蓋章，並應在移交清冊上註明：單位名稱、交接日期、交接雙方和監交人的職務、姓名、移交清冊頁數以及需要說明的問題和意見等。

(2) 接管人員應繼續使用移交前的帳簿，不得擅自另立帳簿，以保證會計記錄前後銜接，內容完整。

(3) 移交清冊一般應填製一式三份，交接雙方各執一份，存檔一份。

(三) 會計人員工作交接的具體要求

(1) 現金要根據會計帳簿記錄餘額進行當面點交，不得短缺，接替人員發現不一致或以「白條抵庫」現象時，移交人員在規定期限內負責查清處理。

(2) 有價證券的數量要與會計帳簿記錄一致，有價證券面額與發行價不一致時，按照會計帳簿餘額交接。

(3) 會計憑證、會計帳簿、財務會計報告和其他會計資料必須完整無缺，不得遺漏。如有短缺，必須查清原因，並在移交清冊中加以說明，由移交人負責。

(4) 銀行存款帳戶餘額要與銀行對帳單核對相符，如有未達帳項，應編製銀行存款餘額調節表調節相符；各種財產物資和債權債務的明細帳戶餘額，要與總帳有關帳戶的餘額核對相符；對重要實物要實地盤點，對餘額較大的往來帳戶要與往來單位、個人核對。

(5) 公章、收據、空白支票、發票、科目印章以及其他物品等必須交接清楚。

(6) 實行會計電算化的單位，交接雙方應在電子計算機上對有關數據進行實際操作，確認有關數字正確無誤後，方可交接。

八、會計檔案管理

(一) 會計檔案的概念和內容

會計檔案是指會計憑證、會計帳簿和財務報告等會計核算專業材料，是記錄和反應單位經濟業務的重要史料和證據，也是檢查單位遵守財經紀律情況的書面證明和總

結經營管理經驗的重要參考資料。各單位必須加強對會計檔案管理工作的領導,建立會計檔案的立卷、歸檔、保管、查閱制度,以防散失和毀損。

按照《會計檔案管理辦法》的規定,企業單位的會計檔案應當包括以下具體內容:

(1) 會計憑證類:原始憑證、記帳憑證、匯總憑證、其他會計憑證。

(2) 會計帳簿類:總帳、明細帳、日記帳、固定資產卡片、輔助帳簿、其他會計帳簿。

(3) 財務報告類:月度、季度、年度財務報告,包括會計報表、附表、附註及文字說明,其他財務報告。

(4) 其他類:銀行存款餘額調節表、銀行對帳單、其他應當保存的會計核算專業資料、會計檔案移交清冊、會計檔案保管清冊、會計檔案銷毀清冊。

(二) 會計檔案的歸檔和保管

各單位每年形成的會計檔案,應當由會計機構按照歸檔要求,負責整理立卷,裝訂成冊,編製會計檔案保管清冊。當年形成的會計檔案,在會計年度終了後,可暫由會計機構保管一年,期滿之後,應當由會計機構編製移交清冊,移交本單位檔案機構統一保管;未設立檔案機構的,應當在會計機構內部指定專人保管。出納人員不得兼管會計檔案。

採用電子計算機進行會計核算的單位,應當保存打印出的紙質會計檔案以及磁帶、磁盤、光盤、微縮膠片等磁性介質會計檔案。對重要的會計檔案應做好備份,存放在不同的地點。

移交本單位檔案機構保管的會計檔案,原則上應當保持原卷冊的封裝。個別需要拆封重新整理的,檔案機構應當會同會計機構和經辦人員共同拆封整理,以分清責任。

(三) 會計檔案的查閱和複製

各單位保存的會計檔案不得借出。如有特殊需要,經本單位負責人批准,可以提供查閱或者複製,並辦理登記手續。查閱或者複製會計檔案的人員,嚴禁在會計檔案上塗畫、拆封和抽換。

各單位應當建立健全會計檔案查閱、複製登記制度。

(四) 會計檔案的保管期限

會計檔案的保管期限分為永久、定期兩類。定期保管期限分為 3 年、5 年、10 年、15 年、25 年 5 類。會計檔案的保管期限,從會計年度終了後的第一天算起。《會計檔案管理辦法》規定的會計檔案保管期限為最低保管期限,各類會計檔案的保管原則上應當按照該辦法所列期限執行,見表 13-1。

表 13-1　　　　　　　　企業和其他組織會計檔案保管期限表

序號	檔案名稱	保管期限	備註
一	會計憑證類		
1	原始憑證	15 年	

表13-1(續)

序號	檔案名稱	保管期限	備註
2	記帳憑證	15 年	
3	匯總憑證	15 年	
二	會計帳簿類		
4	總帳	15 年	包括日記總帳
5	明細帳	15 年	
6	日記帳	15 年	現金和銀行存款日記帳保管 25 年
7	固定資產卡片		固定資產報廢後保管 5 年
8	輔助帳簿	15 年	
三	財務報告類		包括各級主管部門匯總財務報告
9	月、季度財務報告	3 年	包括文字分析
10	年度財務報告（決算）	永久	包括文字分析
四	其他類		
11	會計移交清冊	15 年	
12	會計檔案保管清冊	永久	
13	會計檔案銷毀清冊	永久	
14	銀行餘額調節表	5 年	
15	銀行對帳單	5 年	

（五）會計檔案的銷毀

保管期滿的會計檔案，可以按照以下程序銷毀：

（1）由本單位檔案機構會同會計機構提出銷毀意見，編製會計檔案銷毀清冊，列明銷毀會計檔案的名稱、卷號、冊數、起止年度和檔案編號、應保管期限、已保管期限、銷毀時間等內容。

（2）單位負責人在會計檔案銷毀清冊上簽署意見。

（3）銷毀會計檔案時，應當由檔案機構和會計機構共同派員監銷。國家機關銷毀會計檔案時，應當由同級財政部門、審計部門派員參加監銷。財政部門銷毀會計檔案時，應當由同級審計部門派員參加監銷。

（4）監銷人在銷毀會計檔案前，應當按照會計檔案銷毀清冊所列內容清點核對所要銷毀的會計檔案；銷毀後，應當在會計檔案銷毀清冊上簽名或蓋章，並將監銷情況報告本單位負責人。

保管期滿但未結清的債權債務原始憑證和涉及其他未了事項的原始憑證，不得銷毀，應當單獨抽出立卷，保管到未了事項完結時為止。單獨抽出立卷的會計檔案，應當在會計檔案銷毀清冊和會計檔案保管清冊中列明。正在項目建設期間的建設單位，

其保管期滿的會計檔案也不得銷毀。

(六) 會計檔案的交接

單位因撤銷、解散、破產或者其他原因而終止的，在終止和辦理註銷登記手續之前形成的會計檔案，應當由終止單位的業務主管部門或財產所有者代管或移交有關檔案館代管。法律、行政法規另有規定的，從其規定。

建設單位在項目建設期間形成的會計檔案，應當在辦理竣工決算後移交給建設項目的接受單位，並按規定辦理交接手續。

單位之間交接會計檔案的，交接雙方應當辦理會計檔案交接手續。移交會計檔案的單位，應當編製會計檔案移交清冊，列明應當移交的會計檔案名稱、卷號、冊數、起止年度和檔案編號、應保管期限、已保管期限等內容。

交接會計檔案時，交接雙方應當按照會計檔案移交清冊所列內容逐項交接，並由交接雙方的單位負責人負責監交。交接完畢後，交接雙方經辦人和監交人應當在會計檔案移交清冊上簽名或者蓋章。

本章小結

會計工作組織是指根據會計主體的特點、管理要求和會計規範，合理地設置會計機構，配備相應的會計人員，建立健全單位的會計制度，科學地安排、協調好本單位的會計工作，以完成會計職能，實現會計目標。會計機構和會計人員是會計工作系統運行的必要條件，而會計規範體系是保證會計工作系統正常運行的必要的約束機制。

公司會計的內部組織形式是由公司的規模與其業務種類和管理方式決定的，一般分為獨立核算單位、半獨立核算單位和簡易核算單位。會計工作組織的內容主要包括：會計機構的設置、會計人員的配備、會計人員的職責權限、會計工作的規範、會計法規制度的制定、會計檔案的保管、會計工作的電算化等。

會計機構是會計主體中直接從事和組織領導會計工作的職能部門。按照《會計法》的規定，凡是實行獨立核算的企業都要根據會計業務的需要設置會計機構，或者在有關機構中設置會計崗位，並指定會計人員。不具備條件的，可以委託經批准設立的會計諮詢、服務機構進行代理記帳。

會計工作崗位一般可分為：總會計師，會計機構負責人或者會計主管人員，出納，財產物資核算，工資核算，成本費用核算，財務成果核算，資金核算，資本、基金核算，收入、支出、往來核算，財產物資收發，明細核算，總帳會計，對外財務會計報告編製，內部管理會計報表編製，會計電算化系統管理員崗位，稽核，檔案管理等。

會計人員通常是指在國家機關、機關團體、公司、企業、事業單位和其他組織中從事財務會計工作的人員，包括會計機構負責人或者會計主管人員以及具體從事會計工作的會計、出納人員等。目前，會計人員專業技術職務資格定為四級，即會計員、助理會計師、會計師和高級會計師。

按照財政部制定的《會計從業人員繼續教育規定》，中國會計人員繼續教育原則上按屬地原則進行管理，由各級財政部門組織實施，實行統一規劃、分級管理。會計人員繼續教育的內容主要包括會計理論、政策法規、業務知識、技能訓練和職業道德等。會計人員參加繼續教育採取學分制管理制度，每年參加繼續教育取得的學分不得少於24學分。

會計職業道德是會計人員在會計工作中應當遵循的道德規範。會計人員職業道德的內容主要包括：愛崗敬業、熟悉法規、依法辦事、客觀公正、搞好服務、保守秘密。

會計人員工作交接是指會計人員調整時，由離職會計將有關工作和各項會計資料交給繼任者的過程。會計人員工作離任，都必須辦理交接手續。

會計檔案是指會計憑證、會計帳簿和財務報告等會計核算專業材料，是記錄和反應單位經濟業務的重要史料和證據，也是檢查單位遵守財經紀律情況的書面證明和總結經營管理經驗的重要參考資料。各單位必須加強對會計檔案管理工作的領導，建立會計檔案的立卷、歸檔、保管、查閱制度，以防散失和毀損。會計檔案的保管期限分為永久、定期兩類。定期保管期限分為3年、5年、10年、15年、25年5類。

重要名詞

會計機構（accounting organization）
會計人員（accounting personnel）
崗位責任制（syetem of assigning responsibility by post）
內部控制（internal control）
會計職業道德（accounting professional ethics）
會計檔案（accounting file）

拓展閱讀

里森的雕蟲小技與巴林銀行的倒塌

一項業務的全過程不能由一個人或者是同一個部門完成，也就是說應該將不相容的職務交給不同的人、不同的部門去執行；否則，就容易滋生舞弊行為，使內部控制失效。讓我們看看大家比較熟悉的金融「金字塔」巴林銀行倒閉案。從制度上看，巴林銀行倒閉的最根本原因是沒有做到不相容職務相互分離。1992年，里森去新加坡後，任職巴林銀行新加坡期貨交易部兼清算部經理。作為一名交易員，里森代理客戶買賣衍生品以及替巴林銀行進行套利兩項工作。基本上沒有太大風險。因為代客操作，風險由客戶承擔，交易員只是賺取佣金；而套利行為只賺取市場間的差價。但不幸的是，里森卻身兼交易員和清算二職，擁有批准、執行、審核三種權力。這種制度設計，導致沒有人發現里森為掩蓋問題所製造的一系列假帳，而巴林銀行的實際虧損也越來越大。最後，巴林銀行徹底崩潰。當里森受到法律制裁時，他說：「有一群人本來可以揭穿並阻止我的把戲，但他們沒有這麼做。我不知道他們的疏忽與罪犯級的疏忽之間界限何在，也不清楚他們是否對我負有責任。但如果是在其他任何一家銀行，我是不會

有機會開始這項犯罪的。」

思考題

1. 簡述會計工作組織的形式和內容。
2. 設置企業會計機構的原則是什麼？單位的會計崗位有哪些？
3. 會計人員的任職資格是什麼？其職責和權限有哪些？
4. 會計繼續教育的內容和形式分別是什麼？
5. 簡述會計職業道德的含義及其內容。
6. 簡述會計人員工作交接的程序和要求。
7. 會計檔案管理的最低期限分別是多長？銷毀會計檔案時有何具體要求？

案例分析題

案例（一）

【背景資料】

小李是一位剛入職不久的新會計，他工作的單位是一家經營化學材料的公司。公司正進入快速發展成長期，對資金的需求量很大。公司準備向銀行貸款以滿足資金需求。

臨近年底，公司總經理要求小李將幾張應付的帳單延遲下一年度入帳，以使得年末會計報表中的帳面負債不至於太多，從而影響其貸款申請。小李據理力爭，但最終抵不過壓力，順從了總經理的旨意。

【問題思考】

1. 小李的做法是否恰當？其做法有可能帶來什麼樣的後果？
2. 如果你是小李，遇到類似問題，你會怎麼做？

案例（二）

【案例背景】

益達公司2014年發生以下經濟業務和事項：

（1）1月，公司會計科原科長李某退休，與新任科長劉某辦理工作交接手續，公司辦公室主任負責監交；2月，新任科長發現原科長於2012年辦理支付的一筆貨款支付與發票金額不符，遂找原科長詢問，原科長認為自己已經辦理了工作交接，會計上的任何事情均與他無關。

（2）5月，萬泉公司人員到益達公司要求調閱益達公司有關會計檔案資料。會計科科長劉某考慮到萬泉公司是本公司的長期供貨單位，有良好的合作關係，遂讓會計科人員予以配合，並經劉某簽字同意後，將公司部分會計檔案資料借出。

（3）7月，公司外購材料一批，貨款已付。會計科在審核單據時，發現收到的購貨發票「金額」欄中數字有更改跡象，並在更改之外加蓋了出具發票單位的財務專用章。會計科經查閱相關購貨合同，確認更改後的數字是正確的以後，據此登記入帳。

（4）11月，公司檔案科會同會計科清理會計檔案，編製了會計檔案銷毀清冊，經公司總會計師批准，將保管期滿的會計檔案全部銷毀。事後查明，在銷毀的該批會計

檔案中，有若干張系保管期滿但未結清債權債務的原始單據。

（5）12月，因經營管理和市場等原因，公司當年經營業績滑坡已成定局。公司董事會要求會計科「動腦筋完成全年利潤目標」。之後，會計科通過虛增營業收入、隱瞞費用和成本開支等手段調整了公司財務報告，「完成」了當年利潤指標，並按法定要求將公司財務報告對外報出。

【問題思考】

（1）公司原會計科科長與新任科長的工作交接手續是否符合規定？

（2）公司原會計科科長認為「自己已經辦理了工作交接，會計上的任何事情均與自己無關」的觀點是否正確？

（3）公司對外提供查閱和借出會計檔案資料的做法是否符合規定？

（4）公司對收到的「金額」欄中數字有更改跡象的購貨發票的處理是否合法？

附錄

會計科目表

順序號	編號	會計科目名稱	會計科目適用範圍說明
一、		資產類	
1	1001	庫存現金	
2	1002	銀行存款	
3	1003	存放中央銀行款項	銀行專用
4	1011	存放同業	銀行專用
5	1012	其他貨幣資金	
6	1021	結算備付金	證券專用
7	1031	存出保證金	金融專用
8	1101	交易性金融資產	
9	1111	買入返售金融資產	金融專用
10	1121	應收票據	
11	1122	應收帳款	
12	1123	預付帳款	
13	1131	應收股利	
14	1132	應收利息	
15	1201	應收代位追償款	保險專用
16	1211	應收分保帳款	保險專用
17	1212	應收分保合同準備金	保險專用
18	1221	其他應收款	
19	1231	壞帳準備	
20	1301	貼現資產	銀行專用
21	1302	拆出資金	金融專用
22	1303	貸款	銀行和保險共用
23	1304	貸款損失準備	銀行和保險共用
24	1311	代理兌付證券	銀行和保險共用

續上表

順序號	編號	會計科目名稱	會計科目適用範圍說明
25	131	代理業務資產	
26	1401	材料採購	
2	1402	在途物資	
28	1403	原材料	
29	1404	材料成本差異	
30	1405	庫存商品	
31	1406	發出商品	
32	1407	商品進銷差價	
33	1408	委託加工物資	
34	1411	週轉材料	建造承包商專用
35	1421	消耗性生物資產	農業專用
36	1431	貴金屬	銀行專用
37	1441	抵債資產	金融專用
38	1451	損餘資產	保險專用
39	1461	融資租賃資產	
40	1471	存貨跌價準備	
41	1501	持有至到期投資	
42	1502	持有至到期投資減值準備	
43	1503	可供出售金融資產	
44	1511	長期股權投資	
45	1512	長期股權投資減值準備	
46	1521	投資性房地產	
47	1531	長期應收款	
48	1532	未實現融資收益	
49	1541	存出資本保證金	保險專用
50	1601	固定資產	
51	1602	累計折舊	
52	1603	固定資產減值準備	
53	1604	在建工程	
54	1605	工程物資	
55	1606	固定資產清理	

續上表

順序號	編號	會計科目名稱	會計科目適用範圍說明
56	1611	未擔保餘值	租賃專用
57	1621	生產性生物資產	農業專用
58	1622	生產性生物資產累計折舊	農業專用
59	1623	公益性生物資產	農業專用
60	1631	油氣資產	石油天然氣開採專用
61	1632	累計折耗	石油天然氣開採專用
62	1701	無形資產	
63	1702	累計攤銷	
64	1703	無形資產減值準備	
65	1711	商譽	
66	1801	長期待攤費用	
67	1811	遞延所得稅資產	
68	1821	獨立帳戶資產	保險專用
69	1901	待處理財產損溢	
二、		負債類	
70	2001	短期借款	
71	2002	存入保證金	金融專用
72	2003	拆入資金	金融專用
73	2004	向中央銀行借款	銀行專用
74	2011	吸收存款	銀行專用
75	2012	同業存款	銀行專用
76	2021	貼現負債	銀行專用
77	2101	交易性金融負債	
78	2111	賣出回購金融資產款	金融專用
79	2201	應付票據	
80	2202	應付帳款	
81	2203	預收帳款	
82	2211	應付職工薪酬	
83	2221	應交稅費	
84	2231	應付利息	
85	2232	應付股利	

續上表

順序號	編號	會計科目名稱	會計科目適用範圍說明
86	241	其他應付款	
87	2251	應付保單紅利	保險專用
88	2261	應付分保帳款	保險專用
89	2311	代理買賣證券款	證券專用
90	2312	代理承銷證券款	證券和銀行共用
91	2313	代理兌付證券款	證券和銀行共用
92	2314	代理業務負債	
93	2401	遞延收益	
94	2501	長期借款	
95	2502	應付債券	
96	2601	未到期責任保證金	保險專用
97	2602	保險責任保證金	保險專用
98	2611	保戶儲金	保險專用
99	2621	獨立帳戶負債	保險專用
100	2701	長期應付款	
101	2702	未確認融資費用	
102	2711	專項應付款	
103	2801	預計負債	
104	2901	遞延所得稅負債	
三、		共同類	
105	3001	清算資金往來	銀行專用
106	3002	貨幣兌換	金融專用
107	3101	衍生工具	
108	3201	套期工具	
109	3202	被套期項目	
四、		所有者權益類	
110	4001	實收資本	
111	4002	資本公積	
112	4101	盈餘公積	
113	4102	一般風險準備	金融共用
114	4103	本年利潤	

順序號	編號	會計科目名稱	會計科目適用範圍說明
115	4104	利潤分配	
116	4201	庫存股	
五、		成本類	
117	5001	生產成本	
118	5101	製造費用	
119	5201	勞務成本	
120	5301	研發支出	
121	5401	工程施工	建造承包商專用
122	5402	工程結算	建造承包商專用
123	5403	機械作業	建造承包商專用
六		損益類	
124	6001	主營業務收入	
125	6011	利息收入	金融共用
126	6021	手續費及佣金收入	金融共用
127	6031	保費收入	保險專用
128	6041	租賃收入	租賃專用
129	601	其他業務收入	
130	6061	匯兌收益	金融專用
131	6101	公允價值變動損益	
132	6111	投資收益	
133	6201	攤回保險責任準備金	保險專用
134	6202	攤回賠付支出	保險專用
135	6203	攤回分保費用	保險專用
136	6301	營業外收入	
137	601	主營業務成本	
138	6402	其他業務成本	
139	6403	營業稅金及附加	
140	6411	利息支出	金融共用
141	6421	手續費及佣金支出	金融共用
142	6501	提取未到期責任準備金	保險專用
143	6502	提取保險責任準備金	保險專用

續上表

順序號	編號	會計科目名稱	會計科目適用範圍說明
144	6511	賠付支出	保險專用
145	6521	保單紅利支出	保險專用
146	6531	退保金	保險專用
147	6541	分出保費	保險專用
148	6542	分保費用	保險專用
149	6601	銷售費用	
150	6602	管理費用	
151	6603	財務費用	
152	6604	勘探費用	
153	6701	資產減值損失	
154	6711	營業外支出	
155	6801	所得稅費用	
156	6901	以前年度損益調整	

國家圖書館出版品預行編目(CIP)資料

會計學原理 / 周軼英 主編. -- 第一版.
-- 臺北市 : 財經錢線文化出版 : 崧博發行, 2018.10
　面 ; 　公分
ISBN 978-957-680-231-7(平裝)
1. 會計學
495.1　　　107017754

書　　名：會計學原理
作　　者：周軼英 主編
發行人：黃振庭
出版者：財經錢線文化事業有限公司
發行者：崧博出版事業有限公司
E-mail：sonbookservice@gmail.com
粉絲頁　　　　　　網　址：
地　　址：台北市中正區延平南路六十一號五樓一室
8F.-815, No.61, Sec. 1, Chongqing S. Rd., Zhongzheng Dist., Taipei City 100, Taiwan (R.O.C.)
電　　話：(02)2370-3310　傳　真：(02) 2370-3210
總經銷：紅螞蟻圖書有限公司
地　　址：台北市內湖區舊宗路二段 121 巷 19 號
電　　話：02-2795-3656　傳真：02-2795-4100　網址：
印　　刷：京峯彩色印刷有限公司（京峰數位）

　　本書版權為西南財經大學出版社所有授權崧博出版事業有限公司獨家發行電子書及繁體書繁體版。若有其他相關權利及授權需求請與本公司聯繫。

定價：600元

發行日期：2018 年 10 月第一版

◎ 本書以POD印製發行